核反应堆中子动力学

陈文振　郝建立　黎浩峰　李明芮　著

中国原子能出版社

图书在版编目（CIP）数据

核反应堆中子动力学 / 陈文振等著. --北京：中国原子能出版社，2023.11

ISBN 978-7-5221-2976-1

Ⅰ. ①核… Ⅱ. ①陈… Ⅲ. ①反应堆动力学 Ⅳ. ①TL327

中国国家版本馆 CIP 数据核字（2023）第 178194 号

内 容 简 介

本书主要内容介绍热中子反应堆的中子动力学基本理论与分析方法，归纳总结了作者多年来在中子动力学方面的研究成果。全书分八章，包括反应堆物理基础、中子动力学方程、次临界反应堆中子增殖特性、偏离临界反应堆中子增殖特性、反馈效应下中子响应特性、中子动力学方程的数值解法、准静态时空动力学方程求解方法以及中子倍增理论等内容。

本书可作为核动力工程、反应堆工程高年级本科生、研究生教材，也可供核能科学与工程相关专业的学生、工程技术人员和科研人员参考。

核反应堆中子动力学

出版发行 中国原子能出版社（北京市海淀区阜成路 43 号 100048）
责任编辑 刘 岩 杨 鹤
责任校对 冯莲凤
责任印制 赵 明
印 刷 北京九州迅驰传媒文化有限公司
经 销 全国新华书店
开 本 787 mm×1092 mm 1/16
印 张 13.125
字 数 284 千字
版 次 2023 年 11 月第 1 版 2023 年 11 月第 1 次印刷
书 号 ISBN 978-7-5221-2976-1 定 价 **58.00** 元

网址：**http://www.aep.com.cn** E-mail：**atomep123@126.com**
发行电话：**010-68452845**

前　言

核反应堆中子动力学主要研究反应堆处于次临界状态下中子增殖特性，以及偏离临界状态时温度反馈、毒物反馈等对中子增殖特性的影响规律，即反应性变化引起中子密度变化的规律。研究的目的是通过对上述特性的分析，为核动力反应堆的设计、安全分析和反应堆安全运行以及核测量技术的应用提供必要的理论基础。特别是对于必须经常启堆与停堆、变工况运行，或大幅度甩负荷后又重新启动的船用反应堆有重要的意义。

本书是作者在多年来的教学与科研实践，以及指导或完成的博士与硕士论文的基础上撰写的，目的是使读者能够较为全面地掌握中子动力学中的基本理论和基本的计算、分析方法，为以后的学习、科研和工程实践打下一定的基础。

本书共分八章，涉及核反应堆物理基础、中子动力学方程、次临界反应堆中子增殖特性、偏离临界反应堆中子增殖特性、反馈效应下中子响应特性、中子动力学方程的数值解法、准静态时空动力学方程求解方法以及中子倍增理论等内容。第一章主要介绍核反应与核裂变，反应堆内中子的循环过程，反应性的概念、温度效应、中毒与燃耗效应。第二章介绍中子输运理论的基本概念、输运方程的推导与积分形式，中子扩散方程的导出与求解边界条件，点堆方程的导出与特点。第三章介绍反应堆有外中子源时的稳态与临界特性，阶跃与线性输入反应性中子响应规律，物理启动实际提棒时反应堆平衡态与非平衡态条件下中子增殖特性。第四章介绍阶跃引入反应性条件下单组中子动力学方程一般近似解析解与统一表达式、常源与瞬跳近似解、六组中子动力学方程的修正近似解、瞬跳与常源近似解，以及反应性线性输入时的近似解。第五章介绍温度、毒物反馈效应的概念与特点，温度反馈效应下瞬发超临界与缓发超临界的先驱核、温度瞬跳近似与奇异扰动法等六种分析模型和适用性，有热传递与温度反馈的缓发超临界中子增殖特性，以及毒物反馈对中子增殖特性影响。第六章介绍三阶与修正的泰勒多项式积分方法，隐式与显式的最佳基函数方法，阶跃与线性反应性输入的不同数值方法比较，有温度反馈问题的最佳基函数方法，曲率圆法、改进曲率圆法及曲率权重法。第七章介绍准静态理论模型与分析方法、非稳态的中子通量密度变化规律，有反射层反应堆准静态理论，以及改进的准静态时空动力学方程近似解析解方法。第八章介绍考虑缓发中子、温度反馈且阶跃与线性反应性输入的中子倍增公式，以及三维时空中子倍增公式及其数值求解方法。本书可作为核动力工程、反应堆工程高年级本科生、研究生教材，也可供核能科学与工程相关专业的学生、工程技术人员和科研人员参考。

本书第三～五章由陈文振编写；第一、二、八章由郝建立编写；第六章由黎浩峰与陈文振共同编写；第七章由李明芮与陈文振共同编写。全书由陈文振负责统稿。

本书内容曾得到国家自然科学基金项目（10575131、11301540）、装备预先研究项目（4010202010201）等资助。编写过程参考了书中所列的国内外文献中的有关内容，吸收了张帆、商学利博士的部分研究成果，在此一并表示衷心的感谢。

限于作者的水平，书中难免存在不当之处、缺点和错误，敬请读者批评指正。

著　者

2023 年 7 月

目　录

第一章

核反应堆物理基础

核反应堆是以可控方式实现自持链式反应的装置。根据原子核产生能量的方式，可以分为裂变反应堆和聚变反应堆。目前，广泛使用的核反应堆均是裂变反应堆[1]。在核反应堆内，裂变产生中子平均能量为 2 MeV，其与反应堆内燃料、慢化剂及结构材料发生核反应，部分中子被燃料吸收诱发核裂变反应产生新的中子和能量，部分中子被堆内其他材料吸收或泄漏至堆外。因此，掌握反应堆产热特性需要深入理解反应堆内中子动力学行为规律。

为了较好地帮助读者理解核反应堆内中子行为，本章首先介绍了核反应及核裂变反应性的基本概念，然后定性讨论反应堆内中子循环过程以及反应堆内反应性的变化规律。

1.1 核反应与核裂变

1.1.1 核反应

原子核向另一种原子核转变的途径包括核衰变和核反应[2]。核衰变是指不稳定核素（放射性核素）自发放出粒子的过程。核反应是粒子（包括原子核）与原子核碰撞导致原子核的质量、电荷或能量状态改变的统称，核反应过程可用下式表示：

$$a + x \rightarrow y + b \tag{1.1.1}$$

1. 实现核反应的途径

实现核反应的前提是必须使相互作用粒子接近到核力作用范围，即 10^{-15} m 量级。实现核反应的途径主要包括：利用放射源产生的高速粒子、利用宇宙射线、利用粒子加速器或反应堆[3]。

（1）利用放射源产生的高速粒子

利用放射源产生的高速粒子区轰击原子核可以实现核反应。例如 1919 年卢瑟福实现历史上第一次人工核反应就是利用放射源 ^{210}Po 衰变放出的α粒子去轰击氮原子核（实验原理

见图 1.1.1)。核反应方程为

$$\alpha + {}^{14}N \rightarrow {}^{17}O + p \tag{1.1.2}$$

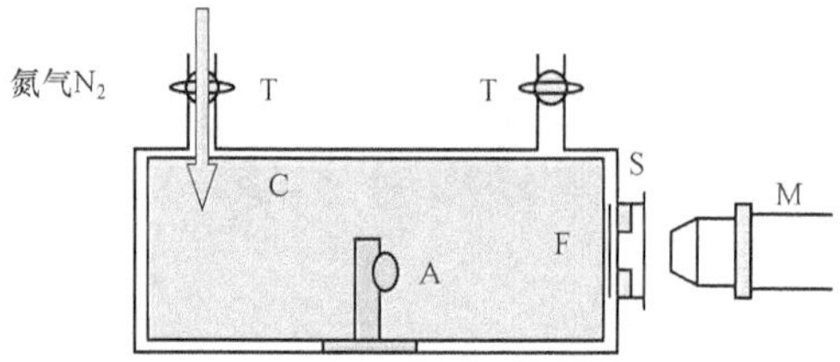

图 1.1.1　首次人工核反应示意图

在实验中，当实验容器内为真空状态时，由于α粒子穿透能力很弱，放射源释放α粒子被铝箔 F 屏蔽；当实验容器内充入氮气后，α粒子与氮核发生核反应生成质子，由于质子穿透能力相对较强，使得荧光屏能够测量到带电粒子，证明了核反应的发生。这里α粒子称为入射粒子，氮原子核为靶核。由于利用放射性源提供入射粒子来研究核反应存在入射粒子种类很少，强度不大，能量不高，而且不能连续调节等问题，目前已很少使用。

（2）利用宇宙射线

宇宙射线是指来自宇宙空间的高能粒子。宇宙射线的能量很高（单个粒子能量很高），最高可达 10^{21} eV，通过人工方法很难产生这样高能量的粒子，因此，通过宇宙射线可以发现一些新的现象。但是，其缺点是强度弱（粒子数量少），能观测到核反应的概率小。

（3）利用粒子加速器或反应堆

这是实现人工核反应最主要的手段。随着粒子加速器技术的不断发展和性能改进，人们已能将几乎所有的稳定核素加速到能量数百 MeV，甚至更高的能量。反应堆技术也是实现核反应的重要途径，其利用高通量中子来轰击原子核产生放射性同位素。

2. 核反应的分类

核反应可以按出射粒子、入射粒子能量和种类、靶核质量数和物理机制等进行分类。

（1）按出射粒子

核反应按照出射粒子的不同，可以分为两大类，即核转变和核散射。核转变：出射粒子和入射粒子不同的反应。核散射：出射粒子和入射粒子相同的反应。核散射又可以分为弹性散射和非弹性散射两种；弹性散射是指散射前后系统的总动能相等，原子核的内部能量不发生变化，其表达式一般为

$$A + \alpha \rightarrow A + \alpha \tag{1.1.3}$$

非弹性散射是指散射前后系统的总动能不相等，原子核的内部能量要发生变化。最常见的非弹性散射是反应后原子核处于激发态的情形，它的一般表示式为

$$A + \alpha \rightarrow A^{*} + \alpha' \tag{1.1.4}$$

（2）按入射粒子能量

核反应按入射粒子能量可以分为低能核反应（入射粒子单核子能量小于 30 MeV）、中能核反应（入射粒子单核子能量介于 30 MeV 至 1 000 MeV 之间）和高能核反应（入射粒子单核子能量大于 1 000 MeV）。

（3）按入射粒子种类

核反应按入射粒子种类可以分为中子核反应、带电粒子核反应和光核反应。中子核反应包括中子弹性散射、中子非弹性散射和中子辐射俘获等。带电粒子核反应可以分为质子引起的核反应、氘核引起的核反应、α 粒子引起的核反应和重离子引起的核反应。光核反应是指用光子轰击原子核引起的核反应。此外，电子也可以引起核反应，其特点和光核反应类似。

（4）按靶核质量数

核反应按靶核质量数可以分为轻核反应、中重核反应和重核反应。

（5）按物理机制

核反应按物理机制可以分为直接核反应、复合核反应和碎裂反应等。

3. 核反应的守恒定律

大量实验表明，核反应过程主要遵守以下几个守恒定律：

（1）电荷守恒，即反应前后的总电荷数不变。

$$q_a + q_A = q_B + q_b \tag{1.1.5}$$

（2）质量数守恒，即反应前后的总质量数不变。

$$A_a + A_A = A_B + A_b \tag{1.1.6}$$

（3）能量守恒，即反应前后体系的总能量（静止能量和动能之和）不变。

$$m_a c^2 + m_A c^2 + E_a + E_A = m_b c^2 + m_B c^2 (\text{或} m_B^* c^2) + E_b + E_B \tag{1.1.7}$$

（4）动量守恒，即反应前后体系的总动量不变。

$$\vec{p}_a + \vec{p}_A = \vec{p}_b + \vec{p}_B \tag{1.1.8}$$

（5）角动量守恒，即反应过程中，总角动量不变。

$$\vec{S}_i + \vec{l}_i = \vec{j}_i = \vec{j}_f = \vec{S}_f + \vec{l}_f \tag{1.1.9}$$

（6）宇称守恒，即对每一类型的核反应，体系总的宇称不变。

$$\pi_a \pi_A (-1)^{l_i} = \pi_i = \pi_f = \pi_b \pi_B (-1)^{l_f} \tag{1.1.10}$$

4. 反应能和阈能

核反应过程中释放出的能量，称为反应能，用 Q 表示。$Q>0$ 的反应叫做放能核反应，$Q<0$ 的反应叫做吸能核反应[4]。考虑反应能后，核反应的表达式为

$$A + \alpha \rightarrow B + b + Q \tag{1.1.11}$$

比如：

$$^{6}Li + d \rightarrow {}^{4}He + \alpha + 22.4\ \text{MeV} \tag{1.1.12}$$

其 Q 为正值，所以它是放能核反应。

令 E 代表动能，m 代表静止质量，则根据反应能的定义有

$$Q = E_B + E_b - E_A - E_a \tag{1.1.13}$$

$$Q = \Delta mc^2 = (m_A + m_a - m_B - m_b)c^2 \\ = (M_A + M_a - M_B - M_b)c^2 \tag{1.1.14}$$

注意在式（1.1.14）推导中，采用原子质量代替核质量。这是因为核的总电荷在反应前后不变，则原子中的核外电子总数也不变，于是在原子质量相减的过程中，电子质量相消了。当然，反应前后电子在原子中的结合能是有变化的，但变化很小，可以忽略不计。

由式（1.1.14）可以看出，当 $Q>0$ 时，反应物的静止质量减少，而动能则增加，这种反应称为放能核反应；当 $Q<0$ 时，反应物的静止质量增加，而动能减少，这种反应称为吸能核反应。

对于吸能核反应，$Q<0$，只有当入射粒子动能大于一定数值时反应才能发生。由此可见，在吸能反应中，入射粒子的动能必须有一个极限值 E_{th}，否则，核反应不能发生，因此将 E_{th} 称为核反应（主要指吸能核反应）的阈能。

需要值得注意的是，对于放能核反应，由于不需要提供能量，阈能原则上等于零。但是，实际上，对于入射粒子为带电粒子的核反应，由于存在库伦斥力，仍存在阈能，且阈能大小由库伦斥力决定。

5. 核反应的机制

韦斯科夫在 1957 年提出核反应过程的三阶段图像，具体见图 1.1.2。

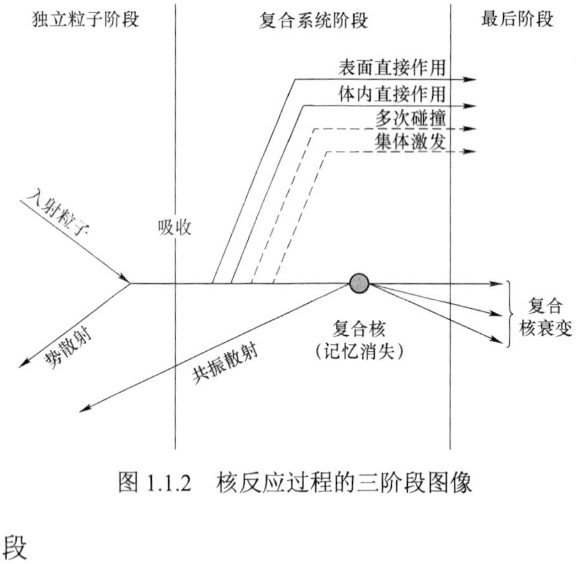

图 1.1.2　核反应过程的三阶段图像

（1）独立粒子阶段

第一阶段：独立粒子阶段。入射粒子与靶核作用，犹如光波射向半透明的玻璃球，有的被反射或折射，有的被吸收。反射和折射的过程就是形状弹性散射，即势散射。这一阶段，入射粒子在靶核平均势场中作独立运动，所以称为独立粒子阶段，可以采用光学模型来描述。

（2）复合系统阶段

第二阶段：复合系统阶段。入射粒子被吸收后即进入复合系统阶段，这一阶段，入射粒子与靶核之间主要以直接作用、预平衡发射和复合核反应三种形式交换能量。

直接作用就是入射粒子只与靶核表面或体内的一个或几个核子发生作用，不经过中间过程，然后直接进入末态，即进入第三阶段。非弹性散射以及电荷交换反应就是两种重要的直接反应。

复合核反应就是入射粒子与靶核内大量的核子经过多次碰撞，不断损失能量，最后与靶核达到统计平衡，停留在核内，与靶核融为一体，形成复合核。复合核可看作是原子核的一种长寿命激发态。这种反应机制采用复合核模型来描述。直接反应和复合核反应可看作入射粒子与靶核进行能量交换的两个极端情况。

预平衡发射就是入射粒子与靶核内核子的能量交换作用介于直接反应和形成复合核反应之间，入射粒子与靶核中核子发生多次碰撞损失能量，但在与靶核达到统计平衡之前就发射出来。

（3）复合系统分解阶段

第三阶段：复合系统分解阶段。复合系统分解成出射粒子和剩余核。如果分解出的粒子与入射粒子相同，并且剩余核处于基态，这就是弹性散射，称为复合核弹性散射，又称为共振散射。

1.1.2　中子核反应

由于中子不带电，所以不受库仑势垒的影响而易于击中靶核，因此，中子引起的核反应在核物理中占有重要的地位。同时，核反应堆的运行，主要取决于中子与各种物质相互作用的结果，因此，有必要对中子的基本性质及中子源、中子的散射和吸收进行详细的讨论。

1. 中子的基本性质

中子存在于除氢以外的所有原子核，是组成原子核的重要组分。自由中子是不稳定的，其会自发地转变成一个质子、一个电子和一个反中微子，并释放出 0.782 MeV 的能量。通过“瓶装”超冷中子方法，测量得到自由中子的半衰期为（10.69±0.13）min，自由中子的不稳定性反映出中子静止质量稍大于质子质量这一事实。$m_n = 1.008\,664\,9\ \mathrm{u} = 939.565\,3\ \mathrm{MeV/c^2}$，$m_{\mathrm{H}} = 1.007\,825\ \mathrm{u} = 938.783\ \mathrm{MeV/c^2}$。

中子是电中性的，但是实验结果表明，中子具有内部的电荷结构。中子的自旋为 1/2，是费米子，因此其遵守费米统计，服从泡利不相容原理。中子具有磁矩，其磁矩矢量与自旋角动量矢量方向相反。由于中子有磁矩，可以产生极化中子束。

中子具有强穿透能力。它与原子核外的电子相互作用很小，基本上不会因使原子电离和激发损失能量，因而比相同能量的带电粒子穿透能力强。中子在物质中损失能量的主要机制是与原子核发生碰撞。由此产生两个问题：中子的探测和对中子的防护。探测中子必须特别考虑中子经过原子核作用产生的次级带电粒子，通过对这些带电粒子的探测来获得入射中子的信息。因此，一般来说，对中子的探测效率更低，能量分辨率也较差。对中子的屏蔽和防护是任何产生中子设备都必须认真解决的问题。

中子与物质相互作用的方式有多种，究竟发生何种类型的核反应，这主要取决于入射中子的能量与靶核的性质。因此，在研究中子与物质的相互作用时，常根据能量范围对中子进行分类。

（1）慢中子（$0<E\leqslant1$ keV）

对慢中子再细分为以下三类：

① 冷中子（$0<E\leqslant0.002$ eV）

所谓“冷”是指它的平均能量比热中子的能量要低。

② 热中子（$0.002\ \text{eV}<E\leqslant1$ eV）

与周围介质处于热平衡的中子称为热中子。热中子的分布近似遵守麦克斯韦分布律。在 20 ℃（即 293 K），热中子的最可几速度 $v_0=2\,200$ m/s，其相应的能量 $E_0=0.025\,3$ eV。将这两个数值作为热中子的典型值。

③ 超热中子（$1\ \text{eV}<E\leqslant1$ keV）

所谓“超热”是指它的平均能量比热中子的能量要高。

超热中子在和重核作用时，可以发生强烈的共振吸收，所以常把这一能区的中子叫做共振中子。

（2）中能中子（$1\ \text{keV}<E\leqslant0.5$ MeV）

中能中子与原子核作用主要是弹性散射，其次是辐射俘获。

（3）快中子（$0.5\ \text{MeV}<E\leqslant10$ MeV）

快中子除了与原子核发生弹性散射外，还可产生非弹性散射。

（4）高能中子（$E>10$ MeV）

高能中子除了与原子核发生弹性散射和非弹性散射外，还可产生放出两个或两个以上粒子的核反应。

2. 常见中子源

为了研究中子与物质的相互作用以及它们在实际问题中的应用，首先必须要有足够满足不同要求的中子源以产生所需的中子。当今，人们使用的中子源大致分为四类，即同位素中子源、裂变中子源、加速器中子源和反应堆中子源。

（1）同位素中子源

放射性中子源是利用放射性核素衰变时放出的射线，去轰击某些轻靶核发生（α, n）和（γ, n）反应，放出中子的装置。同位素中子源最大的特点是体积小，使用方便。但其缺点是中子产额相对不高，中子谱为连续谱，谱形较为复杂。

常用的（α, n）中子源，是将锕系重核 ^{210}Po，^{226}Ra，^{239}Pu，^{241}Am 等 α 发射体粉末均匀、紧密地与 Be 粉相混合并压紧后密封在金属容器内制成，通过放能核反应产生中子。表 1.1.1 给出了常用的 α 发射体性能比较。

$$^{9}Be + \alpha \rightarrow {}^{12}C + n + 5.70\ MeV \tag{1.1.15}$$

（γ, n）中子源又称为光激中子源，其一般是吸能反应。由于绝大多数γ放射源都不能发射出能量大于 4 MeV 的射线，因而靶物质仅限于中子结合能较低的铍和氘，其核反应分别为

$$^{9}Be + \gamma \rightarrow {}^{8}Be + n - 1.665\ MeV \tag{1.1.16}$$

$$D + \gamma \rightarrow p + n - 2.224\ MeV \tag{1.1.17}$$

表 1.1.1　α 发射体性能比较

发射体	$T_{1/2}$	优点	缺点
^{210}Po	138 d	γ本底低	$T_{1/2}$ 短，中子产额低
^{226}Ra	1 600 a	$T_{1/2}$ 长，中子产额高	γ本底高
^{239}Pu	24 400 a	$T_{1/2}$ 长，γ本底低	中子产额低
^{241}Am	433 a	$T_{1/2}$ 长，γ本底低	中子产额低

这类中子源一般半衰期较短，并且会伴随较强的γ射线。

（2）裂变中子源

人们可以直接利用超钚原子核自发裂变中放出的中子作为裂变中子源。常见的自发裂变中子源是 ^{252}Cf，其半衰期为 2.64 年，自发裂变占比为 3%，每次自发裂变平均放出 3.8 个中子，平均中子能量为 2.2 MeV，中子生产率为 2.31×10^{12}[1/(g・s)]，具有麦克斯韦能谱分布。

裂变中子源可制成轻便的中子照相装置，但它必须由高通量的反应堆产生，价格比较昂贵。

（3）加速器中子源

用粒子加速器将质子或氘核加速到非常高的能量后，打在合适的靶核上，可得几百 MeV 的高能中子，这类中子源称为加速器中子源，反应堆物理测量中用到的脉冲中子源即属此类。加速器中子源的特点是强度高，能量覆盖面大，中子能谱单一，且能连续调节，还能产生脉冲中子，停止运行后没有放射性。

（4）反应堆中子源

反应堆中子源是利用重核裂变，在反应堆内形成链式反应，不断地产生大量的中子。这种中子源的特点是中子通量高，能谱形状较为复杂。

3. 中子的散射

中子与靶核的散射分为两类：弹性散射与非弹性散射。这两种反应的共同特点是入射粒子是中子，出射粒子也是中子。弹性散射反应记作 (n,n)，非弹性散射反应记作 (n,n')。

（1）弹性散射

按照核反应机制的不同，中子的弹性散射可分为势散射与复合弹性散射两种。

势散射：中子并未穿入靶核内而仅被核势场弹性散射，所以不经过复核的形式过程。

这种散射与两个弹性球的碰撞非常相似，并且对任何能量的中子都能发生。势散射只是一种力的作用，这个力作用于向着核运动或在核附近运动的中子上。由于这个作用力与核的大小和形状有关，所以势散射也称为形状弹性散射。

势散射的一般反应式为

$$^{1}_{0}\mathrm{n}+^{A}_{Z}\mathrm{X}\rightarrow^{A}_{Z}\mathrm{X}+^{1}_{0}\mathrm{n} \tag{1.1.18}$$

复合弹性散射：入射中子首先被靶核 $^{A}_{Z}\mathrm{X}$ 吸收，形成一个处于激发态的复核 $(^{A+1}_{Z}\mathrm{X})^{*}$。当复核蜕变时放出中子，并使反冲核回到基态 $^{A}_{Z}\mathrm{X}$，则称此过程为复合弹性散射，有时也叫做共振弹性散射。

复合弹性散射的一般反应式为

$$^{1}_{0}\mathrm{n}+^{A}_{Z}\mathrm{X}\rightarrow(^{A+1}_{Z}\mathrm{X})^{*}\rightarrow^{A}_{Z}\mathrm{X}+^{1}_{0}\mathrm{n} \tag{1.1.19}$$

中子与靶核发生弹性散射时，由于散射后靶核的内能没有变化，它仍保持在基态，散射前后中子与靶核系统的动能和动量是守恒的。所以可以把这一过程看作“弹性球”式的碰撞，根据动能和动量守恒，用经典力学的方法来处理。

在热中子反应堆内，中子从高能慢化到低能起主要作用的是弹性散射。

（2）非弹性散射

中子与靶核发生非弹性散射时，碰撞前后系统的动量守恒，而动能不守恒。散射后的中子的能量降低，中子所损失的能量转变为靶核的内能，使靶核处于激发态，然后靶核通过发射γ射线而回到基态。因此反应伴随有γ射线发生，这是非弹性散射的特点。

按照核反应机制的不同，中子的非弹性散射可分为复合非弹性散射与直接非弹性散射两种。

复合非弹性散射：与复合弹性散射相似，也要经过复核的形成过程，所不同的是，复核放出中子后处于激发态 $^{A}_{Z}\mathrm{X}$，一般以辐射光子形式回归基态，此过程一般称为复合非弹性散射，有时也叫做共振非弹性散射。

复合非弹性散射的一般反应式为

$$^{1}_{0}\mathrm{n}+^{A}_{Z}\mathrm{X}\rightarrow(^{A+1}_{Z}\mathrm{X})^{*}\rightarrow^{A}_{Z}\mathrm{X}+^{1}_{0}\mathrm{n}+\gamma \tag{1.1.20}$$

直接非弹性散射：入射中子进入靶核后，直接和核里的某个核子碰撞，使靶核达到激发态，而中子却带着减少了的能量逃脱出来，则称此过程为直接非弹性散射。这是一种直接相互作用，不经过复核的形成过程。这种散射对中子能量要求很高，在反应堆是极少出现的。

直接非弹性散射的一般反应式为

$$^{1}_{0}\mathrm{n}+^{A}_{Z}\mathrm{X}\rightarrow^{A}_{Z}\mathrm{X}+^{1}_{0}\mathrm{n}+\gamma \tag{1.1.21}$$

理论和实验表明，仅当中子与靶核在质心系的总动能 E_c 大于靶核第一激发态的能量 ε_1 时，才可能产生非弹性散射反应。由此可知，非弹性散射有阈能存在。如要发生非弹性散射，必须入射中子的能量 E 大于某一数值 E_{th}（可以根据质心系中子动能大于第一激发态能量推导而得)。计算表明，如果靶核的质量数为 A，则 E_{th} 如下计算，见式（1.1.22）：

$$E_{th}=\frac{A+1}{A}\varepsilon_1 \tag{1.1.22}$$

能量 E_{th} 也称为非弹性散射的阈能。上式表明，阈能 E_{th} 也总是大于散射核的第一激发能 ε_1。例如，^{12}C 的第一激发能是 4.43 MeV，但是，除非中子的能量 $E>13/12\times4.43=4.80$ MeV，否则就不可能发生非弹性散射。

对于质量数不同的核，发生非弹性散射的阈能也不同。一般说来（幻核除外），第一激发能是随着核质量数的增加而减小的。因此，质量数愈大，阈能愈低；质量数愈小，阈能愈高。所以在堆内非弹性散射主要发生在快中子与重核的相互作用中。

由于裂变中子的能量在兆电子伏范围内，因此在热中子反应堆内仍会发生一些非弹性散射现象。但是，在中子能量很快降低到非弹性散射阈能以下后，便需借助弹性散射来使中子慢化。

4. 中子的吸收

中子的吸收反应主要发生在低能区，常见的有以下几种类型：(n,γ)，(n,f)，(n,α) 和 (n,p) 反应等，并且都要经过复核的形成过程，现分别介绍如下：

（1）辐射俘获

辐射俘获即 (n,γ) 反应。靶核俘获中子后形成一种处于激发态的复核，复核是不稳定的。经过一个极短的时间（约 10^{-14} s），便放出γ射线而回到生成核基态，生成核的原子序数与靶核相同，但质量数增加 1，这种反应的一般表示式为

$$^1_0n+^A_ZX\rightarrow(^{A+1}_{Z}X)^*\rightarrow^{A+1}_{Z}X+\gamma \tag{1.1.23}$$

这里 ^A_ZX 表示靶核，$^{A+1}_{Z}X$ 表示生成核。有时生成核也是不稳定的，还要经过β衰变而成为其他稳定的原子核。

(n,γ) 反应在许多核中都能发生，特别是在热中子作用下，几乎所有的元素都能发生这种反应。所以在热中子反应堆内，辐射俘获反应显得特别重要。

入射中子与靶核结合成复核时，中子便将结合能 E_B 交给了复核。设中子与靶核在质心系的总动能为 E_C，则复核获得的激发能便是 E_B+E_C。用量子力学理论可以证明，若在 E_B+E_C 附近存在复核的激发态，则形成复核的概率就特别大。反之，若在 E_B+E_C 附近没有复核的激发态则形成复核的概率就小得多。这种现象称为共振吸收。如 ^{238}U 对超热中子就表现出强烈的共振吸收。

（2）裂变反应

裂变反应只对少数几种重核才能发生。对于 ^{235}U，^{239}Pu 和 ^{233}U，各种能量的中子都能引起裂变，特别是在热中子作用下，发生裂变反应的概率更大。对于 ^{238}U 和 ^{232}Th，只有在快中子轰击下才能引起裂变。天然铀也可以自发地发生裂变，不过发生自发裂变的概率特别小，自发裂变率约 7×10^{-3} 变[1/(g・s)]。

（3）放出带电粒子的反应

中子被靶核吸收后而放出带电粒子如α，p，只对少数几种轻核才能发生。这是因为放出的带电粒子要逃出核，除了必须具有等于它的结合能的能量外，还必须有克服库仑势垒所需的附加能量。而中等质量核和重核的库仑势垒都很高，所以只有轻核才可能发生这类反应。常见的(n,α)反应有：$^{6}Li(n,\alpha)^{3}H$，$^{10}B(n,\alpha)^{7}Li$，前者可用来生产氚（$_{1}^{3}H$），后者可用来探测慢中子。常见的(n,p)反应有$^{14}N(n,p)^{14}C$，$^{16}O(n,p)^{16}N$，它们是空气和水被中子激活产生放射性的主要来源。

在反应堆物理中，凡谈到中子的吸收反应，主要指辐射俘获和裂变反应。放出带电粒子的反应可以不加考虑。

1.1.3 核裂变反应

原子核裂变是指重核分裂成几个中等质量原子核的现象。核裂变过程是反应堆内最重要的中子与核相互作用的过程。它的重要性在于，在核裂变过程中，有大量的能量释放出来，同时释放出中子，这就有可能在适当的条件下使这一反应过程自动持续下去，而人们就能够不断地利用核反应过程中释放出来的能量或中子。

1. 核裂变的发现

1932 年，查德威克发现了中子；1934 年约里奥·居里夫妇发现了人工放射性。1934 年，费米用中子轰击铀核，得到新的放射性核素，并宣布自己创造了原子序数为 93 的超铀元素。其实那时他已经用实验完成了原子的裂变，可惜他没能认识到。1938 年，约里奥·居里夫人和南斯拉夫的萨维奇用慢中子照射铀盐，分离出类似于“镧”的具有 β^-放射性的物质。

1938 年底，德国放射化学家哈恩及其助手在重复试验中，分离出新元素钡、镧。随后梅特纳和弗利胥将此现象称为“裂变”，并给出裂变释能的解释和计算。当时人们只注意到核裂变释放出惊人的能量，却忽略了释放中子的问题。哈恩、约里奥·居里及其同事哈尔班等人又发现：在铀核裂变释放出巨大能量的同时，还放出两三个中子。重核分裂成两个碎片的情形称为二分裂变；重核分裂成三块或四块碎片的情形分别称为三分裂变或四分裂变。

1947 年，钱三强和何泽慧首次观察到中子轰击铀核时的三分裂变。三分裂变比二分裂变的概率小得多，一般为二分裂变的千分之三左右，四分裂变就更少了。核分裂的主要特点是在裂变过程中有不同数量和能量的中子放出。

核裂变包括自发裂变和诱发裂变。自发裂变是指在没有外来粒子轰击下原子核自发进行裂变的现象。自发裂变过程中裂变能大于零。自发裂变概率取决于裂变势垒。它与原子核的电荷数有关。如果穿透势垒的概率大，自发裂变就容易发生，半衰期就短；穿透势垒的概率小，自发裂变就不容易发生，半衰期就长。一般而言，越重的原子核，自发裂变的概率越大。

诱发裂变是指在外来粒子轰击下，重原子核发生裂变的现象。核反应堆内能量的主要来源就是中子诱发核燃料发生裂变反应。

2. 裂变产物与裂变中子

原子核裂变时生成许多裂变产物，除有裂变碎片外，还常常发射出中子，γ射线，β射线和中微子等，它们有的是在裂变的瞬间放出的，有的是在裂变碎片发生放射性衰变时放出的。

（1）裂变碎片

可裂变核发生裂变反应后生成的两个中等质量的原子核，称为裂变碎片。核裂变产生碎片的方式有几十种以上，因此产生碎片的种类有很多种，而各种碎片出现的概率是不同的。裂变过程中出现某种碎片的概率用γ表示，称为裂变产额，它定义为裂变产生某碎片核数与裂变总次数之比。图 1.1.3 表示 ^{235}U 核裂变产额按碎片质量数的分布。

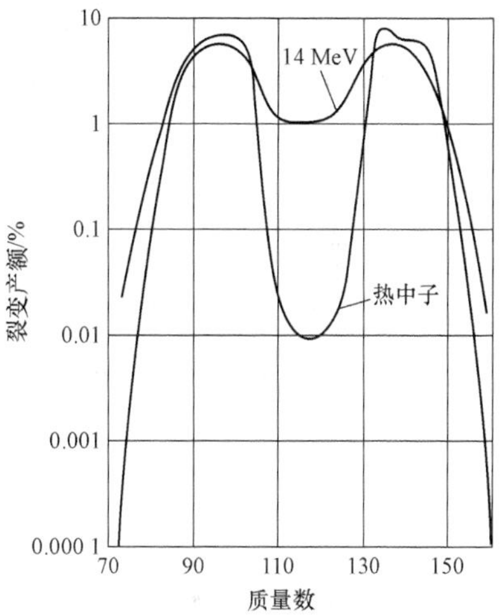

图 1.1.3　^{235}U 核裂变碎片的裂变产额曲线

裂变碎片通常要经过一系列的 β 衰变转变成稳定核。裂变碎片和一系列衰变产物都叫裂变产物。初级碎片放出 1～3 个中子（瞬发中子，$<10^{-15}$ s），变成次级碎片。此时激发能低于核子结合能，可继续发射γ射线（瞬发γ射线，$<10^{-11}$ s）退激。次级碎片仍中子过剩，经过一次或多次 β^- 衰变后变成稳定核素。在这过程中，处于激发态的 β 衰变子体仍有可能发射中子（缓发中子，>0.01 s）。裂变产物很复杂，对于热中子引起的 ^{235}U 裂变，裂变产物共有 300 多种。

（2）裂变中子

裂变过程中放出的中子，统称为“裂变中子”，这是最重要的裂变产物之一。裂变中子99%以上都是在裂变瞬间释放出来的，称为“瞬发中子”；还有不到 1%的中子是在裂变发生后一定时间内衰变生成的，称为“缓发中子”。

每次裂变放出的瞬发中子数目是不同的，某些裂变可能根本不放出中子，某些裂变却又可能放出五个中子之多，一般情况是放出 2～3 个中子。

裂变放出的瞬发中子的能量是连续分布的，这个分布由函数 $\chi(E)$表示，称之为瞬发中子谱。函数 $\chi(E)$定义为：每个瞬发中子的能量出现在 E 处单位能量间隔内的概率。因而 $\chi(E)$表示瞬发中子的能量出现在 $E + \mathrm{d}E$ 之间的概率。显然，每个瞬发中子具有任何能量的概率必等于 1，即 $\chi(E)$是被归一的，称为“归一化条件”。瞬发中子的平均能量约为 2 MeV。

虽然只有不到 1%的裂变中子是缓发中子，但这些中子在反应堆运行中起着重要的作用，因此有必要详细讨论。

某些裂变碎片经 β 衰变后生成了新的原子核，这些新核具有放出中子而衰变的能力，这就是缓发中子的起源。例如，裂变产物 ^{87}Br 经过 β 衰变，生成了处于基态或是 5.4 MeV 左右激发态的 ^{87}Kr。而 ^{87}Kr 含有 51 个中子，刚好比幻数 50 多 1，并且第 51 个中子的结合能相当低，只有 5.1 MeV。因此，处于 5.4 MeV 能级的 ^{87}Kr 就可能通过放出动能为 0.3 MeV 的中子而衰变。由于同 ^{87}Br 的半衰期相比，中子是在很短的时间内放出的，因此，就好像中子是由半衰期为 55.7 s 的 ^{87}Br 放出的一样。

3. 裂变能的释放

实际测定，^{235}U 每次裂变释放出的能量约为 207 MeV，而可回收的能量约为 200 MeV。裂变能的绝大部分，大约 168 MeV，是以裂变碎片的动能形式出现的。裂变碎片刚一产生，很快就被周围的介质阻挡而停止下来，其能量消耗在距裂变位置不超过 10^{-3} cm 的区域内并转变为热能。因此，裂变碎片的动能全部可以回收。

裂变碎片衰变时，会发射大约 8 MeV 的β射线，7 MeV 的γ射线以及 12 MeV 的中微子。β射线只能在堆内穿行很短的距离，所以β射线的能量也可以回收。因为几乎所有的反应堆都是设计成基本不让γ射线射出堆外，所以γ射线的能量也是可以回收的。中微子可以穿过反应堆而不与物质发生相互作用，因此中微子的能量是不能回收的。这部分损失掉的能量大约占总裂变能的 6%。

瞬发γ射线能量约为 7 MeV，这些γ射线也基本上不会射出堆外，所以这部分能量也可以回收。裂变中子的总动能约为 5 MeV，在大多数反应堆中，裂变中子逃出堆外的概率也非常小，所以这部分能量也可以回收。这些中子留在堆内，一部分用来使可裂变核继续裂变，另一部分则被堆内的材料寄生吸收——即非裂变反应吸收。每次吸收往往产生一个或更多的俘获γ辐射，其能量取决于入射中子在复核内的结合能。对于 ^{235}U，每次裂变产生的俘获γ射线的能量约为 3～12 MeV（此数值与堆内材料有关），当然，这部分γ射线能量全部可以回收。^{235}U 每次裂变释放出的能量和可回收能量见表 1.1.2。

表 1.1.2　^{235}U 裂变能的分配

裂变能形式	释放出的能量/MeV	可回收的能量/MeV
裂变碎片动能	168	168
β 射线	8	8
缓发γ射线	7	7
中微子	12	–
瞬发γ射线	7	7
裂变中子动能	5	5
俘获γ射线	–	3～12
总能量	207	198～207

由表 1.1.2 可知，一次裂变平均可回收能量为 200 MeV。在掌握一次裂变平均可回收能量 E_f 以及反应堆单位时间发生裂变的次数后，即可得到反应堆的功率。为简便起见，假定可裂变物质均匀分布在反应堆的装料区内，这时，宏观裂变截面与位置无关，假设裂变反应均由热中子诱发，则在某位置处核裂变率为

$$R_f(r)=\Sigma_f\phi(r) \tag{1.1.24}$$

中子通量密度取反应堆内平均值，反应堆堆芯活性区体积为 V，则反应堆功率为

$$P=E_f\Sigma_f\bar{\phi}V \tag{1.1.25}$$

由式（1.1.25）可知，当反应堆宏观裂变截面维持不变时，已知中子通量密度的变化规律，即可获得反应堆功率的变化。

4. 核反应堆剩余功率

反应堆停堆后，功率不会迅速下降到零，这时由剩余释热产生的功率称为剩余功率。对于剩余功率的计算，是进行反应堆安全分析的一个重要依据，也是反应堆操纵人员必须掌握的基本内容。

停堆后的剩余功率的产生主要有三个来源：

（1）停堆后某些裂变产物还继续发射缓发中子，引起部分铀核剩余裂变，这部分功率记为 $P_n(t)$。

（2）停堆后裂变产物继续发射 β 射线和缓发 γ 射线，所放出的衰变能转化为热能，这部分功率记为 $P_d(t)$。

（3）停堆后 ^{238}U 俘获中子后生成的产物 ^{239}U 和 ^{239}Np，在停堆后他们的放射性衰变对发热也有贡献。这部分功率记为 $P_c(t)$。

因为 ^{235}U 热裂变所产生的缓发中子先驱核，其半衰期最长的在 1 min 左右，所以 $P_n(t)$ 随时间衰减很快，只在停堆后的较短时间内起作用，在停堆后 1 min 以后就可忽略不计。

在天然铀或低浓缩铀作燃料的反应堆中，对中子俘获产物的衰变能贡献最大的是 ^{238}U，其他核素的中子俘获产物对衰变能贡献甚小，可以不必考虑。中子俘获产物 ^{239}U 和 ^{239}Np 的半衰期较长，分别为 23.5 min 和 2.35 d，因此 $P_c(t)$ 起作用的时间较长，要在停堆 5 d 后才可忽略。

裂变产物衰变热功率 $P_d(t)$，不仅时间长（通常在停堆 1 月后还起作用），而且比俘获产物的衰变功率 $P_d(t)$ 大得多（通常要大一个量级），所以 $P_d(t)$ 在剩余功率中起着主要作用。

1.2　反应堆内中子的循环过程

当中子与易裂变物质作用而发生核裂变反应时，易裂变物质的原子核通常分裂为两个中等质量数的核，同时释放出巨大的能量；同时，每次裂变平均可以放出 v 个中子。在可

裂变物质处于适当的条件下，这些裂变中子有可能进一步引起裂变反应而释放出更多的中子，并不断地持续下去。这种连续的裂变反应称为链式反应。

1.2.1 临界条件

如果每次裂变反应产生的中子大于引起核裂变所消耗的中子数目，那么一旦在少数的原子核中引起了裂变反应之后，就有可能不再依靠外界的作用而使裂变反应不断地进行下去。这样的裂变反应称作自持的链式裂变反应。所谓“核反应堆”，实际上就是一种能够实现可控自持链式核裂变反应的装置，它能够以一定的速率将蕴藏在原子核内部的核能释放出来。但如何才能实现可控的自持链式反应呢？

从上面的讨论可以看出，实现自持链式裂变反应的条件是，当一个裂变核俘获一个中子产生裂变以后，新产生的中子中，平均至少应该再有一个中子去引起另外一个核的裂变。由于裂变物质每次裂变时平均放出两个以上的裂变中子，因而实现自持的链式裂变反应是有可能的。但是，因为核反应堆是由核燃料、慢化剂、冷却剂以及结构材料等所组成的装置，所以在反应堆内，不可避免地有一部分中子要被非裂变材料吸收。同时，还有一部分中子要从反应堆中泄漏出去，因此，在实际的反应堆中，并不是全部裂变中子都能够引起新的核裂变反应。一个反应堆能否实现自持的链式裂变反应，就取决于上述裂变、非裂变材料吸收和泄漏等过程中中子的产生率与消失率之间的平衡关系。中子的产生率决定于核燃料的性质和数量；中子的消失率（吸收率和泄漏率）决定于系统的成分和大小。

如果在上述的反应过程中，产生的中子数等于消耗掉的中子数，则链式裂变反应会自持地稳定地进行下去，这样的系统称为临界系统。另外，如果每次裂变生成的中子数大于消失的中子数，那么裂变率将随时间而增加，链式裂变反应也会自持地进行下去，这样的系统也称为超临界系统。反之，如果产生的中子数小于消耗掉的中子数，那么裂变率将随时间而减少，如果没有外加中子源，链式裂变反应就无法自持地进行下去，这样的系统称为次临界系统。

综上所述，反应堆或裂变系统是否处于临界取决于产生的中子数和消耗中子数的相对关系，因此需要对反应堆内中子的产生和消失过程开展研究。

1.2.2 中子的产生与消失

通过研究压水堆内的中子循环，可以了解热中子反应堆链式反应进行的物理过程，进而更深入地理解临界条件。

压水堆以低浓缩铀作燃料，其中 ^{235}U 仅占 2%～5%，燃料中绝大部分是 ^{238}U。通常将燃料加工成一定的形状，再用中子吸收截面小的金属或合金（如铝、不锈钢、锆等）加以密封，构成“燃料元件”，这些金属或合金统称为结构材料。在压水堆中，轻水既是慢化剂，又是冷却剂。对于热中子堆，中子的产生与消失主要取决于以下过程，具体见图 1.2.1。

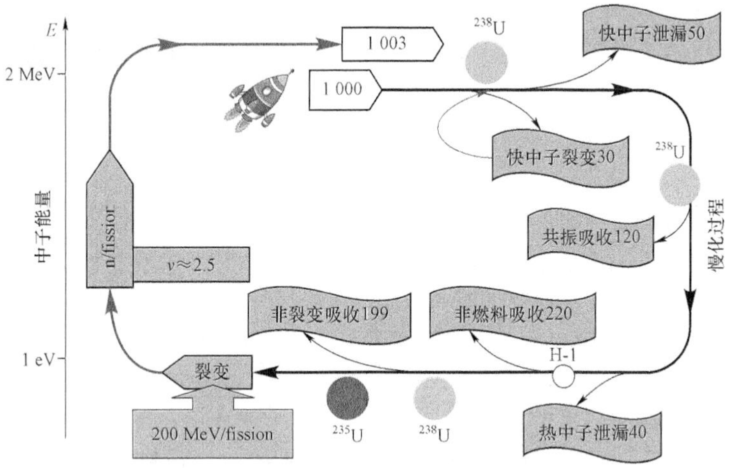

图 1.2.1 热中子反应堆中子的产生和消失过程

1. ^{238}U 的快中子增殖

能量大于 1.1 MeV 的中子引起 ^{238}U 核裂变，产生裂变中子。这些裂变中子数约占燃料裂变中子总数的 3%左右。它的定义：包括 ^{238}U 核裂变在内所有裂变产生的快中子总数与 ^{235}U 核热中子裂变产生的快中子数之比。即

$$\varepsilon = \frac{\text{慢化到1.1 MeV以下的快中子数}}{^{235}\text{U裂变产生的快中子数}} \tag{1.2.1}$$

2. 慢化过程的不泄漏概率

快中子在慢化过程中有一定的概率泄漏出反应堆，我们重点关注留在堆内的中子诱发下一次核裂变反应的概率，因此慢化过程的不泄漏概率 P_F 的表达式为

$$P_F = \frac{\text{慢化到热能区中子数} + \text{被共振吸收的中子数}}{\text{慢化到1.1 MeV以下的快中子数}} \tag{1.2.2}$$

3. 逃脱共振吸收概率

由于 ^{238}U 等燃料在中能区存在共振吸收现象，在中子慢化过程中，部分中子被共振吸收。采用逃脱共振吸收概率表征慢化到热能区的中子数与 1.1 MeV 以下且留在堆内被慢化的快中子数之比，即

$$p = \frac{\text{慢化到热能区中子数}}{\text{慢化到热能区中子数} + \text{被共振吸收的中子数}} \tag{1.2.3}$$

4. 热中子扩散过程中的不泄漏概率

热中子在扩散过程中有一定的概率泄漏出反应堆，我们重点关注留在堆内的中子诱发下一次核裂变反应的概率，因此慢化过程的不泄漏概率 P_T 的表达式为

$$P_{\mathrm{T}}=\frac{\text{被吸收的热中子数}}{\text{慢化到热能区中子数}} \tag{1.2.4}$$

5. 热中子利用系数

考虑到非燃料吸收导致的中子数量的减少，引入热中子利用系数，其表达式为

$$f=\frac{\text{燃料吸收的热中子数}}{\text{被燃料与非燃料吸收的热中子数}} \tag{1.2.5}$$

6. 每次吸收中子的产额

燃料吸收中子后，有一定的概率发生核裂变反应，平均燃料每吸收一个中子所产生的次级快中子的数量为

$$\eta=\frac{\text{热中子引起裂变产生的快中子数}}{\text{燃料吸收的热中子数}} \tag{1.2.6}$$

第一代 N 个中子，经过一代循环后变为 $N\varepsilon pf\eta P_{\mathrm{F}}P_{\mathrm{T}}$。这是热中子反应堆从第一代 N 个裂变中子产生第二代裂变中子的过程，第二代裂变中子重复此过程又产生出第三代裂变中子，如此循环下去，此过程称为中子循环。

为了定量获得一代中子循环过程中产生和消失规律，需要对快中子慢化和热中子扩散过程进行分析。

1.2.3 快中子的慢化

反应堆内裂变中子平均能量约为 2 MeV。这些中子在系统中与原子发生连续的弹性和非弹性碰撞，使其能量逐渐地降低到引起下一次裂变的平均能量。对于热中子反应堆，绝大多数裂变中子需要被慢化到热能区域。中子由于散射碰撞而降低能量的过程叫做慢化过程，显然，对于热中子反应堆，慢化过程是一个非常重要的物理过程。

弹性散射核反应前后系统动能守恒；非弹性散射核反应前后系统动能不守恒。

由于中子与靶核的非弹性散射反应具有阈能高的特点的，特别是对于用作慢化剂的轻核，其阈能非常高，约在几兆电子伏（例如，对于碳-12，为 4.4 MeV）；对于中等或高质量数的核，其数值要低一些，大约在 0.1 MeV。即使对于最重的核，其数量级也在 50 keV 左右（如，对铀-238，为 45 keV），因而可以认为非弹性散射只有在 $E>0.1$ MeV 的裂变中子才起主要作用。实际上，裂变中子经过与慢化剂和其他材料的核几次碰撞之后，中子能量便很快地降低到非弹性散射的阈能以下，这时中子慢化主要是依靠中子与慢化剂核的弹性散射进行。因此，对于热中子反应堆，慢化过程中弹性散射起主要作用，在研究慢化过程时，需要重点研究中子与慢化剂核的弹性散射过程。

1. 弹性散射过程动力学方程

中子与慢化剂核的弹性散射过程可以用经典的力学方法来分析，一般需要建立实验室坐标系和质心坐标系来研究，在研究中子弹性散射中，需要关注中子速率及散射角在两个坐标系内的变化。

在发生碰撞前，其在实验室坐标系内运动速率为 v_1，由于原子核的速率可以忽略，则可以获得系统质心速度 v_c，从而获得碰撞前在质心系内中子的速率。在发生碰撞后，中子在质心系内速率为 v'，散射角为 θ_c，而在实验室坐标系，中子速率为 v_2，散射角为 θ。根据动量守恒方程可知中子运动速度在两个坐标系之间的转换关系，具体见图 1.2.2。

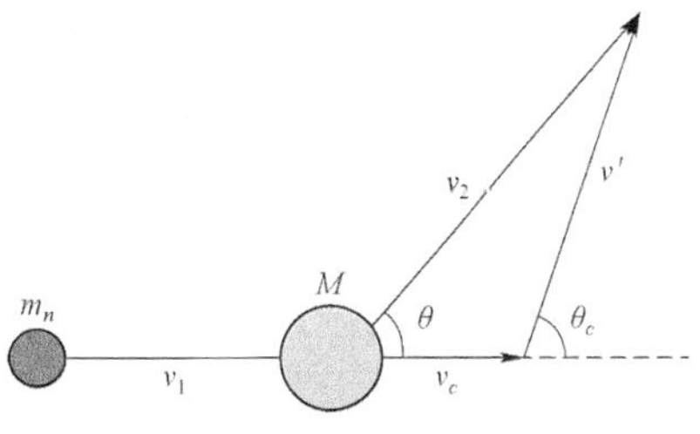

图 1.2.2　热中子反应堆中子的产生和消失过程

根据弹性碰撞的动量守恒和能量守恒，可求得在实验室坐标系下，中子发生弹性散射前后动能的变化为

$$\frac{E_2}{E_1}=\frac{1}{2}[(1+\alpha)+(1-\alpha)\cos\theta_c] \tag{1.2.7}$$

式中，$\alpha=\left(\frac{A-1}{A+1}\right)^2$，$A$ 为慢化剂核的质量数。

由式（1.2.7）可知，在实验室坐标系下，中子在碰撞后，其能量分布范围在 $[\alpha E_1, E_1]$。相关实验研究表明，在质心系内，中子与原子核的散射是各向同性的，因此可得碰撞后中子能量落在 αE_1 到 E_1 之间任一能量的概率为

$$f(E_1\to E)\,\mathrm{d}E=-\,\mathrm{d}E/(1-\alpha)E_1,\ \alpha E_1\leqslant E\leqslant E_1 \tag{1.2.8}$$

由式（1.2.8）可知，散射后的能量在 αE 到 E 之间是均匀分布的。

2. 平均对数能降增量和平均散射角余弦

为了计算方便，在核反应堆分析中还常使用一种无量纲的量叫做对数能降（也称“勒”）用 u 表示，这样把中子能量变化表示成对数无量纲的形式。它的定义是

$$u=\ln\frac{E_0}{E_1} \tag{1.2.9}$$

由式（1.2.9）可知，随着中子的能量减少，中子的对数能降会增加，一次碰撞后对数能降的增加量为

$$\Delta u=u_2-u_1=\ln\frac{E_0}{E_2}-\ln\frac{E_0}{E_1}=\ln\frac{E_1}{E_2} \tag{1.2.10}$$

中子在每次碰撞后的对数能降增量是不同的，但是由于碰撞后能量分布的规律可得中子碰撞后的平均对数能降增量 ξ 为

$$\xi=1-\frac{(A-1)^2}{2A}\ln\left(\frac{A+1}{A-1}\right) \tag{1.2.11}$$

对于质量数 $A>10$ 的靶核可采用下式来计算：

$$\xi=\frac{2}{A+\frac{2}{3}} \tag{1.2.12}$$

由此可知，ξ 只与原子核的质量数相关，与中子的能量无关，常用见表 1.2.1。

表 1.2.1　核的散射性质

元素	质量数	α	ξ
H	1	0	1.000
D	2	0.111	0.726
Be	9	0.640	0.207
C	12	0.716	0.158
O	16	0.779	0.120
U	238	0.983	0.008 3

由表 1.2.1 可知，对于不同的原子核，其平均对数能降增量变化相对较大，轻核的平均对数能降增量相对较大，比较有利于中子的慢化。

在进行弹性碰撞计算中，假设质心系的散射是各向同性的，但是在实验室坐标系下其散射并非各向同性，一般用平均散射角余弦 $\bar{\mu}_0$ 来表征，经过计算，其可以写作

$$\bar{\mu}_0=\frac{2}{3A} \tag{1.2.13}$$

由上式可知，平均散射角余弦也只跟原子核的质量数相关，与碰撞中子的能量大小无关。$\bar{\mu}_0\neq 0$ 表明中子在实验室坐标系中的散射是各向异性的，且 $\bar{\mu}_0>0$ 表明中子在实验室坐标系中散射后沿着它原来方向运动的概率比向后反弹的概率要大。随着靶核质量数增加，中子散射的各向异性特征会变弱，因此对于重核而言，其在实验室坐标系下散射趋向于各向同性。

3. 慢化剂的选择

在热中子核反应堆中，把用于降低中子能量的材料称为慢化剂。对于反应堆设计而言，选择合适的慢化剂是极其重要的。从反应堆物理角度出发，选择慢化剂需要考虑两个比较重要的物理量，即慢化能力和慢化比。

慢化能力为平均对数能降增量和宏观散射截面的乘积，即 $\xi\Sigma_s$。从平均对数能降增量来说，其值越大，单次碰撞中中子能量下降幅度越大；但是，从中子慢化角度出发，其不仅需要平均对数能降增量大，还需要中子的散射截面大，因此，一般采用慢化能力表征中子的慢化效果。

如果慢化剂具有很强的慢化能力，但同时也有较大的热中子吸收截面，对于热中子反应堆也是不可取的。因此，慢化剂还需要具有小的吸收截面，即需要具有较大的慢化比 $\xi\Sigma_s/\Sigma_a$ 。常用慢化剂的慢化能力和慢化比见表 1.2.2。

表 1.2.2　常用慢化剂的慢化能力及慢化比

物质	ξ	$\xi\Sigma_s$	$\xi\Sigma_s/\Sigma_a$
H_2O	0.920	206	92
D_2O	0.509	55.0	5 717
Be	0.207	21	156
C	0.158	6.3	234

从表 1.2.2 可以看出，重水具有良好的慢化性能，但是其价格高。水的慢化能力 $\xi\Sigma_s$ 最大，因而以水作慢化剂的反应堆具有较小的堆芯体积，但水的吸收截面较大。石墨的慢化性能也是较好的，但它的慢化能力小，因而石墨堆一般具有较庞大的堆芯体积。当然，慢化剂的选择还应从工程角度加以考虑，如辐照稳定性，价格等。目前动力堆中最常用的慢化剂是水，它是价格便宜而又最易得到的慢化剂。

1.2.4　热中子的扩散

中子慢化为热中子后，其与周围原子核的热运动达到“平衡”，可以近似为单能的。为简要研究系统达到稳定状态时中子的空间移动规律，假设所有的中子是单能的，且中子与靶核发生散射反应后是各向同性的，即扩散近似。

为描述系统内净中子的流动，引入中子流密度 J，它在任何给定表面上的垂直分量等于单位时间内沿该规定方向通过该表面的单位面积的净中子数。单位是 $m^{-2}s^{-1}$。J 既不同于中子束强度 I，也不同于中子通量密度 ϕ，尽管它们的单位都相同。粗略地说，J 为矢量，其是由许多具有不同方向的微分中子束矢量合成的量，它表示该处中子的净流动情况。为了简要介绍中子的扩散规律，以稳态条件下无限均匀介质内扩散为例，说明热中子的扩散规律。

如图 1.2.3 所示，设坐标系原点的 xy 平面上有一面积元 dA，在 $\boldsymbol{r}(r,\theta,\varphi)$ 处取一体积元 $\mathrm{d}V = r^2\sin\theta\mathrm{d}r\mathrm{d}\theta\mathrm{d}\varphi$ 。则 dV 内每秒发生散射的中子数目为 $\Sigma_s\phi(r)\mathrm{d}V$ ，这里 Σ_s 是介质的宏观散射截面，$\phi(\boldsymbol{r})$ 是 $\boldsymbol{r}$ 处的中子通量密度。同时由于假设中子的散射是各向同性的，这样在 dV 内散射的中子朝各个方向散射的概率都相等。被散射到 dA 方向上的中了份额就等于 dA 对散射点所张的立体角占总立体角的份数，即 $\cos\theta\mathrm{d}A/(4\pi r^2)$ ，因此，dV 内每秒向 dA 散射的中子数是 $\Sigma_s\phi(\boldsymbol{r})\,\mathrm{d}V\cos\theta\mathrm{d}A/(4\pi r^2)$ 。但是，这些中子不是全部均能到达 dA，有些中子在途中就被吸收或散射掉了。而沿着这个方向散射的中子，实际能达到 dA 的概率为 $\exp(-\Sigma_t r)$ ，其中，Σ_t 是介质的宏观截面，$\Sigma_t = \Sigma_a + \Sigma_s$ 。如果再假定介质为弱吸收介质，

即$\Sigma_a \ll \Sigma_s$，因而Σ_t可以用Σ_s来代替。这样，每秒自 dV 内散射出来未经碰撞而能到达 dA 的中子数是$\Sigma_s\phi(\boldsymbol{r})\mathrm{e}^{-\Sigma_r}\dfrac{\cos\theta\mathrm{d}A}{4\pi r^2}\mathrm{d}V$。对整个上半空间进行体积分，就可得到自上半平面向下穿过 dA 的中子数为

$$J_z^- = \frac{\Sigma_s \mathrm{d}A}{4\pi r^2}\int_0^{2\pi}\int_0^{\pi/2}\int_0^{\infty}\phi(\boldsymbol{r})\mathrm{e}^{-\Sigma_s}\cos\theta\sin\theta\mathrm{d}r\mathrm{d}\theta\mathrm{d}\phi \qquad (1.2.14)$$

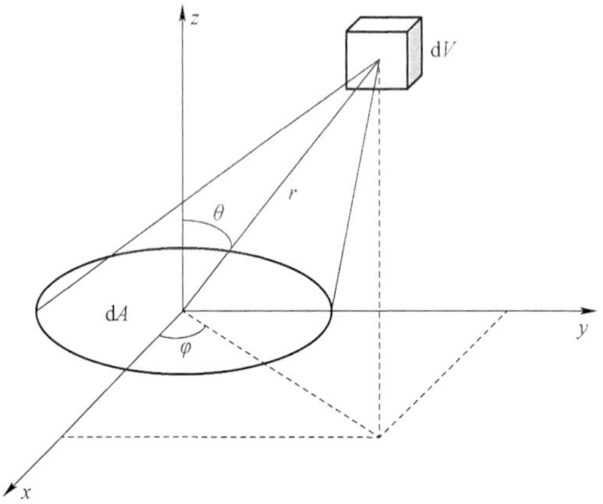

图 1.2.3　热中子反应堆中子的产生和消失过程

通过计算可得

$$J_z^- = \frac{\phi_0}{4} + \frac{1}{6\Sigma_s}\left(\frac{\partial\phi}{\partial z}\right)_0 \qquad (1.2.15)$$

进而可得

$$J = -\frac{1}{3\Sigma_s}\nabla\phi \qquad (1.2.16)$$

将$\dfrac{1}{3\Sigma_s}=\dfrac{\lambda_s}{3}$定义为扩散系数，用 D 表示，则

$$J = -D\nabla\phi \qquad (1.2.17)$$

式（1.2.17）即为菲克定律。它可以描述中子扩散的两个最基本特征：中子总是从浓度高的地方向浓度低的地方扩散，扩散速率与中子浓度变化的梯度成正比。因为菲克扩散定律是在一定假设条件下推导出来的，因此菲克定律的适用性，必然受到这些条件的限制。概括地说，菲克定律的限制条件主要是：

（1）介质对中子的吸收较弱，中子通量密度的梯度变化不快。

（2）介质对中子的散射，从实验室系观察应基本上是各向同性的。

（3）在有限介质内，要距离介质边缘几个平均自由程之外，菲克定律才适用。

（4）在有源介质内，要距离中子源几个平均自由程之外，菲克定律才适用。

中子在实验室系的散射是各向同性的假设，仅在低能中子对重核的散射才是基本正确的。一般说来，中子沿它原来前进的方向的散射要更多一些。根据严格的迁移理论，对于实验室系中不太强烈的各向异性散射，只要对扩散系数作一修正，菲克定律仍然适用。对于弱吸收介质，修正方法如下：

$$D=\frac{1}{3\Sigma_{tr}}=\frac{1}{3\lambda_{tr}} \tag{1.2.18}$$

式中，$\lambda_{tr}=\frac{\lambda_s}{1-\bar{\mu}}$。

1.2.5　有效增殖系数

基于菲克定律，可以获得热中子在反应堆内的扩散规律，结合中子的慢化过程，可以获得反应堆内中子在反应堆内一代循环过程的变化规律。$\varepsilon pf\eta P_{\mathrm{F}}P_{\mathrm{T}}$ 为上一代裂变反应生成的快中子产生的平均裂变中子数，因此将之定义为裂变装置的有效增殖系数[4]：

$$k=\varepsilon pf\eta P_F P_T \tag{1.2.19}$$

式（1.2.19）即为有效增殖系数的六因子公式。假定反应堆是无限大的，因而可以不考虑中子的泄漏，则得无限介质增殖系数为

$$k_\infty=\varepsilon pf\eta \tag{1.2.20}$$

式（1.2.20）即为四因子公式，相关计算在 1.3 节中进行详细介绍。

由式（1.2.19）可知，如果六因子的乘积等于 1，则这样的状态称为临界状态，此时 $k=1$，装置内的中子数目保持不变。如果六因子的乘积小于 1，则这样的状态称为次临界状态，此时 $k<1$，装置内的中子数目持续减少。如果六因子的乘积大于 1，则这样的状态称为超临界状态，此时 $k>1$，装置内的中子数目持续增加。

有效增殖系数与反应堆的成分及几何尺寸（不泄漏概率）相关。现有研究表明，材料在装置内的布置方式不同，其热中子利用系数及逃脱共振吸收概率也会发生变化，进而影响有效增殖系数。在第一座人工反应堆芝加哥一号的研发过程中，研究人员发现，当燃料非均匀布置时，由于燃料的自屏蔽效应，使得到达燃料内部的中子数目减少，从而使得逃脱共振吸收概率由 0.7 提升至 0.9，这也是芝加哥一号反应堆具备达到临界条件的重要因素。

1.3　反应性变化

由反应堆内中子循环过程可知，当反应堆稳定输出功率的前提是处于临界状态，即 k=1。但是，在实际反应堆运行过程中，受到各种因素的影响和反应堆运行的需要，堆芯有效增

殖系数不能恒等于 1。当反应堆偏离临界后，堆芯中子通量密度会发生变化，因此需要反应性这一概念来表征反应堆偏离临界的程度。我们可以通过分析影响反应性的主要因素及其影响规律，获得反应堆功率动态变化特性。

1.3.1 反应性及其影响因素

反应性是表征反应堆偏离临界程度以及能否安全运行的核心参数。反应性的大小除了与核燃料燃耗和裂变产物的积累直接相关外，还与核燃料温度、慢化剂温度、慢化剂密度、冷却剂中空泡份额等因素相关。反应性的定义式为

$$\rho = \frac{k-1}{k} \tag{1.3.1}$$

由式（1.3.1）可知，反应性表示 k 的相对变化，其大小常用百分数表示，有时也用缓发中子份额 β 表示，单位称之为元。反应堆在运行过程中，影响反应性变化的原因有很多，但主要因素包括燃料材料的消耗与转换、裂变毒物浓度的变化和堆芯温度变化。

根据上述影响反应性的主要因素，可以将其对反应性的影响分为：

1. 温度效应

核反应堆启动过程中，堆芯温度从冷态变为热态，温度将发生较大的变化；同时反应堆功率运行期间，堆芯流量的变化也将引起温度的变化。而堆芯温度变化会导致反应性变化，这种现象称为温度效应；如果堆芯温度升高引起反应性增加称为正温度效应，如果堆芯温度升高引起反应性减少则称为负温度效应。不同堆型的温度效应也不一样，压水堆是负温度效应，且较为显著。由温度效应引起的反应性损失称温度反应性。按额定参数运行时的压水堆，这一反应性损失大约为 2%～12%。

2. 中毒效应

原子核裂变过程中，将形成很宽的裂变产物谱，所有的裂变碎片实际上都是有放射性的，它们经过 β 衰变又产生新的同位素，裂变中生成的裂变碎片及其衰变产物称之为裂变产物。许多裂变产物具有很大的热中子吸收截面，特别是 ^{135}Xe 和 ^{149}Sm，这些核素称为裂变毒物。核毒物俘获中子而引起反应性减小的现象称为中毒效应，由核毒物引起的反应性损失称为中毒反应性。裂变毒物的浓度直接与热中子通量密度有关，所以当反应功率变化时，随着中子通量密度的变化，裂变毒物浓度也进行变化。对于不同的核反应堆、不同的运行功率及运行时间，中毒反应性大小是不同的，对一般压水堆在额定工况时，它的平衡中毒反应性大约为 2%～5%。

3. 燃耗效应

堆芯内的易裂变同位素 ^{235}U 在不断裂变过程中有所燃耗，是减少的。这就引起了反应性的下降；但应该看到堆芯内大量的可转换同位素 ^{238}U，经过吸收中子后，能形成新的易裂变同位素 ^{239}Pu，这又会使反应性上升。但总的趋势是核反应堆投入运行后，随着核燃料

的不断燃耗，反应性呈下降趋势。燃料燃耗引起反应性下降的现象，称为燃耗效应；因燃耗引起的反应性损失称为燃耗反应性。对于不同的核反应堆、不同的运行功率及运行时间，燃耗反应性的大小差别很大。堆功率越高，工作时间越长，燃耗就越深，所损失的反应性也就越多。对一般压水堆在工作末期时，这一损失大约为3%～12%。

核反应堆在不同的时间和不同的工况下，上述这些效应又有主次之分。例如，当核反应堆由冷态向热态过渡或运行温度发生大幅度变化时，温度效应是主要的；当反应堆处在高功率下运行或功率大幅度变化时中毒效应就显著；当核反应堆长期工作时，燃耗效应则越来越明显。

1.3.2　温度效应

温度效应主要是指燃料温度、慢化剂密度及中子能谱变化对反应性的影响。一般而言，对压水堆反应性影响最大的参数就是温度。一般将介质温度变化1度（K）所引起的反应性变化量称为温度系数α_{T}。但实际上反应堆功率运行期间，堆芯各材料温度变化不一致，且不同材料成分温度系数大小和温度效应特点都有较大的差异，在具体分析过程，常把堆芯燃料温度效应和慢化剂温度效应分开来考虑，并分别定义燃料温度系数和慢化剂温度系数来具体描述。

1. 燃料温度系数

燃料温度变化1度（K）时所引起的反应性变化称为燃料温度系数，常用α_T^F表示。

燃料温度系数主要是由燃料核共振吸收的多普勒效应所引起的。燃料温度升高将使共振峰展宽，吸收增加。在低富集铀的燃料中，铀-238吸收共振峰的展宽是主要的，而铀-235裂变共振峰展宽的影响与前者相比是次要的。因而，多普勒效应总的结果使有效共振吸收增加，逃脱共振概率p减小，这就产生了负温度效应。

燃料温度系数是属于瞬发温度系数，瞬发温度系数对功率的变化响应很快，它对抑制功率增长和反应堆的安全运行起着十分重要的作用。

除了跟燃料温度有关，燃料温度系数还与燃料的燃耗有关系。在以低富集铀为燃料的反应堆中，随着反应堆的运行，钚-239和钚-240不断地积累。钚-240对于能量靠近热能的中子有很大的共振吸收峰，它的多普勒效应使燃料负温度系数的绝对值增大。

2. 慢化剂温度系数

慢化剂温度变化1度（K）时所引起的反应性变化称为慢化剂温度系数，常用符号α_T^M表示。由于慢化剂的温度变化要比燃料的温度变化滞后一段时间，因此慢化剂温度效应滞后于功率的变化。

与燃料温度效应不同，当压水堆中慢化剂温度变化时，对堆芯反应性影响因素较为复杂，但主要受慢化剂密度变化的影响。如果假设慢化剂温度增加，慢化剂密度降低将导致慢化能力减小，逃脱共振概率和中子的不泄漏概率减小，使有效增殖系数下降，该效应对慢化剂温度系数的贡献是负的效应；但慢化剂密度降低还会导致慢化剂相对于燃料吸收的中子数减小，会使有效增殖系数增加，这个效应对慢化剂温度系数的贡献是正的。这样，压水堆堆芯慢化剂温度升高，这两个方面平衡的最终结果使得反应性增加还是减少主要取决于慢化剂与燃料的比例，即水铀比，具体见图 1.3.1。

由图 1.3.1 可以看出，当反应堆有效增殖系数随着水铀比增加先增加至最高点，然后再下降；因此，将有效增殖最大值左侧区域定义为欠慢化栅格区，将最大值右侧区域定义为过慢化栅格。在过慢化栅格，当反应堆慢化剂温度上升，慢化剂密度下降，堆芯水铀比下降，有效增殖系数增加，慢化剂温度系数为正值。在欠慢化栅格，当反应堆慢化剂温度上升，慢化剂密度下降，堆芯水铀比下降，有效增殖系数降低，慢化剂温度系数为负值。为了确保反应堆安全，反应堆设计一般会选取慢化剂温度系数为负值区域即欠慢化栅格区域，但是考虑到慢化剂的慢化能力，并不是水铀比越小越好。

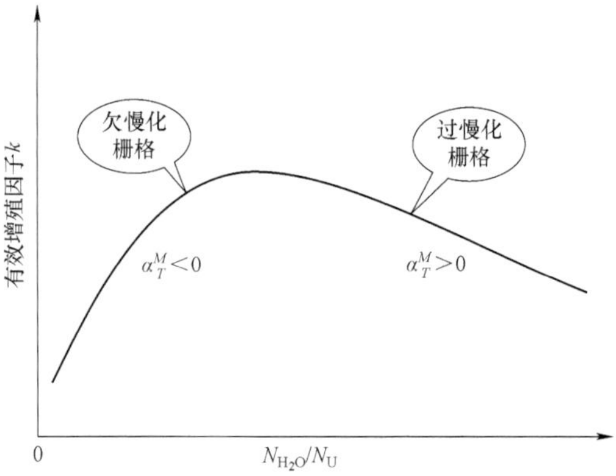

图 1.3.1 有效增殖系数随水铀比变化

需要特别强调的是，压水堆中燃料温度系数和慢化剂温度系数虽然都小于零，但二者对反应堆运行安全的影响确有较大不同，其中燃料温度效应是瞬时效应，燃料温度系数的绝对值较小，约 $2\sim3\times10^{-5}$（1/℃）。与之对应，慢化剂温度效应有一定的延迟，这是因为裂变生成的核能主要在燃料中转变为热能，它传递到慢化剂之中需要一定的时间，慢化剂温度系数的绝对值较大，约 $20\sim60\times10^{-5}$（1/℃）[5]。

1.3.3 中毒与燃耗效应

随着核反应堆运行，裂变核素会逐渐减少，裂变产物会逐渐增多，这些因素会对核反应堆内中子平衡造成影响，进而影响核反应堆内反应性变化。因此需要研究裂变核素和裂变产物浓度变化对反应性的影响，及中毒效应和燃耗效应。

1. 中毒效应

在 ^{235}U 核裂变过程中，会产生近百种的裂变产物，其中部分裂变产物由于吸收中子或衰变而消失，在反应堆运行一段时间后会达到平衡，这类裂变产物称为饱和裂变产物；而部分裂变产物会随着核反应堆运行浓度不断增加积累，这类裂变产物称为非饱和裂变产物。

在裂变产物中，有少部分具有比较大的热中子吸收截面，其产生和消失会对反应堆反应性产生较大影响。这种因为裂变产物吸收中子导致反应性变化的现象称为中毒效应，而这种裂变产物则常称为毒物。根据六因子公式可以简单估算中毒反应性的大小。当核反应

堆在没有裂变产物时的有效增殖系数为

$$k=\varepsilon p\eta P_L f=\varepsilon p\eta P_L\frac{\Sigma_a^F}{\Sigma_a^F+\Sigma_a^M} \tag{1.3.2}$$

式中，$P_L=P_F P_T$，为总的中子不泄漏概率。

考虑到裂变毒物对中子的吸收后，式（1.3.2）变为

$$k'=\varepsilon p\eta P_L\frac{\Sigma_a^F}{\Sigma_a^F+\Sigma_a^M+\Sigma_a^P} \tag{1.3.3}$$

式中，Σ_a^P 为毒物的宏观吸收截面。那么由于裂变毒物吸收中子而引起的中毒反应性为

$$\rho_q=\frac{k'-k}{k'}\approx-\frac{\Sigma_a^P}{\Sigma_a^F}\frac{\Sigma_a^F}{\Sigma_a^F+\Sigma_a^M+\Sigma_a^P}=-fq_p \tag{1.3.4}$$

式中，$q_p=\frac{\Sigma_a^P}{\Sigma_a^F}$，表征被毒物吸收的热中子和被燃料吸收的热中子比例，称为毒物的毒性。

由上式可知，计算中毒反应性的关键是掌握裂变毒物浓度的变化规律。裂变产物中，^{135}Xe 产额相对较大，并且具有很大的热中子吸收截面，所以需要考虑 ^{135}Xe 毒对反应堆运行安全的影响规律。

^{135}Xe 是热中子反应堆内重要的裂变毒物，其热中子吸收截面特别大（约 2.7×10^6 b），其产生和消失的变化链如图 1.3.2 所示。

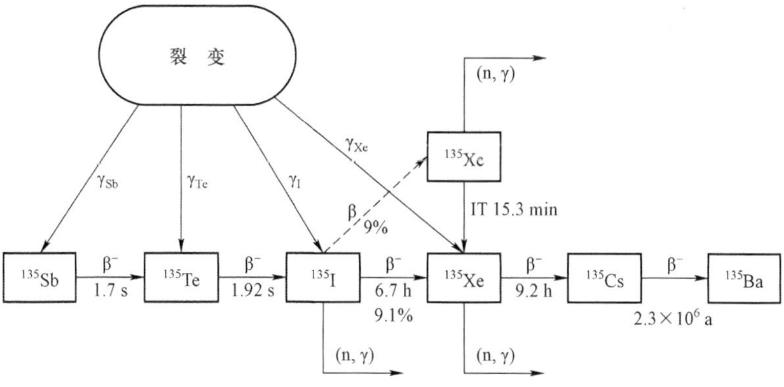

图 1.3.2　质量数为 135 的裂变产物衰变链

由图 1.3.2 可以看出，^{135}Xe 可以由裂变直接产生，也可以由裂变产物 ^{135}I 等核素衰变产生。由于 ^{135}Sb、^{135}Te 等核素半衰期很短，因此一般可以将其裂变份额等效为 ^{135}I 的裂变份额，进而简化 ^{135}Xe 的动态方程为

$$\frac{\mathrm{d}N_I(t)}{\mathrm{d}t}=\gamma_I\Sigma_f\phi-\lambda_I N_I \tag{1.3.5}$$

$$\frac{\mathrm{d}N_{\mathrm{Xe}}(t)}{\mathrm{d}t}=\gamma_{\mathrm{Xe}}\Sigma_f\phi+\lambda_I N_I-(\lambda_{\mathrm{Xe}}+\sigma_a^{Xe}\phi)N_{\mathrm{Xe}} \tag{1.3.6}$$

在新堆启动阶段，由于堆内 ^{135}I 和 ^{135}Xe 浓度都为零，随着反应堆运行，其浓度逐渐积累。由式（1.3.4）可知，在反应堆稳定运行一段时间后，^{135}I 产生率和消失率会达到一个平衡，通过对式（1.3.4）求解可得其平衡时浓度为

$$N_I(\infty)=\frac{\gamma_I\Sigma_f\phi}{\lambda_I} \tag{1.3.7}$$

由于 ^{135}I 平衡早于 ^{135}Xe，因此，将式（1.3.7）代入式（1.3.5），可得 ^{135}Xe 的平衡浓度为

$$N_{Xe}(\infty)=\frac{(\gamma_I+\gamma_{Xe})\Sigma_f\phi}{\lambda_{Xe}+\sigma_a^{Xe}\phi} \tag{1.3.8}$$

一般热中子反应堆启动约 2 天后，^{135}Xe 浓度将达到平衡。在建立平衡后，突然发生紧急停堆，这时裂变产生 ^{135}I 和 ^{135}Xe 已经停止，但是 ^{135}Xe 吸收中子消失也停止，并且之前平衡的 ^{135}I 将持续衰变生成 ^{135}Xe，所以 ^{135}Xe 浓度会有一个增长过程；另一方面，^{135}Xe 还会继续衰变消失，因此 ^{135}Xe 衰变消失会逐渐会占优势，导致 ^{135}Xe 浓度变小，如图 1.3.3 所示。

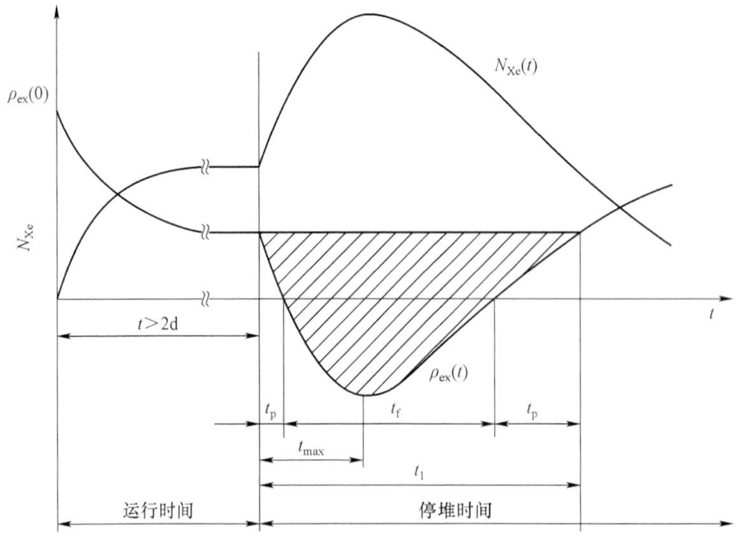

图 1.3.3　反应堆停堆后剩余反应性变化

图 1.3.3 中 ρ_{ex} 为反应堆剩余反应性，即堆芯内没有控制毒物时的反应性。显然，当 ρ_{ex} 小于 0 时反应堆是无法启动的，称之为强迫停堆时间。习惯上，将反应堆停堆后剩余反应性先下降后又回到停堆时刻的值的过程称为“碘坑”，相对应的时间 t_I 为碘坑时间。

对于大型反应堆，除了在紧急停堆条件下会有碘坑现象外，还有可能存在氙振荡现象，具体见图 1.3.4。

如图 1.3.4 所示，在反应堆正常运行时，当区域Ⅰ内引入正反应性扰动后，该区域中子通量密度迅速上升，^{135}Xe 消耗量也会随之增加，释放更多的剩余反应性，使得该区域功率上升速率增加。与此同时，由于反应堆总功率不变，区域Ⅱ中子通量会出现下降，^{135}Xe 消耗量也随之减少而积累，使得该区域中子通量密度进一步下降。当然，这个现象不会一直持续。这是因为，一方面中子通量密度会从高的区域向低的区域扩散；另一方面，中子通量密度高的区域 ^{135}I 的产生率会增加，使得 ^{135}Xe 浓度会逐渐达到平衡甚至增加，抑制了中子通量密度的进一步增加。这样，在区域Ⅰ和Ⅱ氙毒浓度分别呈现周期性变化现象，该现象称之为氙振荡现象。

发生氙振荡现象需要一些前提条件，即：

（1）核反应堆空间尺度应足够大，一般应超过 30 倍徙动长度；

（2）热中子反应堆。

一般的核电站都满足以上两个条件，其氙振荡周期大约为 7 天。切尔诺贝利核事故发生的一个重要原因就是降功率过程中没有及时抑制氙振荡。

氙振荡一般会导致反应堆功率峰因子偏移，对反应堆运行安全带来不利影响，并且其还有可能使得燃料棒过热，缩短其使用寿命。不过，一般而言，由于氙振荡周期较长，且核反应堆总的反应性变化幅度很小，在反应堆运行时，氙振荡可以依靠调节控制棒来抑制。

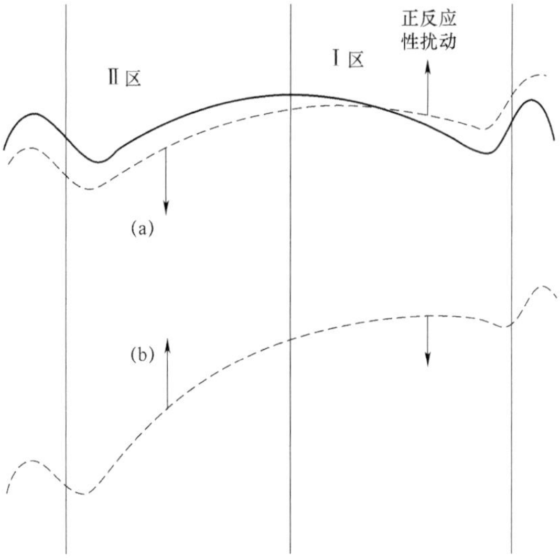

图 1.3.4　^{135}Xe 振荡现象示意图

2. 燃耗效应

为研究反应堆运行过程中核燃料燃耗引起反应性的变化，需要详细追踪燃料核密度随运行时间的变化规律，即分析核燃料的燃耗及转换过程。

以压水堆中常用的核燃料为例，重点考察重同位素的燃耗过程，具体见图 1.3.5。

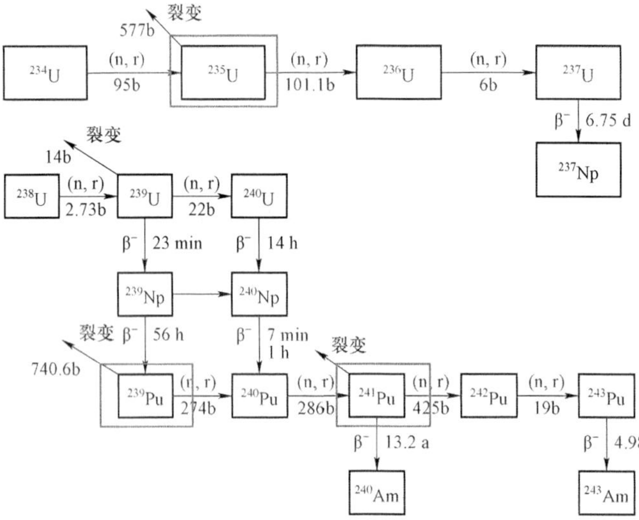

图 1.3.5　铀钚循环中的重金属同位素链

从铀钚循环中的重金属同位素链可以归纳出重同位素的产生和消失的途径，产生的途径一般是衰变和吸收，消失的途径也是衰变和吸收。

以图 1.3.6 重同位素 A 为例，其产生途径为 B 衰变和 C 吸收中子，其消失途径是衰变为 D 和吸收中子成为 E，则其产生和消失满足方程：

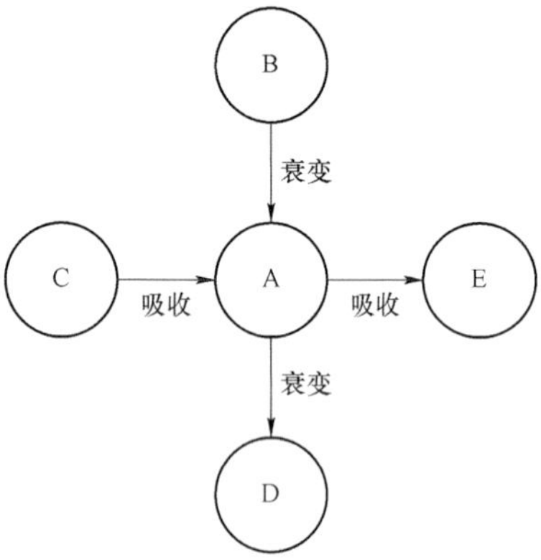

图 1.3.6　重同位素产生和消耗途径

$$\frac{\mathrm{d}N_A}{\mathrm{d}t}=\lambda_B N_B+N_c\sigma_{a,C}\phi-\lambda_A N_A-N_A\sigma_{a,A}\phi \tag{1.3.9}$$

上式虽然是一阶常微分方程，但是由于求解重同位素核密度的变化需要已知中子通量密度分布，但是中子通量密度分布又与重同位素核密度相关，因此一般采用数值计算方法来获得。

一个新的堆芯（或换料后的堆芯），它的燃料装载量比临界质量多，初始有效增殖系数或初始剩余反应性比较大，因此必须用控制毒物来补偿这些剩余反应性。随着反应堆运行时间的加长，有效增殖系数逐渐地减小。当反应堆的有效增殖系数值降到 1 的时刻，反应堆满功率运行的时间就称为反应堆工作期（或称堆芯寿期）。

核反应堆从初始装核燃料到堆工作期末，单位质量的核燃料所发出的能量，称为反应堆的燃耗深度，单位为兆瓦日每吨铀，MWd/tU。

对于反应堆带功率运行一个等效满功率（EFPD）所耗损的反应性则称之为燃耗系数。

参考文献

[1] 吴宏春，曹良志，郑友琦，等. 核反应堆物理 [M]. 北京：中国原子能出版社，2014.

[2] 陈文振，张黎明，肖红光. 核反应堆工程原理（上）[M]. 北京：中国原子能出版社，2019.

[3] 卢希廷，江栋兴，叶沿林. 原子核物理（修订版）[M]. 北京：原子能出版社，2001.

[4] 蔡章生. 核动力反应堆中子动力学 [M]. 北京：国防工业出版社，2005.

[5] 张法邦. 核反应堆运行物理 [M]. 北京：原子能出版社，2000.

第二章

中子动力学方程

核反应堆内的主要核物理过程都和中子在核反应堆内的运动以及核反应堆内中子的空间、能量和时间分布有关，因此需要重点研究反应堆内中子输运过程，需要利用中子动力学方程来描述。

2.1 中子输运方程

核反应堆的特性是由分布在不同空间、能量和时间的中子数决定的，核反应堆理论的核心任务就是确定这一中子数的分布。原则上，可以通过求解中子输运方程——波尔兹曼（Boltzmann）方程来解决这一问题。

2.1.1 中子输运理论的基本概念

在进行中子输运方程的推导之前，需要定义一些用于描述中子输运问题的物理量。尽管中子具有波粒两重性，但波的特性一般表现在其能量极低的情况。一般而言，可认为中子为点粒子，具有空间位置 r 和运行速度 V。速度向量表达式为

$$\boldsymbol{V} = v \cdot \boldsymbol{\Omega} \tag{2.1.1}$$

这里 v $(=|\boldsymbol{V}|)$ 为中子速率，$\boldsymbol{\Omega}$ 为运动方向的单位矢量。

单位方向矢量 $\boldsymbol{\Omega}$ 在极坐标系中如图 2.1.1 所示，如果极角为 θ，幅角为 φ，那么 $\boldsymbol{\Omega}$ 的笛卡尔坐标为

$$\boldsymbol{\Omega}_x = \sin\theta\cos\varphi,\ \boldsymbol{\Omega}_y = \sin\theta\sin\varphi,\ \boldsymbol{\Omega}_z = \cos\theta \tag{2.1.2}$$

这里引入描述中子数的量——中子角密度，它可以用 $N(\boldsymbol{r},\boldsymbol{\Omega},E,t)$ 表示。它定义为位置 $\boldsymbol{r}$ 处，能量为 E，运动方向为 $\boldsymbol{\Omega}$，时刻 t 的单位体积单位立体角单位能量内的中子数。那么，$N(\boldsymbol{r},\boldsymbol{\Omega},E,t)\mathrm{d}V\ \ \mathrm{d}\boldsymbol{\Omega}\mathrm{d}E$ 就表示在位置 $\boldsymbol{r}$ 处的体积元 $\mathrm{d}V$ 内、运动方向为 $\boldsymbol{\Omega}$ 附近 $\mathrm{d}\boldsymbol{\Omega}$ 内、能量为 E 处 $\mathrm{d}E$ 间隔内、时刻 t 的中子数。

极坐标系中 $\mathrm{d}\boldsymbol{\Omega}=\sin\theta\mathrm{d}\theta\mathrm{d}\varphi$，如果设 $\mu=\cos\theta$，则 $\mathrm{d}\boldsymbol{\Omega}=\mathrm{d}\mu\mathrm{d}\varphi$。中子角密度在整个立体角上的积分就是与能量有关的中子密度 $n(\boldsymbol{r},E,t)$，其表达式为

$$n(\boldsymbol{r},E,t)=\int_{4\pi}N(\boldsymbol{r},\boldsymbol{\Omega},E,t)\mathrm{d}\boldsymbol{\Omega} \tag{2.1.3}$$

因此，$n(\boldsymbol{r},E,t)$ 表示位置 $\boldsymbol{r}$ 处，能量为 E 时刻 t 的单位体积单位能量的中子数，上式也可以表示为

$$n(\boldsymbol{r},E,t)=\int_{-1}^{1}\int_{0}^{2\pi}N(\boldsymbol{r},\boldsymbol{\Omega},E,t)\mathrm{d}\varphi\mathrm{d}\mu \tag{2.1.4}$$

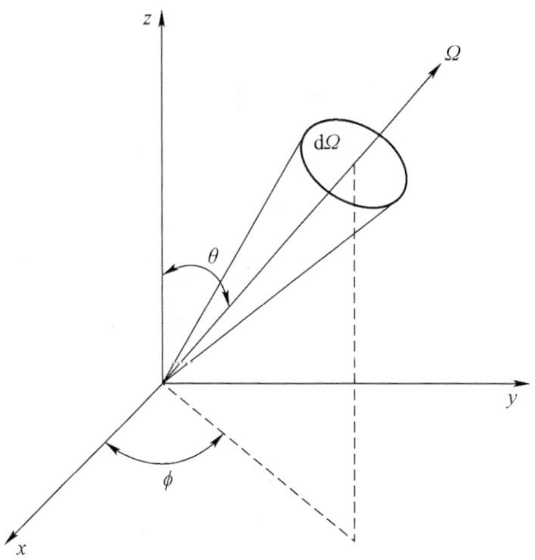

图 2.1.1　极坐标系

中子速度 $\boldsymbol{V}$ 与中子角密度的乘积称为中子角通量密度，即

$$\boldsymbol{\Phi}(\boldsymbol{r},\boldsymbol{\Omega},E,t)=VN(\boldsymbol{r},\boldsymbol{\Omega},E,t) \tag{2.1.5}$$

中子角通量密度表征 t 时刻、$\boldsymbol{r}$ 位置处单位体积内能量为 E 的单位能量间隔，方向为 $\boldsymbol{\Omega}$ 的单位立体角内的中子在单位时间内走过的总径迹之和，其在整个立体角上的积分称为中子通量密度，即

$$\boldsymbol{\Phi}(\boldsymbol{r},E,t)=\int_{4\pi}\boldsymbol{\Phi}(\boldsymbol{r},\boldsymbol{\Omega},E,t)\mathrm{d}\boldsymbol{\Omega}=vn(\boldsymbol{r},E,t) \tag{2.1.6}$$

设 $\boldsymbol{n}$ 为某一表面的外法线，$\boldsymbol{n}\mathrm{d}\delta$ 是某一面积元 $\mathrm{d}\delta$ 在法线方向 $\boldsymbol{n}$ 上的投影，那么 $\boldsymbol{n}\mathrm{d}\delta\cdot VN(\boldsymbol{r},\boldsymbol{\Omega},E,t)$ 就是垂直穿过面积元的单位时间单位能量单位立体角内的中子数。对所有方向积分，就得到穿过 $\mathrm{d}\delta$ 的单位时间单位能量的净中子数，即

$$\text{穿过 }\mathrm{d}\delta\text{ 的净中子数}=\boldsymbol{n}\mathrm{d}\delta\cdot\int_{4\pi}VN(\boldsymbol{r},\boldsymbol{\Omega},E,t)\mathrm{d}\boldsymbol{\Omega} \tag{2.1.7}$$

其中的积分项称为中子流密度，用 $\boldsymbol{J}(\boldsymbol{r},E,t)$ 表示为

$$\boldsymbol{J}(\boldsymbol{r},E,t)=\int_{4\pi}VN(\boldsymbol{r},\boldsymbol{\Omega},E,t)\mathrm{d}\boldsymbol{\Omega}=v\int_{4\pi}\boldsymbol{\Omega}N(\boldsymbol{r},\boldsymbol{\Omega},E,t)\mathrm{d}\boldsymbol{\Omega} \tag{2.1.8}$$

其物理含义是在能量为 E 空间位置 $\boldsymbol{r}$ 处时刻 t 单位时间单位能量穿过单位面积的净中子数。所以，中子流密度是矢量。

外源一般用 $Q(\boldsymbol{r},\boldsymbol{\Omega},E,t)$ 表示，它是指在空间 $\boldsymbol{r}$ 处，能量为 E，角度为 $\boldsymbol{\Omega}$ 时刻 t 的单位体积单位角度单位能量单位时间内发出的中子数，它不包括碰撞和裂变产生的中子数。

宏观截面一般为 $\boldsymbol{r}$ 和 E 的函数，但有时也与方向 $\boldsymbol{\Omega}$ 和时间 t 有关，如输运截面和散射截面有时在某些介质中各向异性很强，所以相应的截面与方向 $\boldsymbol{\Omega}$ 相关。随着时间的增加，一般核素的数量都是变化的，所以在进行与时间相关的燃料计算时，宏观截面都与时间

有关。

本节用 $\Sigma_t(\boldsymbol{r},E)$ 表示总截面，$\Sigma_n(\boldsymbol{r},E)$ 和 $\Sigma_{n'}(\boldsymbol{r},E)$ 分别表示弹性散射和非弹性散射截面，$\Sigma_r(\boldsymbol{r},E)$ 为辐射俘获截面，$\Sigma_f(\boldsymbol{r},E)$ 为裂变截面。

在中子输运理论中，有必要描述一个中子碰撞后向不同方向和不同能量的散射概率。在空间位置 $\boldsymbol{r}$ 处，能量为 E'，方向为 $\boldsymbol{\Omega}'$ 的中子与原子核发生 x 作用后，能量变为在 E 附近 $\mathrm{d}E$ 内，方向为 $\boldsymbol{\Omega}$ 附近 $\mathrm{d}\boldsymbol{\Omega}$ 内概率为 $f_x(\boldsymbol{r},\boldsymbol{\Omega}',E'\to\boldsymbol{\Omega},E)$，则

$$\iint f_x(\boldsymbol{r},\boldsymbol{\Omega}',E'\to\boldsymbol{\Omega},E)\mathrm{d}\boldsymbol{\Omega}\mathrm{d}E=1 \qquad (2.1.9)$$

Σ_x 为单位路程内一个中子发生 x 反应的概率，$v\Sigma_x$ 为单位时间内一个中子发生 x 反应的几率，那么 $v\Sigma_x N$ 就是核反应率。若对所有方向积分即为 $v\Sigma_x n$，即 $v\Sigma_x(\boldsymbol{r},E)n(\boldsymbol{r},E,t)$ 为 $\boldsymbol{r}$ 处能量为 E 时刻 t 单位体积单位能量单位时间内中子与原子核发生 x 反应的次数——核反应率。如考虑与方向有关的 x 反应散射概率，那么核反应率为

$$v'\Sigma_x(\boldsymbol{r},E')n(\boldsymbol{r},E',t)=\iiint f_x(\boldsymbol{r},\boldsymbol{\Omega}',E'\to\boldsymbol{\Omega},E)N(\boldsymbol{r},\boldsymbol{\Omega},E,t)\mathrm{d}\boldsymbol{\Omega}'\mathrm{d}\boldsymbol{\Omega}\mathrm{d}E \qquad (2.1.10)$$

2.1.2 中子输运方程的推导

如上一节所述，$N(\boldsymbol{r},\boldsymbol{\Omega},E,t)\mathrm{d}V\mathrm{d}\boldsymbol{\Omega}\mathrm{d}E$ 为时刻 t 单位体积元 $\mathrm{d}V$ 能量间隔 $\mathrm{d}E$ 单位角度 $\mathrm{d}\boldsymbol{\Omega}$ 内的中子数，现在我们来考察这些中子经过时间间隔 Δt 后的变化情况。这里不妨先假设截面是空间变量 $\boldsymbol{r}$ 的连续函数，不连续的情况随后再讨论。

在时间 Δt 内中子移动的距离为 $\boldsymbol{v}\Delta t$，在这段路程内中子发生碰撞的概率为 $\Sigma_t(\boldsymbol{r},E)v\Delta t$，那么不发生碰撞的概率就是 $1-\Sigma_t(\boldsymbol{r},E)v\Delta t$。因此，没有发生碰撞的中子数为 $N(\boldsymbol{r},\boldsymbol{\Omega},E,t)(1-\Sigma_t(\boldsymbol{r},E)v\Delta t)\mathrm{d}v\mathrm{d}\boldsymbol{\Omega}\mathrm{d}E$，这些中子将在 $t+\Delta t$ 时刻达到 $\boldsymbol{r}+\boldsymbol{\Omega}v\Delta t$ 位置（图 2.1.2）。

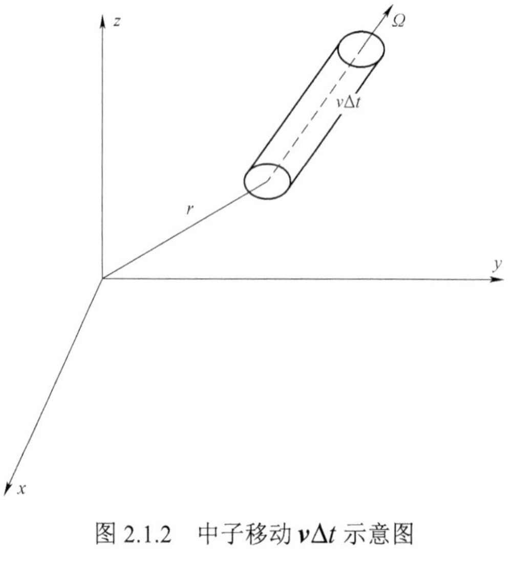

图 2.1.2 中子移动 $\boldsymbol{v}\Delta t$ 示意图

另一方面，在这移动过程中，由其他角度和能量的中子因碰撞变为角度 $\boldsymbol{\Omega}$ 和能量 E 的中子数为

$$\iint\Sigma_s(\boldsymbol{r},E')f(\boldsymbol{r},\boldsymbol{\Omega}',E'\to\boldsymbol{\Omega},E)v'N(\boldsymbol{r},\boldsymbol{\Omega}',E',t)\mathrm{d}\boldsymbol{\Omega}'\mathrm{d}E'\mathrm{d}V\mathrm{d}\boldsymbol{\Omega}\mathrm{d}E\Delta t \qquad (2.1.11)$$

将没有发生碰撞的中子数和其他角度和能量的中子因碰撞进入角度 $\boldsymbol{\Omega}$ 和能量 E 的中子

数相加，并考虑外中子源$Q(\boldsymbol{r},\boldsymbol{\Omega},E,t)\,\mathrm{d}V\,\mathrm{d}\boldsymbol{\Omega}\,\mathrm{d}E$，均消去$\mathrm{d}V\,\mathrm{d}\boldsymbol{\Omega}\,\mathrm{d}E$项后得，在时刻$t+\Delta t$位置$\boldsymbol{r}+\boldsymbol{\Omega}v\Delta t$的中子密度为

$$\begin{aligned}N(\boldsymbol{r}+\boldsymbol{\Omega}v\Delta t,\boldsymbol{\Omega}',E,t+\Delta t)&=N(\boldsymbol{r},\boldsymbol{\Omega},E,t)(1-\Sigma_t v\Delta t)\\&+\iint\Sigma_s f v' N(r,\boldsymbol{\Omega}',E',t)\mathrm{d}\boldsymbol{\Omega}'\mathrm{d}E'\Delta t+Q\Delta t\end{aligned}\tag{2.1.12}$$

两边同除以Δt，适当合并取极限$\Delta t\to 0$后得

$$\begin{aligned}&\lim_{\Delta t\to 0}\left[\frac{N(\boldsymbol{r}+\boldsymbol{\Omega}v\Delta t,\boldsymbol{\Omega},E,t+\Delta t)-N(\boldsymbol{r},\boldsymbol{\Omega},E,t)}{\Delta t}\right]+\Sigma_t vN(\boldsymbol{r},\boldsymbol{\Omega},E,t)\\&=\iint\Sigma_s f v' N(\boldsymbol{r},\boldsymbol{\Omega}',E',t)\mathrm{d}\,\boldsymbol{\Omega}'\mathrm{d}E'+Q\end{aligned}\tag{2.1.13}$$

在方程左端的极限项中，加上并减去$N(\boldsymbol{r},\boldsymbol{\Omega},E,t+\Delta t)$项，则该极限项变成两项：

$$\lim_{\Delta t\to 0}\left[\frac{N(\boldsymbol{r},\boldsymbol{\Omega},E,t+\Delta t)-N(\boldsymbol{r},\boldsymbol{\Omega},E,t)}{\Delta t}\right]=\frac{\partial N}{\partial t}\tag{2.1.14}$$

$$\lim_{\Delta t\to 0}\left[\frac{N(\boldsymbol{r}+\boldsymbol{\Omega}v\Delta t,\boldsymbol{\Omega},E,t+\Delta t)-N(\boldsymbol{r},\boldsymbol{\Omega},E,t+\Delta t)}{\Delta t}\right]=v\boldsymbol{\Omega}\cdot\nabla N(\boldsymbol{r},\boldsymbol{\Omega},E,t)\tag{2.1.15}$$

在笛卡尔坐标系中上式可以表示为

$$\begin{aligned}&\lim_{\Delta t\to 0}\left[\frac{N(x+\boldsymbol{\Omega}_x v\Delta t,y+\boldsymbol{\Omega}_y v\Delta t,z+\boldsymbol{\Omega}_z v\Delta t,\cdots)-N(x,y,z,\cdots)}{\Delta t}\right]\\&=v\boldsymbol{\Omega}_x\frac{\partial N}{\partial x}+v\boldsymbol{\Omega}_y\frac{\partial N}{\partial y}+v\boldsymbol{\Omega}_z\frac{\partial N}{\partial z}\\&=v\boldsymbol{\Omega}\cdot\nabla N\end{aligned}\tag{2.1.16}$$

将式（2.1.14）和式（2.1.15）代入式（2.1.13）得

$$\frac{\partial N}{\partial t}+v\boldsymbol{\Omega}\cdot\nabla N+\Sigma_t vN=\iint\Sigma_s f v' N'\mathrm{d}\boldsymbol{\Omega}'\mathrm{d}E'+Q\tag{2.1.17}$$

这里　$N=N(\boldsymbol{r},\boldsymbol{\Omega},E,t)$，　$N'=N(\boldsymbol{r},\boldsymbol{\Omega}',E',t)$

式（2.1.17）就是中子输运方程的基本形式。采用中子角通量密度表达即为

$$\frac{1}{v}\frac{\partial\boldsymbol{\Phi}}{\partial t}+\boldsymbol{\Omega}\cdot\nabla\boldsymbol{\Phi}+\Sigma_t\boldsymbol{\Phi}=\iint\Sigma_s f\boldsymbol{\Phi}\,\mathrm{d}\,\boldsymbol{\Omega}'\,\mathrm{d}\,E'+Q\tag{2.1.18}$$

假设裂变各向同性，没有外中子源，则稳态中子输运方程为

$$\begin{aligned}\boldsymbol{\Omega}\cdot\nabla\boldsymbol{\Phi}(\boldsymbol{r},\boldsymbol{\Omega},E)+\Sigma_t\boldsymbol{\Phi}&=\iint\Sigma_s f(\boldsymbol{r},\boldsymbol{\Omega}',E'\to\boldsymbol{\Omega},E)\boldsymbol{\Phi}(\boldsymbol{r},\boldsymbol{\Omega}',E')\,\mathrm{d}\,\boldsymbol{\Omega}'\,\mathrm{d}\,E'+\\&\frac{\chi(E)}{4\pi k}\iint v\,\Sigma_f(\boldsymbol{r},E')\boldsymbol{\Phi}(\boldsymbol{r},\boldsymbol{\Omega}',E')\,\mathrm{d}\,\boldsymbol{\Omega}'\,\mathrm{d}\,E'\end{aligned}\tag{2.1.19}$$

2.1.3 边界条件

在前面的推导中，我们曾假设截面为空间 $\boldsymbol{r}$ 的连续函数，事实上不同介质的交界面处截面是不连续的，因此必须在这些交界面处进行处理。

很重要的一点是我们必须记住，如果仅仅是通过一个界面，中子数是不会变化的。这就意味着，中子角密度在交界面处连续。即，设 s 为沿 $\boldsymbol{\Omega}$ 方向的一个位移，则 $N(\boldsymbol{r}+s\boldsymbol{\Omega},\boldsymbol{\Omega},E,t+s/V)$ 必须是 s 的连续函数。因此，在交界面的两侧分别应用中子输运方程，而在交界面处应用连续条件。

在把中子输运方程应用于有限介质时，就会有边界问题。通常我们假设边界是凸的，即中子离开边界后不会再进入该区域。

如果没有中子自外源进入，且中子一旦离开边界便不再返回，则称该类边界为自由边界。在自由边界上的边界条件为

$$N(\boldsymbol{r},\boldsymbol{\Omega},E,t)=0,\ \text{如果}\ \hat{n}\cdot\boldsymbol{\Omega}<0 \tag{2.1.20}$$

2.1.4 中子输运方程的积分形式

前面推导的中子输运方程是微分——积分形式，本节我们将应用特征方法推出其等价的积分形式，因为有时应用积分形式进行求解更为方便。首先，我们把式（2.1.18）写成下列形式

$$\frac{1}{v}\frac{\partial\boldsymbol{\Phi}(\boldsymbol{r},\boldsymbol{\Omega},E,t)}{\partial t}+\boldsymbol{\Omega}\cdot\nabla\boldsymbol{\Phi}+\Sigma_t\boldsymbol{\Phi}=q(\boldsymbol{r},\boldsymbol{\Omega},E,t) \tag{2.1.21}$$

$$\begin{aligned}q(\boldsymbol{r},\boldsymbol{\Omega},E,t)=&\iint\Sigma_s(\boldsymbol{r},E')f(\boldsymbol{r},\boldsymbol{\Omega}',E'\to\boldsymbol{\Omega},E)\boldsymbol{\Phi}(\boldsymbol{r},\boldsymbol{\Omega}',E',t)\mathrm{d}\boldsymbol{\Omega}'\mathrm{d}E'\\&+Q(\boldsymbol{r},\boldsymbol{\Omega},E,t)\end{aligned} \tag{2.1.22}$$

在笛卡儿坐标系中，式（2.1.21）左端前两项可表示为

$$\left(\frac{1}{v}\ \frac{\partial}{\partial t}+\boldsymbol{\Omega}_x\frac{\partial}{\partial x}+\boldsymbol{\Omega}_y\frac{\partial}{\partial y}+\boldsymbol{\Omega}_z\frac{\partial}{\partial z}\right)\boldsymbol{\Phi} \tag{2.1.23}$$

因此，一个相应的总导数可以写为

$$\frac{\mathrm{d}\boldsymbol{\Phi}}{\mathrm{d}s}=\frac{\partial\boldsymbol{\Phi}}{\partial t}\frac{\mathrm{d}t}{\mathrm{d}s}+\frac{\partial\boldsymbol{\Phi}}{\partial x}\frac{\mathrm{d}x}{\mathrm{d}s}+\frac{\partial\boldsymbol{\Phi}}{\partial y}\frac{\mathrm{d}y}{\mathrm{d}s}+\frac{\partial\boldsymbol{\Phi}}{\partial z}\frac{\mathrm{d}z}{\mathrm{d}s} \tag{2.1.24}$$

比较式（2.1.23）和式（2.1.24）得 $\dfrac{\mathrm{d}t}{\mathrm{d}s}=\dfrac{1}{v}$，$\dfrac{\mathrm{d}x}{\mathrm{d}s}=\boldsymbol{\Omega}_x$，$\dfrac{\mathrm{d}y}{\mathrm{d}s}=\boldsymbol{\Omega}_y$，$\dfrac{\mathrm{d}z}{\mathrm{d}s}=\boldsymbol{\Omega}_z$。这些表达式的相应解为 $t=t_0+\dfrac{s}{v}$，$x=x_0+s\boldsymbol{\Omega}_x$，$y=y_0+s\boldsymbol{\Omega}_y$，$z=z_0+s\boldsymbol{\Omega}_z$，这里的 t_0，x_0，y_0，z_0

为任意常数。因此中子输运方程式（2.1.21）可写成

$$\frac{\mathrm{d}}{\mathrm{d}s}\boldsymbol{\Phi}\left(\boldsymbol{r}_0+s\boldsymbol{\Omega},\boldsymbol{\Omega},E,t_0+\frac{s}{v}\right)+\Sigma_t\boldsymbol{\Phi}=q\left(\boldsymbol{r}_0+s\boldsymbol{\Omega},\boldsymbol{\Omega},E,t_0+\frac{s}{v}\right) \tag{2.1.25}$$

$\boldsymbol{r}(s)$ 和 $t(s)$ 曲线被称为微分方程的特征线。针对给定的 E 和 $\boldsymbol{\Omega}$，对每个 $\boldsymbol{r}_0$ 和 t_0 有一个特征线穿过该点。方程式（2.1.25）中的导数为沿特征线的导数。

显然式（2.1.25）为一阶常微分方程，可以进行积分。经过变形得

$$\frac{\mathrm{d}}{\mathrm{d}s}\left[\boldsymbol{\Phi}\left(\boldsymbol{r}_0+s\boldsymbol{\Omega},\boldsymbol{\Omega},E,t_0+\frac{s}{v}\right)\exp\int_{s'}^{s}\Sigma_t(\boldsymbol{r}_0+s''\boldsymbol{\Omega},E)\,\mathrm{d}s''\right]$$
$$=\exp\left[\int_{s'}^{s}\Sigma_t(\boldsymbol{r}_0+s''\boldsymbol{\Omega},E)\,\mathrm{d}s''\right]q\left(\boldsymbol{r}_0+s\boldsymbol{\Omega},\boldsymbol{\Omega},E,t_0+\frac{s}{v}\right) \tag{2.1.26}$$

将方程（2.1.26）进行积分，则

$$\boldsymbol{\Phi}\left(\boldsymbol{r}_0+s\boldsymbol{\Omega},\boldsymbol{\Omega},E,t_0+\frac{s}{v}\right)=\int_{-\infty}^{s}\exp\left[\int_{s'}^{s}\Sigma_t(\boldsymbol{r}_0+s''\boldsymbol{\Omega},E)\mathrm{d}s''\right]\left[q\left(\boldsymbol{r}_0+s'\boldsymbol{\Omega},\boldsymbol{\Omega},E,t_0+\frac{s'}{v}\right)\right]\mathrm{d}s' \tag{2.1.27}$$

令 $\boldsymbol{r}=\boldsymbol{r}_0+s\boldsymbol{\Omega}$， $t=t_0+\frac{s}{v}$，得

$$\boldsymbol{\Phi}(\boldsymbol{r},\boldsymbol{\Omega},E,t)=\int_0^{\infty}\exp\left[-\int_0^{s'}\Sigma_t(\boldsymbol{r}-s''\boldsymbol{\Omega},E)\mathrm{d}s''\right]q\left(\boldsymbol{r}-s'\boldsymbol{\Omega},\boldsymbol{\Omega},E,t-\frac{s'}{v}\right)\mathrm{d}s' \tag{2.1.28}$$

2.2　中子扩散方程

中子输运方程可以精确描述反应堆内中子输运行为，但是为了简要研究系统达到稳定状态时中子在空间移动规律，假设中子与靶核发生散射反应后是各向同性的，即扩散近似，由此推出的方程叫“扩散方程”。如果假设所有的中子是单能的，则称之为单群扩散方程，如果考虑不同能群的中子在反应堆的扩散行为，则为多群扩散方程。中子扩散理论是核反应堆物理分析与计算中的最经典理论基础之一[2]。

2.2.1　中子扩散方程的导出

核反应堆的一个基本理论，就是“中子数守恒”，即在一定体积 V 内，中子总数的变化等于该体积内中子的产生率减去该体积内中子的泄漏率和损失率，写成表达式为

$$\frac{\partial n}{\partial t}=\text{产生率}(S)-\text{泄漏率}(L)-\text{损失率}(R) \tag{2.2.1}$$

下面，需要分别推导得到产生率、泄漏率和损失率。

1. 产生率

对于某一体积、某一时间某一能量处的中子产生项应包括外中子源产生、裂变产生和从其他能量散射后变成这一能量的中子。外中子源一般是给定的，可以用 $S(\boldsymbol{r},E,t)$ 表征。裂变产生的中子有一定的能谱分布，因此能量为 E 的中子裂变产生率为

$$S_f(r,E,t)=\chi(E)\int_0^{\infty}\nu(E')\Sigma_f(\boldsymbol{r},E',t)\,\phi(\boldsymbol{r},E',t)\mathrm{d}E' \tag{2.2.2}$$

散射中子源项为

$$S_s(\boldsymbol{r},E,t)=\int_0^{\infty}\Sigma_s(\boldsymbol{r},E'\rightarrow E,t)\,\phi(\boldsymbol{r},E',t)\mathrm{d}E' \tag{2.2.3}$$

2. 泄漏率

对于空间 $\boldsymbol{r}$ 处微体积元 $\mathrm{d}V$，假设外表面为 $\mathrm{d}S$，则根据菲克定律可得该体积元通过外表面泄漏出去的中子数为

$$L=-\nabla D(\boldsymbol{r},E,t)\nabla\phi(\boldsymbol{r},E,t) \tag{2.2.4}$$

3. 损失率

对于某一体积、某一时间某一能量处的中子损失应包括该处中子的吸收和散射，因此其损失率 R 为矢量。

$$\begin{aligned}R&=[\Sigma_a(\boldsymbol{r},E,t)+\Sigma_s(\boldsymbol{r},E,t)]\,\phi(\boldsymbol{r},E,t)\\&=\Sigma_t(\boldsymbol{r},E,t)\phi(\boldsymbol{r},E,t)\end{aligned} \tag{2.2.5}$$

将上述各项代入式（2.2.10）可得中子扩散方程为

$$\begin{aligned}\frac{1}{v}\frac{\partial\phi}{\partial t}&=\chi(E)\int_0^{\infty}\nu(E')\Sigma_f(\boldsymbol{r},E',t)\,\phi(\boldsymbol{r},E',t)\mathrm{d}E'\\&+\int_0^{\infty}\Sigma_s(\boldsymbol{r},E'\rightarrow E,t)\,\phi(\boldsymbol{r},E',t)\mathrm{d}E'\\&+\nabla D(\boldsymbol{r},E,t)\nabla\phi(\boldsymbol{r},E,t)-\Sigma_t(\boldsymbol{r},E,t)\phi(\boldsymbol{r},E,t)\end{aligned} \tag{2.2.6}$$

在单群近似条件下，假设扩散系数不随空间变换，则中子扩散方程可写为

$$\frac{1}{v}\frac{\partial\phi(\boldsymbol{r},t)}{\partial t}=\nu\Sigma_f\phi(\boldsymbol{r},t)+D\nabla^2\phi(\boldsymbol{r},t)-\Sigma_a\phi(\boldsymbol{r},t) \tag{2.2.7}$$

若中子通量密度不随时间变化，则稳态单能中子扩散方程为

$$D\nabla^2\phi(\boldsymbol{r})-\Sigma_a\phi(\boldsymbol{r})+\nu\Sigma_f\phi(\boldsymbol{r})=0 \tag{2.2.8}$$

2.2.2 扩散方程的边界条件

中子扩散方程需满足边界如下：

（1）在扩散方程适用的区域内，中子通量密度必须是实数、正值且有限；

（2）在两种不同介质的分界面上，净中子流密度与中子通量密度相等（连续性）；

（3）在介质和真空的分界面外，距离介质外表面为 d 处的中子通量密度为零。

条件（3）仅仅是一种数学处理方法，因为扩散理论在这样的表面上不适用。d 称为外推距离。如果选择适当 d 的值，可以使扩散方程的解为介质内部的实际通量密度提供一个良好的近似。通常的做法是将扩散方程的解线性地外推到表面外，使得距离外表面为 d 处这个解为零，见图 2.2.1。

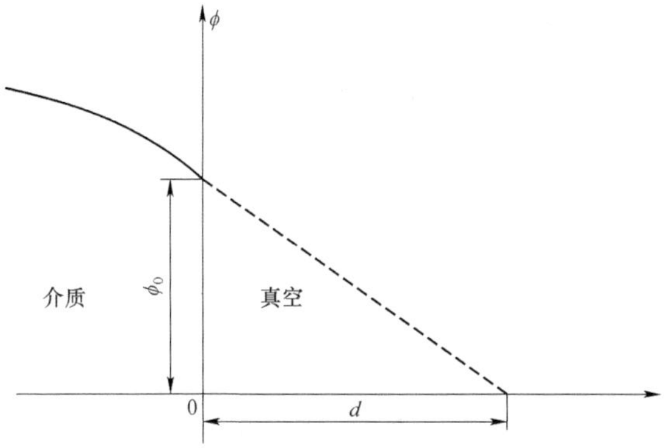

图 2.2.1　中子通量密度在真空边界的外推长度

根据图 2.2.1 可知，线性外推距离是在单群中子扩散方程中，渐进中子通量密度在边界上的切线延伸到在介质外达到零的一点到介质边界的距离 d，其表达式为

$$-\left(\frac{\partial \phi}{\partial x}\right)_0 = \frac{\phi_0}{d} \tag{2.2.9}$$

考虑到扩散系数的迁移修正，外推距离为

$$d = 0.710\,1\lambda_{tr} \tag{2.2.10}$$

2.3　点堆中子动力学方程

为了快速获得反应堆功率随时间变化的规律，通常将反应堆看成一个点，忽略反应堆内功率分布的变化，进而获得反应性引入后功率整体变化的趋势，这样的近似方法就是点堆中子动力方程[3]。本节简要介绍点堆中子动力学方程导出及特点。

2.3.1　点堆方程的导出

对于均匀裸堆[4]，研究某一时刻其位置 $\boldsymbol{r}$ 处的中子密度变化规律，则由式（2.2.16）

可得

$$\frac{\partial N(\boldsymbol{r},t)}{\partial t}=Dv\nabla^2 N(\boldsymbol{r},t)-\Sigma_a vN(\boldsymbol{r},t)+S(\boldsymbol{r},t) \tag{2.3.1}$$

由前面的知识可知，裂变中子中，99%以上的中子是在裂变瞬间（约 10^{-14} s）发射出来的，这些中子叫瞬发中子。还有小于 1%的中子（对 ^{235}U 裂变，约有 0.65%）是在裂变碎片衰变过程中发射出来的，这些中子叫做缓发中子。瞬发中子的生成率可以写为

$$\text{瞬发中子生成率}=(1-\beta)k_\infty\Sigma_a vN(\boldsymbol{r},t) \tag{2.3.2}$$

缓发中子生成率，可由该时刻该处的缓发中子先驱核裂变率决定。若令 $C_i(\boldsymbol{r},t)$ 为 $\boldsymbol{r}$ 处 t 时刻第 i 组先驱核的浓度（单位体积内的原子或核数），λ_i 为相应的衰变常数，则因每一先驱核衰变只放出 1 个缓发中子，故 t 时刻 $\boldsymbol{r}$ 处每立方厘米内缓发中子的生成率为

$$\text{缓发中子生成率}=\sum_{i=1}^{6}\lambda_i C_i(\boldsymbol{r},t) \tag{2.3.3}$$

则中子源项为

$$S=(1-\beta)k_\infty\Sigma_a vN(\boldsymbol{r},t)+\sum_{i=1}^{6}\lambda_i C_i(\boldsymbol{r},t) \tag{2.3.4}$$

将式（2.3.4）代入式（2.3.1）可得

$$\frac{\partial N}{\partial t}=Dv\nabla^2 N-\Sigma_a vN+(1-\beta)k_\infty\Sigma_a vN+\sum_{i=1}^{6}\lambda_i C_i \tag{2.3.5}$$

假设先驱核在堆内的运动可以忽略，则第 i 组先驱核的浓度 C_i 应满足下式

$$\frac{\partial C_i}{\partial t}=\beta_i k_\infty\Sigma_a vN-\lambda_i C_i(i=1,2,\cdots,6) \tag{2.3.6}$$

式（2.3.5）和式（2.3.6）可以描述考虑缓发中子后单能扩散近似条件下中子密度随时间和空间变换。

考虑到中子密度及缓发中子先驱核浓度都可以按照失控分离，即

$$N(\boldsymbol{r},t)=f(\boldsymbol{r})n(t) \tag{2.3.7}$$

$$C_i(\boldsymbol{r},t)=g_i(\boldsymbol{r})c_i(t)\quad(i=1,2,\cdots,6) \tag{2.3.8}$$

则，将式（2.3.7）和（2.3.8）代入式（2.3.6）可得

$$\frac{\mathrm{d}c_i(t)}{\mathrm{d}t}=\beta_i k_\infty\Sigma_a v\frac{f(\boldsymbol{r})}{g_i(\boldsymbol{r})}n(t)-\lambda_i c_i(t) \tag{2.3.9}$$

由于中子密度与缓发中子先驱核浓度均进行了时空分离，因此 $\frac{f(\boldsymbol{r})}{g_i(\boldsymbol{r})}$ 应为常数，假设其为 1，则式（2.3.9）可以简化为

$$\frac{\mathrm{d}c_i(t)}{\mathrm{d}t}=\beta_i k_\infty \Sigma_a v n(t)-\lambda_i c_i(t) \tag{2.3.10}$$

将式（2.3.7）和（2.3.8）代入式（2.3.5）可得

$$\frac{\mathrm{d}n(t)}{\mathrm{d}t}=Dv\frac{\nabla^2 f(\boldsymbol{r})}{f(\boldsymbol{r})}n(t)-\Sigma_a v n(t)+(1-\beta)k_\infty \Sigma_a v n(t)+\sum_{i=1}^{6}\lambda_i c_i(t) \tag{2.3.11}$$

现在假设系统离临界态不远，中子密度的空间分量在很好的近似程度上仍满足临界时的方程，即

$$\frac{\nabla^2 f(\boldsymbol{r})}{f(\boldsymbol{r})}=-B^2 \tag{2.3.12}$$

式中，B^2为反应堆曲率。则式（2.3.11）可以写为

$$\frac{\mathrm{d}n(t)}{\mathrm{d}t}=-DvB^2 n(t)-\Sigma_a v n(t)+(1-\beta)k_\infty \Sigma_a v n(t)+\sum_{i=1}^{6}\lambda_i c_i(t) \tag{2.3.13}$$

在单速扩散近似下中子没有慢化问题，故中子在无限介质中的平均寿命就等于平均扩散时间，即

$$l_\infty(v)=t_d(v)=\frac{\lambda_a(v)}{v}=\frac{1}{\Sigma_a v} \tag{2.3.14}$$

根据扩散长度的定义

$$L^2=\frac{D}{\Sigma_a} \tag{2.3.15}$$

可得

$$\left[(1-\beta)k_\infty-1-\frac{D}{\Sigma_a}B^2\right]v\Sigma_a n=\frac{\dfrac{(1-\beta)k_\infty-(1+L^2B^2)}{1+L^2B^2}}{\dfrac{l_\infty}{1+L^2B^2}}n=\frac{(1-\beta)k-1}{l_0}n \tag{2.3.16}$$

式中

$$k=\frac{k_\infty}{1+L^2B^2} \tag{2.3.17}$$

$$l_0=\frac{l_\infty}{1+L^2B^2} \tag{2.3.18}$$

式（2.3.13）可写为

$$\frac{\mathrm{d}n}{\mathrm{d}t}=\frac{(1-\beta)k-1}{l_0}n+\sum_{i=1}^{6}\lambda_i c_i+q \tag{2.3.19}$$

类似可得

$$\frac{\partial c_i}{\partial t}=\frac{\beta_i k}{l_0}n-\lambda_i c_i(i=1,2,\cdots,6) \tag{2.3.20}$$

根据反应性的定义，式（2.3.19）和（2.3.20）可以写为

$$\frac{\mathrm{d}n}{\mathrm{d}t}=\frac{\rho-\beta}{l}n+\sum_{i=1}^{6}\lambda_i c_i+q \tag{2.3.21}$$

$$\frac{\mathrm{d}c_i}{\mathrm{d}t}=\frac{\beta_i}{l}n-\lambda_i c_i\ (i=1,2,\cdots,6) \tag{2.3.22}$$

2.3.2 点堆方程的特点

点堆模型在数学上假定中子密度可按时空变量分离，在物理上就是假定不同时刻中子密度在空间中的分布形状都是相似的。换言之，堆内各点中子密度随时间的变化涨落是同步的，堆内中子的时间特性与空间无关。所以反应堆在时间特性问题上，就好像一个没有线度的元件一样，故这个模型称为“点堆模型”。点堆方程具有如下特点：

（1）计算方便，在反应堆偏离临界不远，反应性扰动不大的条件下，由点堆模型计算出的结果可以满足工程要求，在反应堆瞬态安全分析与反应堆控制领域得到广泛的应用。

（2）其单群近似的假设条件十分粗糙，不能完整地描述反应堆内快群、热群中子的产生、吸收、泄漏与散射过程。

（3）该模型不能描述瞬变时反应堆空间中子通量密度分布的响应，因此不能获得瞬态热工水力计算所需要的轴向、径向及局部的功率不均匀因子；无法进行反应堆三维空间的反应性反馈效应的计算。

（4）六组缓发中子的点堆中子动力学方程组只能在非常有限的一些特殊情况下才能有解析解，当考虑到反应性反馈效应时，必须采用数值方法求解。由于方程组的刚性问题，应用数值计算过程中，计算步长的选取也有较高要求。

参考文献

［1］韦斯顿. 核反应堆物理［M］. 丁铭，等译. 北京：国防工业出版社，2017.

［2］吴宏春，曹良志，郑友琦，等. 核反应堆物理［M］. 北京：中国原子能出版社，2014.

［3］陈文振，张黎明，肖红光. 核反应堆工程原理（上）［M］. 北京：中国原子能出版社，2019.

［4］张法邦. 核反应堆运行物理［M］. 北京：原子能出版社，2000.

第三章

次临界反应堆中子增殖特性

新堆和换料后的反应堆，在投入运行前，必须要做的一项重要工作就是物理启动。反应堆从冷停堆深度启动直到缓发临界以前，一直处于次临界状态。处于次临界状态的反应堆，当反应性发生变化时，堆内中子增殖速率与中子水平亦会随之变化。反应堆从冷停堆深度启动，当它达到缓发临界时，中子密度提高几个量级。但是开始有一段时间，中子密度很小，中子测量仪不易探测到，即存在探测盲区，容易发生启动事故。而且启动事故可能比正常运行时所发生的事故更加严重，因为启动时反应堆可能会以很快的功率增长率越过它的正常运行功率水平，从而减少了自动安全系统可以起作用的时间[1]，稍有不慎便会导致瞬发临界。核动力反应堆一般采用的步进提棒法[2]，即每提棒一次都要等待两分钟以上，仅靠测量仪表来监督和计量中子数，并靠测量数值外推来寻找临界点；当仪表读数趋于稳定后，再提一次，如此循环直到反应堆临界。一些学者致力于反应性监督仪表及测量方法的研究[3-4]，但仅靠仪表监督的方法存在两个问题[5]：一是向临界逼近时间长，机动性要求受到限制；二是将测量数值外推寻找反应堆临界点具有不确定性。实验发现，外推临界点存在发散现象，这样，处理不好仍可产生瞬发临界，造成烧堆的危险。

在反应堆的启动、停闭、正常动态变化和安全分析中，都会遇到反应性输入，需要掌握对应的中子密度随时间的变化规律。因此导出中子密度的增殖公式无论是理论上还是对运行操作都有重要意义，有利于确保反应堆的安全。另外，冷启动时，通过反应性阶跃或线性引入，反应堆从次临界向临界逼近过程，堆内平均温度较低，同时功率增加很小，较小的反应性温度反馈效应不能抑制功率增长。因此，反应性温度负反馈效应可以不考虑，可以视为无温度反馈[2,6]。本章从点堆模型出发，介绍次临界反应堆反应性阶跃、线性变化时，中子密度的增殖特性。

3.1　反应堆有外中子源时的次临界稳态与临界

设反应堆处于停堆状态（次临界状态），停堆深度为 $\rho_0 < 0$，且为常数。堆内有一恒定的中子源，单位时间单位体积内放出 q 个中子，现在来讨论反应堆稳态时功率或中子密度

为多少？

六组点堆动态方程为[1,2]

$$\frac{\mathrm{d}n}{\mathrm{d}t}=\frac{\rho_0-\beta}{l}n+\sum_{i=1}^{6}\lambda_i c_i+q \tag{3.1.1}$$

$$\frac{\mathrm{d}c_i}{\mathrm{d}t}=\frac{\beta_i}{l}n-\lambda_i c_i \quad (i=1,2,\cdots,6) \tag{3.1.2}$$

式中，n 为中子密度，1/cm³，代表了核反应堆功率水平；t 为时间，s；ρ_0 为反应性；β_i 与 β 为第 i 组与总的缓发中子份额；l 为瞬发中子一代寿命，s；λ_i 为第 i 组缓发中子先驱核衰变常数，1/s；$c(t)$ 为缓发中子先驱核平均浓度，1/cm³；q 为外加中子源源强，1/(s.cm³)。λ_i、β_i、l 和 β 均为已知常数，因为反应堆处于停堆状态，温度和中毒效应可以忽略不计，故 ρ_0 与中子密度无关。

将式（3.1.2）对 i 求和，再与式（3.1.1）相加，可得

$$\frac{\mathrm{d}}{\mathrm{d}t}\left(n+\sum_{i=1}^{6}c_i\right)=\frac{\rho_0}{l}n+q \tag{3.1.3}$$

稳定态时有

$$\frac{\rho_0}{l}n+q=0 \tag{3.1.4}$$

因此，停堆时反应堆的稳定中子密度为

$$n=-\frac{ql}{\rho_0} \tag{3.1.5}$$

再由式（3.1.2）得

$$c_i=-\frac{\beta_i n}{\lambda_i l} \tag{3.1.6}$$

3.1.1 次临界稳定态堆功率

式（3.1.5）表示次临界堆稳定态时的中子密度，它所对应的功率为

$$P=SE_f/v\approx 1.3\times 10^{-11}S\ （\mathrm{W}） \tag{3.1.7}$$

其中，S 为堆芯每秒产生的中子数，$E_f\approx 200\ \mathrm{MeV}$、$v\approx 2.43$ 分别为 $^{235}\mathrm{U}$ 每次裂变产生的能量、中子数。

设反应堆体积为 V，则 S 为

$$S=nV/l=qV/|\rho_0| \tag{3.1.8}$$

因为 $\rho_0<0$，且 q、l 都为正数，由式（3.1.7）与（3.1.8）可见，功率 $P>0$ 是合理的。式（3.1.5）表明，有外中子源时的次临界反应堆，可以稳定在一个平衡态，其稳定态中子

密度也是一个正常数，对应的功率由式（3.1.7）与式（3.1.8）决定。因此，稳定态的中子密度或功率与停堆深度有关，停堆深度越深，即$|\rho_0|$越大，则 n 与 P 越小，反之亦然。这个结果也可以从物理上得到解释，因为，$\rho_0=(k-1)/k$，$l_0=lk$，k 为中子有效增殖系数。式（3.1.5）可以改写为

$$n=\frac{ql_0}{1-k} \tag{3.1.9}$$

由于次临界时 $k<1$，式（3.1.9）可以用级数表示为

$$n=ql_0(1+k+k^2+\cdots) \tag{3.1.10}$$

这就是著名的中子倍增公式[1,2]，对其作如下简要分析：

因为第一代寿期末，l_0 时间内堆内单位体积中产生 ql_0 个中子；到了第二代寿期末，堆内增加中子 ql_0k 个，加上 l_0 时间内增加的 ql_0 个中子，则单位体积中共有 $ql_0+kql_0=ql_0(1+k)$ 个中子；到了第三代寿期末，堆内增加 $ql_0(1+k)k$ 个，加上 l_0 时间内增加的 ql_0 个中子，则共有 $ql_0+ql_0(1+k)k=ql_0(1+k+k^2)$ 个中子；按此规律中子密度不断增加，在许多个寿期以后即有式（3.1.10）。再考虑到 $k<1$，该级数收敛到式（3.1.9）所表示的稳定值。这种解释也可以用图 3.1.1 的曲线来表示。图 3.1.1 中纵坐标为中子密度的相对值 n/ql_0，横坐标为以平均寿期 l_0 为单位的时间。稳定值可由式（3.1.9）得到，为 $n/ql_0=1/(1-k)$。不同曲线与不同 k 值对应。可以看到 k 较小时达到稳定所需的时间较短，稳定值较小。当 $k\to1$，即 $\rho_0\to0$ 时，达到稳定的时间趋向无穷大，稳定值也趋向无穷大。

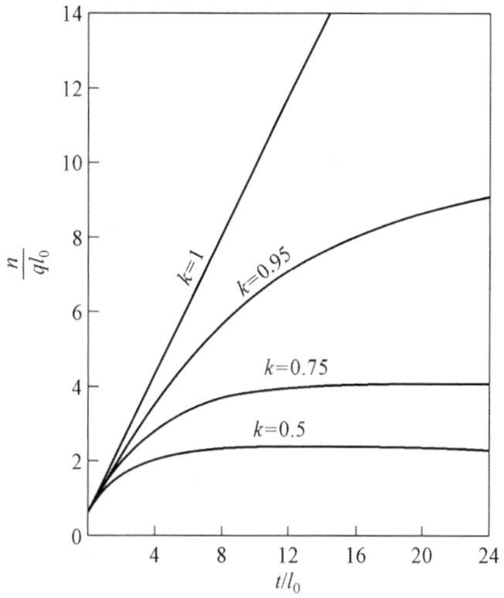

图 3.1.1　有外中子源时，次临界反应堆内中子密度随时间的变化

3.1.2　次临界向临界逼近的特性

从式（3.1.3）可知，有外中子源时，临界状态的中子密度是不可能达到稳定的。因为，当 $\rho_0=0$，而 $q\neq0$ 时，式（3.1.3）就成为

$$\frac{\mathrm{d}n}{\mathrm{d}t}=-\frac{\mathrm{d}}{\mathrm{d}t}\left(\sum_{i=1}^{6}c_i\right)+q \tag{3.1.11}$$

另一方面，若要达到稳定，即 $\mathrm{d}n/\mathrm{d}t=-\mathrm{d}\left(\sum_{i=1}^{6}c_i\right)/\mathrm{d}t=0$，则 q 必须为零，这与前提矛盾。因此，当外中子源不能忽略时，要使反应堆有稳定的中子水平，就不能使它处于临界

状态。但是，当堆内中子水平很高时，如反应堆在功率运行状态，中子源相对应的功率可以忽略不计，稳定态与临界态对应[6]。

从动态来看，在有外中子源的反应堆中，当阶跃引入反应性使之向临界逼近时，每次以阶跃方式增加较小的反应性，中子都可以在前面稳定的平衡态基础上增殖。如 $k=0.75$ 时，稳定值为 4，在此基础上引入反应性使 k 从 0.75 达到 0.9，则稳定值为 10。下面讨论由 k_0 变化到 k 时中子的增殖过程。考虑到反应堆在启动阶段，每次引入的反应性都比较小，中子增殖并不剧烈，作为一种近似，可以认为每代缓发中子的增加值为确定数，即 $\mathrm{d}c_i/\mathrm{d}t=0$。但中子的增殖时间要考虑缓发中子的作用 $l=l_0+\bar{t}$，由式（3.1.2）可得

$$\lambda_i c_i=\frac{\beta_i}{l}n\ (i=1,2,\cdots,6) \tag{3.1.12}$$

将式（3.1.12）代入式（3.1.1）得

$$\frac{\mathrm{d}n}{\mathrm{d}t}=\frac{\rho_0}{l}n+q=\frac{k-1}{l_0}n+q \tag{3.1.13}$$

式（3.1.13）的初始条件是 $n(0)=n_0=\dfrac{ql_0}{1-k_0}$，求解得

$$\begin{aligned}n(t)&=\frac{ql_0}{1-k}\left[1-\exp\left(\frac{k-1}{l_0}t\right)\right]+n_0\exp\left(\frac{k-1}{l_0}t\right)\\&=\frac{ql_0}{1-k}+\left(\frac{ql_0}{1-k_0}-\frac{ql_0}{1-k}\right)\exp\left(\frac{k-1}{l_0}t\right)\end{aligned} \tag{3.1.14}$$

k_0 为在引入 k 之前反应堆的有效增殖系数。式（3.1.14）说明，反应堆由 k_0 变化到 k，中子增殖过程是从 $n_0=\dfrac{ql_0}{1-k_0}$ 按照指数规律增加，最后稳定在 $n_s=\dfrac{ql_0}{1-k}$。

3.1.3 次临界堆内中子密度达到稳定的时间

上面已经给出，反应堆内不同的 k 值对应有不同的中子密度稳定值。设稳定值为 n_1，t_1 为相应的时间。由式（3.1.14）可令

$$n_1=\frac{ql_0}{1-k}+\left(\frac{ql_0}{1-k_0}-\frac{ql_0}{1-k}\right)\exp\left(\frac{k-1}{l_0}t_1\right) \tag{3.1.15}$$

或

$$\exp\left(\frac{1-k}{l_0}t_1\right)=\left(\frac{ql_0}{1-k}-\frac{ql_0}{1-k_0}\right)\Big/\left(\frac{ql_0}{1-k}-n_1\right) \tag{3.1.16}$$

从而求得

$$t_1=\frac{l_0}{1-k}\ln\left[\left(\frac{ql_0}{1-k}-\frac{ql_0}{1-k_0}\right)\bigg/\left(\frac{ql_0}{1-k}-n_1\right)\right]$$
$$=\frac{l_0}{1-k}\ln[(n_s-n_0)/(n_s-n_1)] \tag{3.1.17}$$

例如，某压水堆 $k_0=0.96$，阶跃引入 $\delta k=0.02$ 使 k_0 变化到 $k=0.98$，求中子密度到达99.99%稳定值时所需的时间。

解：$n_0=\frac{ql_0}{1-k_0}=\frac{ql_0}{1-0.96}=25ql_0$

$$n_s=\frac{ql_0}{1-k}=\frac{ql_0}{1-0.98}=50ql_0$$

由式（3.1.17）得

$$t_1=\frac{0.98\times0.084\,9}{1-0.98}\ln[(25ql_0)/(50ql_0\times0.000\,1)]=35.43\ \text{s}$$

因此，压水堆引入反应性，使 $k_0=0.96$ 阶跃变化到 $k=0.98$，其中子密度到达稳定值的时间约 35 秒。

3.2　阶跃引入反应性时中子的响应规律

3.2.1　传统中子增殖公式

根据点堆中子动力学方程推得的传统中子增殖公式如下[1,2]：

$$n(t)=\frac{ql_0}{1-k}[1-k^{t/l_0}] \tag{3.2.1}$$

周期为

$$T(t)=\frac{n(t)}{\mathrm{d}n(t)/\mathrm{d}t}=\frac{l_0[k^{t/l_0}-1]}{k^{t/l_0}\ln k} \tag{3.2.2}$$

由于次临界下 $k<1$，故式（3.2.1）所表示的最大值或稳定时的值为 $n=\frac{ql_0}{1-k}$。不同的 k 值对应不同的曲线，如 $k=0.5$、0.75 时，0.9 所得到的曲线正好如图 3.1.1 所示。k 较大时，达到稳定所需要的时间较长且稳定值也较大，反之亦然。必须指出的是，式（3.2.1）没有体现出缓发中子对中子增殖的影响，即没有出现第 i 组与总的缓发中子份额 β_i 与 β 的项。这使得式（3.2.1）的应用范围很有限，只能用于定性分析，不能用于定量计算。

3.2.2 考虑单组缓发中子效应的增殖规律

我们可以用单组缓发中子和有外中子源的中子动力学方程来讨论反应性阶引入时，反应堆从次临界向临界逼近的特性[7,8]。即首先把六组缓发中子等效为单组缓发中子，则单组缓发中子的份额为 $\beta=\sum_{i=1}^{6}\beta_i$；单组缓发中子先驱核的浓度为 $c=\sum_{i=1}^{6}c_i$，其平均寿命 t 等于六组缓发中子寿命 t_i 的权重平均值，$t=\sum_{i=1}^{6}\beta_i t_i/\beta$；而单组缓发中子先驱核的衰变常数 λ 为其平均寿命 t 的倒数，$\lambda=\beta/\sum_{i=1}^{6}\beta_i t_i=\beta/\sum_{i=1}^{6}\beta_i/\lambda_i$，或按 λ_i 的权重平均值，$\lambda=\sum_{i=1}^{6}\beta_i\lambda_i/\beta$。对以 ^{235}U 作核燃料的热中子反应堆，通常取 $\beta=0.006\,5$，$t=12.95$ s，$\lambda=0.077$（1/s）。利用这些等效关系由式（3.1.1）与式（3.1.2）对 i 求和，可以得到单组缓发中子和有外中子源（用 ρ 代替 ρ_0 表示反应堆处于次临界状态，外中子源不能忽略）的动态方程为

$$\frac{\mathrm{d}n}{\mathrm{d}t}=\frac{\rho-\beta}{l}n+\lambda c+q \tag{3.2.3}$$

$$\frac{\mathrm{d}c}{\mathrm{d}t}=\frac{\beta}{l}n-\lambda c \tag{3.2.4}$$

由式（3.2.3）两边对时间求导可得

$$\frac{\mathrm{d}^2 n}{\mathrm{d}t^2}=\left(\frac{\rho-\beta}{l}\right)\frac{\mathrm{d}n}{\mathrm{d}t}+\lambda\frac{\mathrm{d}c}{\mathrm{d}t} \tag{3.2.5}$$

将式（3.2.4）代入上式并消去 $\frac{\mathrm{d}c}{\mathrm{d}t}$ 得

$$\frac{\mathrm{d}^2 n}{\mathrm{d}t^2}=\left(\frac{\rho-\beta}{l}\right)\frac{\mathrm{d}n}{\mathrm{d}t}+\lambda\left(\frac{\beta}{l}n-\lambda c\right) \tag{3.2.6}$$

联合式（3.2.6）与（3.2.3）并消去 λc 得

$$\frac{\mathrm{d}^2 n}{\mathrm{d}t^2}+\frac{\lambda l+\beta-\rho}{l}\frac{\mathrm{d}n}{\mathrm{d}t}-\frac{\lambda\rho}{l}n=\lambda q \tag{3.2.7}$$

式（3.2.7）的解为

$$\begin{aligned}n(t)=&A_1\exp\left(\frac{-\rho_s+\sqrt{\rho_s^2+4\lambda\rho l}}{2l}t\right)\\&+A_2\exp\left(\frac{-\rho_s-\sqrt{\rho_s^2+4\lambda\rho l}}{2l}t\right)-\frac{ql}{\rho}\end{aligned} \tag{3.2.8}$$

其中，$\rho_s=\lambda l+\beta-\rho$。

类似式（3.2.7）的推导可求得

$$\frac{\mathrm{d}^2c}{\mathrm{d}t^2}-\left(\frac{\rho-\beta-\lambda l}{l}\right)\frac{\mathrm{d}c}{\mathrm{d}t}-\frac{\lambda\rho}{l}c=\frac{\beta q}{l} \tag{3.2.9}$$

式（3.2.9）的解为

$$c(t)=B_1\exp\left(\frac{-\rho_s+\sqrt{\rho_s^2+4\lambda\rho l}}{2l}t\right)+B_2\exp\left(\frac{-\rho_s-\sqrt{\rho_s^2+4\lambda\rho l}}{2l}t\right)-\frac{\beta q}{\lambda\rho} \tag{3.2.10}$$

由式（3.2.8）与式（3.2.10），以及初始条件 $n(0)=n_0$ 与 $c(0)=c_0$，可以得到

$$A_1+A_2-\frac{ql}{\rho}=n_0 \tag{3.2.11}$$

$$B_1+B_2-\frac{\beta q}{\lambda\rho}=c_0 \tag{3.2.12}$$

将式（3.2.8）与式（3.2.10）代入式（3.2.4）求得

$$A_1=\frac{-\rho_s+2l\lambda+\sqrt{\rho_s^2+4\lambda\rho l}}{2\beta}B_1 \tag{3.2.13}$$

$$A_2=\frac{-\rho_s+2l\lambda-\sqrt{\rho_s^2+4\lambda\rho l}}{2\beta}B_2 \tag{3.2.14}$$

由式（3.2.11）～式（3.2.14）解得

$$B_1=\frac{(c_0\lambda\rho+\beta q)}{2\lambda\rho}+\frac{(\rho_s-2l\lambda)(c_0\lambda\rho+\beta q)+2\beta\lambda(ql+n_0\rho)}{2\lambda\rho\sqrt{\rho_s^2+4\lambda\rho l}} \tag{3.2.15}$$

$$B_2=\frac{(c_0\lambda\rho+\beta q)}{2\lambda\rho}-\frac{(\rho_s-2l\lambda)(c_0\lambda\rho+\beta q)+2\beta\lambda(ql+n_0\rho)}{2\lambda\rho\sqrt{\rho_s^2+4\lambda\rho l}} \tag{3.2.16}$$

则求得点堆中子动力学方程的近似解析式为

$$\begin{aligned}n(t)&=-\frac{ql\beta+c_0\lambda l\rho}{\rho(\rho-\beta)}\exp\left(\frac{\lambda\rho}{\beta-\rho}t\right)+\frac{(c_0\lambda l+ql)(\rho-\beta)+(\rho-\beta)^2n_0}{(\rho-\beta)^2+\beta\lambda l}\exp\left(-\frac{\beta-\rho}{l}t\right)-\frac{ql}{\rho}\\&\approx\frac{ql\beta+c_0\lambda l\rho}{\rho(\beta-\rho)}\exp\left(\frac{\lambda\rho}{\beta-\rho}t\right)+\left(n_0+\frac{c_0\lambda l+ql}{\rho-\beta}\right)\exp\left(-\frac{\beta-\rho}{l}t\right)-\frac{ql}{\rho}\end{aligned} \tag{3.2.17}$$

$$\begin{aligned}c(t)&=\left(c_0+\frac{q\beta}{\lambda\rho}\right)\exp\left(\frac{\lambda\rho}{\beta-\rho}t\right)+\frac{(c_0\lambda l+ql)\beta+(\rho-\beta)\beta n_0}{(\rho-\beta)^2+\beta\lambda l}\exp\left(-\frac{\beta-\rho}{l}t\right)-\frac{\beta q}{\lambda\rho}\\&\approx\left(c_0+\frac{q\beta}{\lambda\rho}\right)\exp\left(\frac{\lambda\rho}{\beta-\rho}t\right)+\left[\frac{(c_0\lambda l+ql)\beta}{(\rho-\beta)^2}+\frac{\beta n_0}{\rho-\beta}\right]\exp\left(-\frac{\beta-\rho}{l}t\right)-\frac{\beta q}{\lambda\rho}\end{aligned} \tag{3.2.18}$$

中子增殖周期为

$$T(t)=\frac{n(t)}{\mathrm{d}n(t)/\mathrm{d}t}$$

$$=\frac{\dfrac{ql\beta+c_0\lambda l\rho}{\rho(\beta-\rho)}\exp\left(\dfrac{\lambda\rho}{\beta-\rho}t\right)+\left(n_0+\dfrac{c_0\lambda l+ql}{\rho-\beta}\right)\exp\left(-\dfrac{\beta-\rho}{l}t\right)-\dfrac{ql}{\rho}}{\dfrac{q\beta\lambda+c_0\lambda^2 l\rho}{(\beta-\rho)^2}\exp\left(\dfrac{\lambda\rho}{\beta-\rho}t\right)-\left(n_0\dfrac{\beta-\rho}{l}-c_0\lambda-q\right)\exp\left(-\dfrac{\beta-\rho}{l}t\right)}$$

解析表达式（3.2.17）与式（3.1.10）或式（3.1.14）主要差别在于，它包含缓发中子特性参数 λ 和 β，而式（3.1.10）或式（3.1.14）中未含有缓发中子参数，故式（3.2.17）能够更准确反映缓发中子对中子增殖过程的影响。

接下来，我们对以上结果进行讨论。

当次临界反应堆初始处于稳定的停堆状态，则有 $\left.\dfrac{\mathrm{d}c}{\mathrm{d}t}\right|_{t=0}=0$，于是根据式（3.2.4）有

$$\frac{\beta}{l}n_0-\lambda c_0=0 \tag{3.2.19}$$

将式（3.2.19）代入式（3.2.17）可得

$$n(t)=\left(n_0+\frac{ql}{\rho}\right)\left[\frac{\beta}{\beta-\rho}\exp\left(\frac{\lambda\rho}{\beta-\rho}t\right)-\frac{\rho}{\beta-\rho}\exp\left(-\frac{\beta-\rho}{l}t\right)\right]-\frac{ql}{\rho} \tag{3.2.20}$$

如果反应堆处于深次临界，中子密度和缓发中子先驱核初始浓度值可以近似为零，即 $n(0)=n_0=0$，$c(0)=c_0=0$，由式（3.2.17）与式（3.2.18）可得

$$n=\frac{ql}{\rho}\left[\frac{\beta}{\beta-\rho}\exp\left(\frac{\lambda\rho}{\beta-\rho}t\right)-\frac{\rho}{\beta-\rho}\exp\left(-\frac{\beta-\rho}{l}t\right)\right]-\frac{ql}{\rho} \tag{3.2.21}$$

将 $l=\dfrac{l_0}{k}$，$\rho=\dfrac{k-1}{k}$ 代入式（3.2.21）可得

$$n=\frac{ql_0}{1-k}\left[1-\frac{\beta}{\beta-\rho}\exp\left(\frac{\lambda\rho}{\beta-\rho}t\right)+\frac{\rho}{\beta-\rho}\exp\left(-\frac{\beta-\rho}{l}\right)t\right] \tag{3.2.22}$$

当 $0<t<\infty$ 时，缓发中子对反应堆内整个中子增殖过程起作用，故式（3.2.17）应与传统中子倍增公式不同。通过分析比较可以看到，考虑缓发中子效应与否对反应堆动态特征的描述差别很大，但缓发中子的分组方式对结果只有次级效应。因此，在对某些问题作定性或定量研究时，采用单组缓发中子假定可使问题大为简化，而同时又能保证分析结果有足够的精确度[9]。

为了进一步说明式（3.2.17）中子倍增公式的精确程度，取 $k=0.9$，$t=l_0,2l_0,\cdots Nl_0$。对以 ^{235}U 作核燃料的热中子反应堆，单组缓发中子取 $\beta=0.006\,5$，$l_0=10^{-4}$ s，$\lambda=0.077\,4\,(1/\mathrm{s})$。由式（3.2.1）可得

$$\left.\frac{n}{ql_0}\right|_{t=\infty}=\frac{1}{1-k}=\frac{1}{1-0.9}=10 \tag{3.2.23}$$

用式（3.2.1）和式（3.2.17）计算所得的结果表示在表 3.2.1 中。

表 3.2.1　中子密度变化规律

式（3.2.1）计算值[2]		式（3.2.17）计算值	
代数	$\frac{n}{l_0 q}$	代数	$\frac{n}{l_0 q}$
1	1.0	1	0.994 74
2	1.9	2	1.801 96
3	2.71	3	2.569 53
4	3.439	4	3.260 03
6	4.685 59	6	4.440 02
8	5.695 33	8	5.394 98
10	6.513 22	10	6.167 82
15	7.941 09	15	7.515 09
20	8.784 23	20	8.308 89
50	9.949 24	100	9.447 46
80	9.999 58	8×10^5	9.999 84

由表 3.2.1 可知，用式（3.2.1）算出的中子密度接近稳定值的时间为 80 代末，即 0.008 s，用式（3.2.17）算的为 80 万代即 80 s。由此可见，用式（3.2.17）作计算，倍增速率比用式（3.2.1）算出的少，而接近稳定的时间比式（3.2.1）的长得多。这是符合实际物理过程的，因为在 0.008 s 时便达到平衡是不可能的。由此可见，式（3.2.17）更准确地描述了中子增殖过程。

3.2.3　考虑六组缓发中子效应的解

考虑六组缓发中子的点堆中子动力学方程组如式（3.1.1）与（3.1.2）所示。两式相加消去 $\sum_{i=1}^{6}\lambda_i c_i$ 可得（用 ρ 代替 ρ_0 表示次临界）

$$\frac{\mathrm{d}n}{\mathrm{d}t}+\frac{\mathrm{d}\sum_{i=1}^{6}c_i}{\mathrm{d}t}=\frac{\rho n}{l}+q \tag{3.2.24}$$

由式（3.1.2）对 t 求导，分别将式（3.1.2）与（3.2.24）代入消去 $\mathrm{d}n/\mathrm{d}t$ 和 n 可得

$$l\frac{d^2c_i}{dt^2}+(\lambda_i l-\rho)\frac{dc_i}{dt}+\beta_i\frac{d\sum_{i=1}^{6}c_i}{dt}-\lambda_i\rho c_i=\beta_i q \tag{3.2.25}$$

式（3.2.25）的一个特解为

$$c_{i1}=-\frac{\beta_i q}{\lambda_i\rho} \tag{3.2.26}$$

现在来推导式（3.2.25）对应齐次方程的解。前面已经提到，在以^{235}U作核燃料的热中子反应堆，可以取$\beta=0.006\,5$，$l=10^{-4}\,s$。如前所述，中子在次临界条件下的增殖过程，停堆深度通常在$\rho=-(2.5\sim5)\beta=-(0.016\,25\sim0.032\,5)$。显然，在数值上$l$至少比$\rho$小 2～3 个数量级，符合瞬跳近似要求，于是式（3.2.25）对应齐次方程的左边第一项可以忽略。后面的实例计算结果与采用较小步长的数值计算结果符合得很好，最大相对误差小于千分之一，这也说明了采用瞬跳近似是可行的。这样式（3.2.25）齐次方程简化为[10]

$$(\lambda_i l-\rho)\frac{dc_i}{dt}+\beta_i\frac{d\sum_{i=1}^{6}c_i}{dt}-\lambda_i\rho c_i=0 \tag{3.2.27}$$

令

$$c_i=A_i e^{\omega t} \tag{3.2.28}$$

将式（3.2.28）代入式（3.2.27）可得

$$\omega_i=\lambda_i\rho\Bigg/\left[(\lambda_i l-\rho)+\beta_i\frac{\sum_{i=1}^{6}A_i}{A_i}\right] \tag{3.2.29}$$

于是有

$$c_i=A_i e^{\omega_i t}-\frac{\beta_i q}{\lambda_i\rho} \tag{3.2.30}$$

反应堆启动时，$c_i(0)=0$，代入上式可得

$$A_i=\frac{\beta_i q}{\lambda_i\rho} \tag{3.2.31}$$

将式（3.2.31）代入式（3.2.29）可得

$$\omega_i=\lambda_i\rho\Bigg/\left[\lambda_i\left(l+\sum_{i=1}^{6}\frac{\beta_i}{\lambda_i}\right)-\rho\right] \tag{3.2.32}$$

将式（3.2.31）代入式（3.2.30）可得

$$c_i=\frac{\beta_i q}{\lambda_i\rho}e^{\omega_i t}-\frac{\beta_i q}{\lambda_i\rho} \tag{3.2.33}$$

将式（3.2.33）代入式（3.1.1）可得

$$\frac{\mathrm{d}n}{\mathrm{d}t}=\frac{\rho-\beta}{l}n+\sum_{i=1}^{6}\frac{\beta_i q}{\rho}(\mathrm{e}^{\omega_i t}-1)+q \tag{3.2.34}$$

式（3.2.34）对应的齐次方程的解为

$$n=A\mathrm{e}^{\frac{\rho-\beta}{l}t}=A\mathrm{e}^{\omega t} \tag{3.2.35}$$

其中 $\omega=\dfrac{\rho-\beta}{l}$。可用变异系数法解式（3.2.35），步骤如下：将式（3.2.35）对 t 求导后代入式（3.2.34）得

$$\mathrm{e}^{\frac{\rho-\beta}{l}t}\frac{\mathrm{d}A}{\mathrm{d}t}+A\frac{\rho-\beta}{l}\mathrm{e}^{\frac{\rho-\beta}{l}t}=A\frac{\rho-\beta}{l}\mathrm{e}^{\frac{\rho-\beta}{l}t}+\sum_{i=1}^{6}\lambda_i A_i(\mathrm{e}^{\omega_i t}-1)+q \tag{3.2.36}$$

整理得

$$\frac{\mathrm{d}A}{\mathrm{d}t}=\sum_{i=1}^{6}\lambda_i A_i[\mathrm{e}^{(\omega_i-\omega)t}-\mathrm{e}^{-\omega t}]+q\mathrm{e}^{-\omega t} \tag{3.2.37}$$

由式（3.2.37）对 t 积分可得

$$A=\sum_{i=1}^{6}\left\{\frac{\lambda_i A_i}{\omega_i-\omega}[\mathrm{e}^{(\omega_i-\omega)t}-1]+\frac{\lambda_i A_i}{\omega}(\mathrm{e}^{-\omega t}-1)\right\}-\frac{q}{\omega}(\mathrm{e}^{-\omega t}-1) \tag{3.2.38}$$

将式（3.2.38）代入式（3.2.35）得式（3.2.34）的齐次解

$$N=\sum_{i=1}^{6}\left[\frac{\lambda_i A_i}{\omega_i-\omega}(\mathrm{e}^{\omega_i t}-\mathrm{e}^{\omega t})+\frac{\lambda_i A_i}{\omega}(1-\mathrm{e}^{\omega t})\right]-\frac{q}{\omega}(1-\mathrm{e}^{\omega t}) \tag{3.2.39}$$

于是式（3.2.34）的一般解可表示为齐次解与特解之和

$$n=n_0\mathrm{e}^{\omega t}+\sum_{i=1}^{6}\left[\frac{\lambda_i A_i}{\omega_i-\omega}(\mathrm{e}^{\omega_i t}-\mathrm{e}^{\omega t})+\frac{\lambda_i A_i}{\omega}(1-\mathrm{e}^{\omega t})\right]-\frac{q}{\omega}(1-\mathrm{e}^{\omega t}) \tag{3.2.40}$$

其中 n_0 为初始中子密度。式（3.2.40）重新整理后可得

$$n=\left(\frac{q}{\omega}+n_0\right)\mathrm{e}^{\omega t}+\sum_{i=1}^{6}\frac{\lambda_i A_i}{\omega_i-\omega}\mathrm{e}^{\omega_i t}-\frac{q}{\omega}+\sum_{i=1}^{6}\frac{\lambda_i A_i}{\omega}+\sum_{i=1}^{6}\frac{\lambda_i A_i\omega_i}{(\omega_i-\omega)\omega}\mathrm{e}^{\omega t}$$

并将 $\omega=\dfrac{\rho-\beta}{l}$ 与 $A_{\mathrm{i}}=\dfrac{\beta_i q}{\lambda_i\rho}$ 代入得

$$\begin{aligned}n=&\left(\frac{ql}{\rho-\beta}+n_0\right)\mathrm{e}^{\omega t}+\frac{ql}{\rho}\sum_{i=1}^{6}\frac{\beta_i}{l\omega_i+\beta-\rho}\mathrm{e}^{\omega_i t}-\frac{ql}{\rho-\beta}+\frac{\beta ql}{\rho(\rho-\beta)}\\&-\frac{ql}{\rho}\sum_{i=1}^{6}\frac{\beta_i}{l\omega_i+\beta-\rho}\frac{l\omega_i}{\beta-\rho}\mathrm{c}^{\omega t}\end{aligned} \tag{3.2.41}$$

注意到 $\omega_i l\ll\beta-\rho$，则上式近似为

$$n\approx\frac{ql}{\rho}\left(\frac{\rho}{\rho-\beta}\mathrm{e}^{\omega t}+\sum_{i=1}^{6}\frac{\beta_i}{\beta-\rho}\mathrm{e}^{\omega_i t}-1\right)+n_0\mathrm{e}^{\omega t} \tag{3.2.42}$$

式（3.2.42）便是考虑六组缓发中子效应的中子增殖近似公式[11]。如果反应堆处于深次临界，中子密度和缓发中子先驱核初始浓度值可以近似为零，即 $n(0)=n_0=0$，同时利用 $\rho=\dfrac{k-1}{k}$，$l=\dfrac{l_0}{k}$，由式（3.2.41）可得

$$n\approx\frac{ql_0}{1-k}\left[1-\frac{1}{\beta-\rho}\sum_{i=1}^{6}\beta_i e^{\omega_i t}+\frac{\rho}{\beta-\rho}\exp\left(-\frac{\beta-\rho}{l}\right)t\right] \tag{3.2.43}$$

现对公式（3.2.1）、（3.2.22）与（3.2.43）作一简要比较分析。首先，公式（3.2.22）与（3.2.43）都包含了缓发中子的特性参数 β，因此比式（3.2.1）只考虑瞬发中子效应的结果更为准确与可信。而且，公式（3.2.43）采用的是六组缓发中子模型，精度最高。不过这三个公式的稳定值都相等，即 $t\to\infty$ 时，都等于 $\dfrac{ql_0}{1-k}$。另外，式（3.2.22）与（3.2.43）有相同的变化规律，当考虑缓发中子效应时，若采用单组中子近似，式(3.2.43)就成为式(3.2.22)。

3.3 线性引入反应性时中子的响应规律

3.3.1 单组缓发中子效应的公式

对于核动力反应堆而言，每次提棒的过程实际上就是某个时间段内线性引入反应性的过程[12]。此时，单组缓发中子的点堆中子动力学方程以及提棒引入线性反应性可表示为[1]

$$\frac{dn(t)}{dt}=\frac{\rho-\beta}{l}n(t)+\lambda c(t)+q \tag{3.3.1}$$

$$\frac{dc(t)}{dt}=\frac{\beta}{l}n(t)-\lambda c(t) \tag{3.3.2}$$

$$\rho(t)=\begin{cases}\rho_s+\gamma t & (0\leqslant t\leqslant t_0)\\ \rho_s+\gamma t_0 & (t>t_0)\end{cases} \tag{3.3.3}$$

式中：$n(t)$ 为中子密度，1/cm^3；ρ 为反应性；β 为缓发中子总份额；l 为瞬发中子一代寿命，s；λ 为缓发中子先驱核衰变常数，1/s；$c(t)$ 为缓发中子先驱核平均浓度，1/cm^3；q 为外中子源强，1/(cm^3.s)；γ 为反应性引入速率，1/s；t 为两个步距间的停候时间，s；t_0 为每次提棒持续时间，s；ρ_s 为反应堆停堆深度。设次临界启堆时 $n(0)=n_0$，$c(0)=c_0$。

当 $t\geqslant t_0$ 时，$\rho(t)=-|\rho_s|+\gamma t_0$，$\dfrac{d\rho(t)}{dt}=0$，由方程（3.3.1）和（3.3.2）可得

$$\frac{d^2n}{dt^2}+\frac{\lambda l+\beta-\rho}{l}\frac{dn}{dt}-\frac{\lambda\rho}{l}n=\lambda q \tag{3.3.4}$$

对于热堆，满足 $\rho-\beta \gg \lambda l$，不难得到式（3.3.4）的一般解表示为

$$n(t)=A_1\exp\left(\frac{\lambda\rho}{\beta-\rho}t\right)+A_2\exp\left(-\frac{\beta-\rho}{l}t\right)-\frac{ql}{\rho} \tag{3.3.5}$$

仿照式（3.3.4）的推导过程可得

$$\frac{\mathrm{d}^2c}{\mathrm{d}t^2}-\left(\frac{\rho-\beta-\lambda l}{l}\right)\frac{\mathrm{d}c}{\mathrm{d}t}-\frac{\lambda\rho}{l}c=\frac{\beta q}{l} \tag{3.3.6}$$

同样可得

$$c(t)=B_1\exp\left(\frac{\lambda\rho}{\beta-\rho}t\right)+B_2\exp\left(-\frac{\beta-\rho}{l}t\right)-\frac{q\beta}{\lambda\rho} \tag{3.3.7}$$

式中未知系数 A_1，A_2，B_1，B_2，可由式（3.3.5），（3.3.7）及初始条件 $n(t_0)$，$c(t_0)$ 求得

$$A_1=-[q\beta+c(t_0)\lambda\rho]l\Big/\left[\rho(\rho-\beta)\exp\left(\frac{\lambda\rho}{\beta-\rho}t_0\right)\right] \tag{3.3.8}$$

$$A_2=\{n(t_0)(\rho-\beta)+[c(t_0)\lambda+q]l\}\Big/\left[(\rho-\beta)\exp\left(-\frac{\beta-\rho}{l}t_0\right)\right] \tag{3.3.9}$$

$$B_1=[q\beta+c(t_0)\lambda\rho]\Big/\left[\rho\lambda\exp\left(\frac{\lambda\rho}{\beta-\rho}t_0\right)\right] \tag{3.3.10}$$

$$B_2=\{n(t_0)(\rho-\beta)+[c(t_0)\lambda+q]l\}\beta\Big/\left[(\rho-\beta)^2\exp\left(-\frac{\beta-\rho}{l}t_0\right)\right] \tag{3.3.11}$$

当 $0<t<t_0$ 时，$\rho(t)=-|\rho_s|+\gamma t$，因为反应堆启动时，步距提棒持续时间较短，满足 $l/\beta \ll t_0 \ll 1/\lambda$，因此满足同时采用恒源近似与瞬跳近似的条件。首先利用恒源近似，有：

$$c(t)=c_0 \tag{3.3.12}$$

把式（3.3.12）代入式（3.3.1），得到

$$\frac{\mathrm{d}n(t)}{\mathrm{d}t}=\frac{\rho(t)-\beta}{l}n+\lambda c_0+q \tag{3.3.13}$$

再利用瞬跳近似，忽略 $\frac{\mathrm{d}n(t)}{\mathrm{d}t}$ 得到

$$n(t)=(\lambda c_0+q)l/(\beta+|\rho_s|-\gamma t) \tag{3.3.14}$$

$$n(t_0)=(\lambda c_0+q)l/(\beta+|\rho_s|-\gamma t_0) \tag{3.3.15}$$

把式（3.3.15）代入到式（3.3.5）和（3.3.7），就可得到反应堆启动过程线性引入反应件时中子密度及缓发中子先驱核平均浓度响应的解析表达式为[3,11]

$$n(t)=\begin{cases}\dfrac{\lambda c_0+q}{(\beta+|\rho_s|-\gamma t)l} & (0\leqslant t\leqslant t_0)\\[2ex] \dfrac{-[q\beta+c_0\lambda(-|\rho_s|+\gamma t_0)]l}{(-|\rho_s|+\gamma t_0)(-|\rho_s|+\gamma t_0-\beta)}\exp\left[\dfrac{\lambda(-|\rho_s|+\gamma t_0)}{\beta+|\rho_s|-\gamma t_0}(t-t_0)\right]-\dfrac{ql}{-|\rho_s|+\gamma t_0} & (t>t_0)\end{cases}$$

（3.3.16）

$$c(t)=\begin{cases} c_0 & (0\leqslant t\leqslant t_0) \\ \dfrac{q\beta+c_0\lambda(-|\rho_s|+\gamma t_0)}{\rho\lambda}\exp\left[\dfrac{\lambda(-|\rho_s|+\gamma t_0)}{\beta-(-|\rho_s|+\gamma t_0)}(t-t_0)\right]-\dfrac{q\beta}{\lambda(-|\rho_s|+\gamma t_0)} & (t>t_0) \end{cases}$$

（3.3.17）

而中子增殖周期为

$$T(t)=\frac{n(t)}{\mathrm{d}n(t)/\mathrm{d}t}$$

$$=\begin{cases} \dfrac{\beta+|\rho_s|-\gamma t}{\gamma} & (0\leqslant t\leqslant t_0) \\ \dfrac{\dfrac{-[q\beta+c_0\lambda(-|\rho_s|+\gamma t_0)]l}{(-|\rho_s|+\gamma t_0)(-|\rho_s|+\gamma t_0-\beta)}\exp\left[\dfrac{\lambda(-|\rho_s|+\gamma t_0)}{\beta+|\rho_s|-\gamma t_0}(t-t_0)\right]-\dfrac{ql}{-|\rho_s|+\gamma t_0}}{\dfrac{[q\beta+c_0\lambda(-|\rho_s|+\gamma t_0)]\lambda l}{(-|\rho_s|+\gamma t_0-\beta)^2}\exp\left[\dfrac{\lambda(-|\rho_s|+\gamma t_0)}{\beta+|\rho_s|-\gamma t_0}(t-t_0)\right]} & (t>t_0) \end{cases}$$

（3.3.18）

其中，反应堆开始处于稳定状态时 $c_0=\beta n_0/\lambda l$，以后启动过程中的每步 c_0 可以利用式（3.3.17）计算求得。

3.3.2 解析解与数值解的比较

为了便于分析比较，取参数[1,6] $\lambda=0.077\,4\ (1/\mathrm{s})$，$\beta=0.006\,5$ 和 $l=10^{-4}\ \mathrm{s}$，外中子源强度 $q=10^8\ [1/(\mathrm{cm}^3.\mathrm{s})]$，并假设某反应堆停堆深度为 $\rho_s=-0.02$。分别计算持续提棒与接近临界时是中子密度变化[3,11]。

首先验证解析解与数值解的符合情况。在没有该解析解之前，步距式提棒过程的超时计算通常采用基于六组缓发中子的点堆模型进行数值求解。为了获得较为精确解，采用小步长时间变化，其基本方程如式（3.3.1）～（3.3.3）所示，分别计算两种提棒引入反应性的速率：10 pcm/s、50 pcm/s，或 $\gamma=0.000\,1$、$\gamma=0.000\,5(1/\mathrm{s})$。每次提棒持续时间分别为 5 s、10 s，此时中子密度响应规律用前面的解析解和数值法进行计算，计算结果的比较见图 3.3.1、图 3.3.2。由图 3.3.1 与图 3.3.2 可以看到：

（1）在单个步距提棒过程内，相同的提棒持续时间，不同的提棒速率，结果如图 3.3.1 所示。从图 3.3.1 可以看出，在相同的提棒持续时间下，提棒速率越小，解析解与数值解符合的越好；当提棒速率上升时，在提棒阶段结束到稳定参数阶段的过渡处出现误差。

（2）在单个步距提棒过程内，相同的提棒速率，不同的提棒持续时间，结果如图 3.3.2 所示。从图 3.3.2 可以看出，在相同的提棒速率下，提棒持续时间越短，解析解与数值解符合的越好；当提棒持续时间增加时，也是在提棒阶段结束到稳定参数阶段的过渡处出现误差。

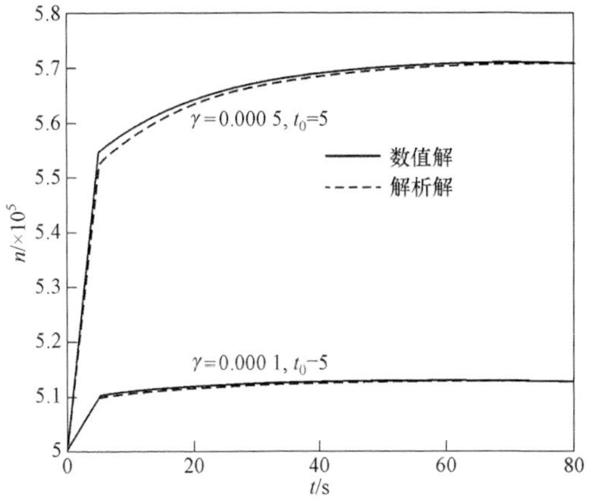

图 3.3.1　线性引入反应性时，持续时间相同，速率不同，解析解与数值解比较

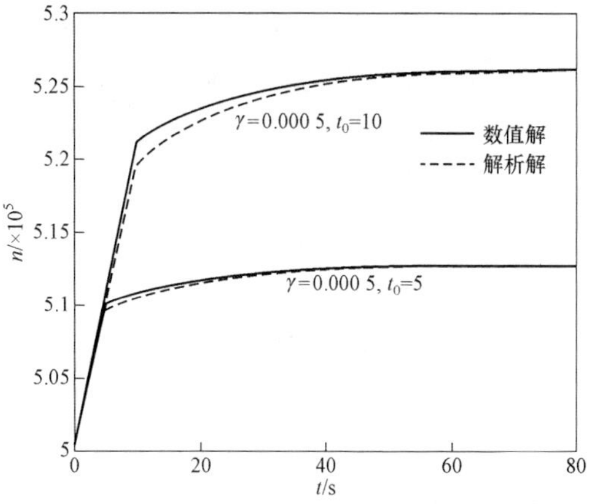

图 3.3.2　线性引入反应性时，速率相同，持续时间不同，解析解与数值解比较

同时计算在接近临界时，解析解与数值解中子密度的响应规律如图 3.3.3 所示。由图 3.3.3 可知，当反应堆接近于临界时，瞬跳时间增加，瞬跳近似误差增大，解析计算结果与数值计算结果误差会有所增大，解析计算结果略小于数值计算结果，但仍然符合较好。另外，当总反应性引入相同时，对阶跃反应性输入与步距式线性反应性输入中子密度的响应进行比较。设停堆深度 $\rho_s = -0.0008$，仍采用上面数据，假设阶跃反应性引入为 0.000 5，步距式线性反应性引入速率和持续时间分别为 10×10^{-5}（1/s）持续 5 s 和 50×10^{-5}（1/s）持续 1 s，结果见图 3.3.4。由图 3.3.4 可知，当总反应性输入量相同时，阶跃输入中子密度增长速率要快于步距式线性输入，线性反应性输入持续时间越短，越接近于阶跃输入；但因为引入的总反应性相同，所以最后达到的稳定值趋于相同。

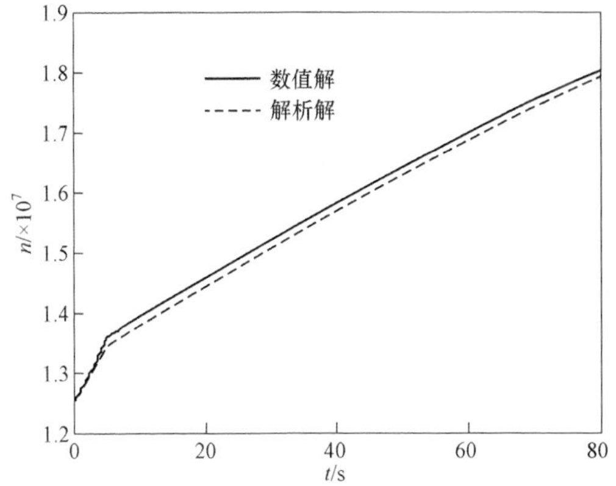

图 3.3.3　当接近临界时，中子密度的响应比较

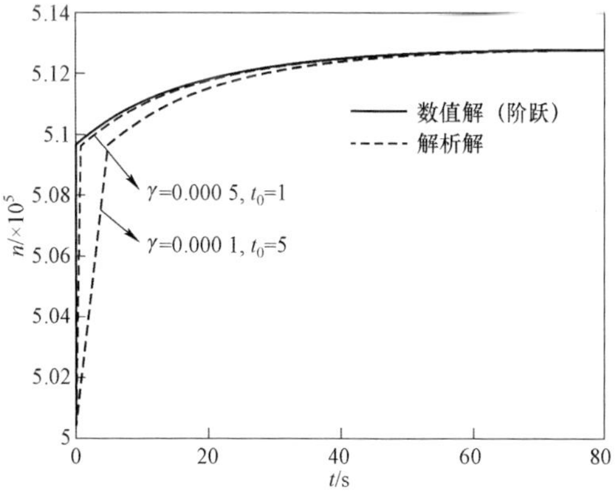

图 3.3.4　反应性引入相同时，阶跃引入与线性引入时中子密度响应比较

连续多个步距提棒过程的比较，如图 3.3.5 所示。从图 3.3.5 可以看出，在连续进行多次步距提棒的过程中，解析解与数值解所得中子密度的变化趋势基本一致。

通过以上比较可以看出，解析解与数值解结果基本一致。由于解析解相对数值解在程序编制与硬件实现上更加容易，因此，在物理启动外推临界的快速计算中，可以用解析解即步距式提棒公式来代替数值解。

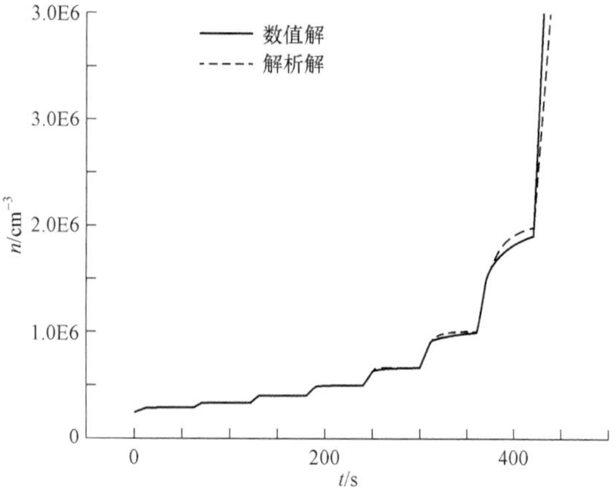

图 3.3.5 连续多个步距提棒过程时中子密度的响应

3.3.3 与三维物理仿真程序的比较

这里利用三维物理仿真程序[3]，对反应堆外推临界过程中子密度随控制棒提升的响应进行计算。同时，根据由三维物理仿真程序计算得到的初始参数值，利用步距提棒公式（3.3.16）对反应堆外推临界过程进行计算，将得到的结果与三维物理仿真程序得到的结果进行比较，如图 3.3.6 和图 3.3.7 所示。

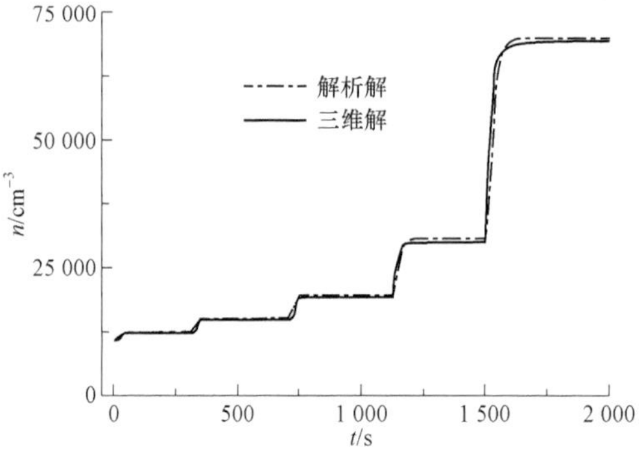

图 3.3.6 深次临界度步距提棒过程中子密度响应

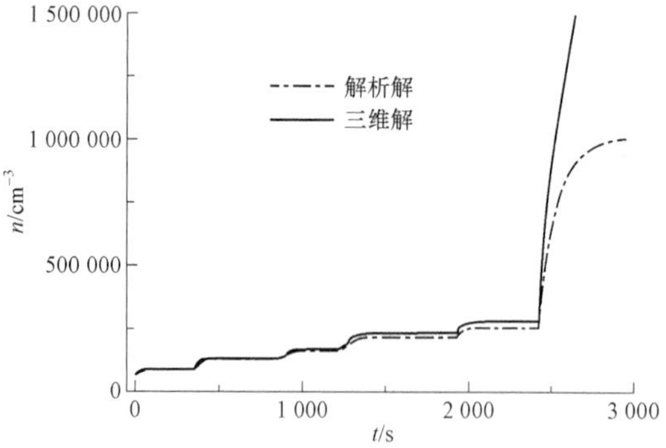

图 3.3.7 浅次临界度步距提棒过程中子密度响应

图3.3.6给出了次临界度较深时，步距提棒过程的比较结果，而图3.3.7给出了次临界度较浅，反应堆逐渐接近临界过程的比较结果。从图3.3.6与图3.3.7可以看出，在深次临界度时，步距提棒公式与三维仿真结果符合较好，误差在工程计算允许范围内。在反应堆向临界逼近的过程中，随着反应性的逐渐加大，解析解逐渐偏离三维解，步距提棒公式不宜再作为参考依据。

3.4 物理启动实际提棒时中子增殖特性

反应堆物理启动时，控制棒的提升普遍采用步进提棒方式。即提升第一步后保持棒位不变，待到中子密度接近稳定值时再提升第二步，提升第二步后又保持棒位不变直到中子密度接近稳定时再提升第三步，依此继续进行下去，直到反应堆达到缓发临界。反应堆冷启动时，开始为连续提棒，到趋近临界时也改为步进提棒，使反应堆达到临界。实际操作中每步提棒向堆芯引入的反应性比较小，反应堆达到缓发临界时，中子密度的变化量可高达几个数量级。由此可知，控制棒最初提升几步时，每步末可以认为相应的中子密度的稳定值仍然很低，可当作零看待。但是控制棒提升到若干步后，每步末的中子密度已经较大，不能忽略，而且中子密度并不一定能达到稳定。如果假设提棒后中子密度达到稳定时，才开始下一步提棒，所得结果就不能准确反映堆内真实情况。因此，需要对物理启动时非平衡状态下反应性引入中子密度变化规律进行进一步分析计算[13,14]，下面加以介绍。

3.4.1 提棒前反应堆处于平衡态

为了便于公式推导，假定：① 第 j 步提棒所引入的反应性是阶跃的，且提棒引入的反应性为$\Delta\rho_j$；② 把从第 $j-1$ 步末了时刻算起的时间增量记作t，把第 j 步提棒时刻算起到第 $j+1$ 步提棒的时间增量记作t_j，于是第 j 步时间增量的取值范围为$0 \leqslant t_j \leqslant \Delta t_j$；③ 把第 $j-1$ 步末了时刻算起的中子密度增量记作 Δn_j；④ 把从第 $j-1$ 步末了时刻算起的先驱核浓度增量记作 Δc_j。⑤ 当第 $j-1$ 步提棒后，中子密度达到稳定后才开始第 j 步提棒，第 j 步提棒初始时刻反应堆初始的中子密度、缓发中子先驱核平均浓度及反应性分别为n_{0j}、c_{0j}和ρ_{0j}，所以有

$$n_j = n_{0j} + \Delta n_j,\quad c_j = c_{0j} + \Delta c_j,\quad \rho_j = \rho_{0j} + \Delta\rho_j \tag{3.4.1}$$

又根据平衡态条件，n_{0j}、c_{0j}、ρ_{0j} 及 q 之间存在如下关系

$$c_{0j} = \frac{\beta n_{0j}}{\lambda l},\quad q = -\frac{\rho_{0j} n_{0j}}{l} \tag{3.4.2}$$

将式（3.4.1）和（3.4.2）带入式（3.2.3）和（3.2.4），并化简后可得

$$\frac{\mathrm{d}\Delta n_j}{\mathrm{d}t_j} = \frac{\rho_j - \beta}{l}\Delta n_j + \lambda\Delta c_j + \frac{n_{0j}}{l}\Delta\rho_j \tag{3.4.3}$$

$$\frac{\mathrm{d}\Delta c_j}{\mathrm{d}t_j} = \frac{\beta}{l}\Delta n_j - \lambda\Delta c_j \tag{3.4.4}$$

不难发现，式（3.4.3）和（3.4.4）的形式完全和式（3.2.3）和（3.2.4）一样，只是n_j和c_j代替了n和c，而非齐次项$\dfrac{n_0}{l}\rho_j$代替了原项q。可以看出，对于中子密度稳定在n_0的反应堆突然引入一个大小为ρ_j的阶跃反应性后，中子密度增量n_j的变化规律，相当于向一个新堆芯引入了一个源强等于$\dfrac{n_0}{l}\rho_j$的外加中子源后的增殖规律。

由式（3.4.3）两边对t求导可得

$$\frac{\mathrm{d}^2\Delta n_j}{\mathrm{d}t_j^{\,2}} = \frac{\rho_j - \beta}{l}\frac{\mathrm{d}\Delta n_j}{\mathrm{d}t_j} + \lambda\frac{\mathrm{d}\Delta c_j}{\mathrm{d}t_j} \tag{3.4.5}$$

将式（3.4.4）代入式（3.4.5）并消去$\frac{\mathrm{d}\Delta c_j}{\mathrm{d}t_j}$可得

$$\frac{\mathrm{d}^2\Delta n_j}{\mathrm{d}t_j^2}=\frac{\rho_j-\beta}{l}\frac{\mathrm{d}\Delta n_j}{\mathrm{d}t_j}+\lambda\left(\frac{\beta}{l}\Delta n_j-\lambda\Delta c_j\right) \tag{3.4.6}$$

由式（3.4.6）与（3.4.3）联立消去$\lambda\Delta c_j$可得

$$\frac{\mathrm{d}^2\Delta n_j}{\mathrm{d}t_j^2}+\frac{\lambda l+\beta-\rho_j}{l}\frac{\mathrm{d}\Delta n_j}{\mathrm{d}t_j}-\frac{\lambda\rho_j}{l}\Delta n_j=\frac{n_{0j}\lambda}{l}\Delta\rho_j \tag{3.4.7}$$

式（3.4.7）的通解可表示为

$$\begin{aligned}\Delta n_j(t)=&A_1\exp\left[\frac{-(\lambda l+\beta-\rho_j)+\sqrt{(\lambda l+\beta-\rho_j)^2-4\lambda\rho_j l}}{2l}t_j\right]+\\&A_2\exp\left[\frac{-(\lambda l+\beta-\rho_j)-\sqrt{(\lambda l+\beta-\rho_j)^2-4\lambda\rho_j l}}{2l}t_j\right]-\frac{n_{0j}}{\rho_j}\Delta\rho_j\end{aligned} \tag{3.4.8}$$

其中，A_1，A_2为待定系数。在以^{235}U作核燃料的热中子堆中，$\beta=0.006\,5$，$\lambda=0.077\,4\,(1/\mathrm{s})$，$l=0.000\,1\,\mathrm{s}$。故在反应堆启动的条件下，一般有$(\beta-\rho_j)\gg\lambda l$，所以$(\beta-\rho_j+\lambda l)^2\gg 2\rho_j\lambda l$，于是式（3.4.8）可以简化为

$$\Delta n_j(t_j)=A_1\exp\left(\frac{\lambda\rho_j}{\beta-\rho_j}t_j\right)+A_2\exp\left(-\frac{\beta-\rho_j}{l}t_j\right)-\frac{n_{0j}}{\rho_j}\Delta\rho_j \tag{3.4.9}$$

为了求得常系数A_1、A_2，需要导出缓发中子先驱核浓度$\Delta c_j(t)$的表达式。仿照式（3.4.7）的推导过程可得

$$\frac{\mathrm{d}^2\Delta c_j}{\mathrm{d}t_j^2}-\left(\frac{\rho_j-\beta-\lambda l}{l}\right)\frac{\mathrm{d}\Delta c_j}{\mathrm{d}t_j}-\frac{\lambda\rho_j}{l}\Delta c_j=\frac{n_{0j}\beta}{l^2}\Delta\rho_j \tag{3.4.10}$$

仿照式（3.4.7）的解法，可得

$$\Delta c_j(t_j)=B_1\exp\left(\frac{\lambda\rho_j}{\beta-\rho_j}t_j\right)+B_2\exp\left(-\frac{\beta-\rho_j}{l}t_j\right)-\frac{\beta n_{0j}}{\lambda l\rho_j}\Delta\rho_j \tag{3.4.11}$$

下面求A_1、A_2、B_1和B_2四个常系数。由于$\Delta n_j(0)=0$，$\Delta c_j(0)=0$，当$t_j=0$时则由式（3.4.9）和（3.4.11）可得

$$A_1+A_2-\frac{n_{0j}}{\rho_j}\Delta\rho_j=0 \tag{3.4.12}$$

$$B_1+B_2-\frac{\beta n_{0j}}{\lambda l\rho_j}\Delta\rho_j=0 \tag{3.4.13}$$

将式（3.4.9）和（3.4.11）代入式（3.4.4），并注意到两个常数项之和为零，剩下的项

中，对应项系数相等，可得

$$B_1 = \frac{\beta - \rho_j}{\lambda l} A_1 \tag{3.4.14}$$

$$B_2 = \frac{\beta}{\rho_j - \beta} A_2 \tag{3.4.15}$$

由式（3.4.12）～（3.4.15）可得

$$A_2 = \frac{\dfrac{n_{0j}}{\rho_j}\Delta\rho_j\left(\dfrac{\beta}{\lambda l} - \dfrac{\beta - \rho_j}{\lambda l}\right)}{\dfrac{(\beta - \rho_j)^2 + \lambda l \beta}{\lambda l(\beta - \rho_j)}} \approx -\Delta\rho_j \frac{n_{0j}}{\rho_j}\frac{\rho_j}{\beta - \rho_j} \tag{3.4.16}$$

$$A_1 = \frac{\beta}{\beta - \rho_j}\frac{n_{0j}}{\rho_j}\Delta\rho_j \tag{3.4.17}$$

$$B_1 = \frac{\beta n_{0j}}{\rho_j \lambda l}\Delta\rho_j \tag{3.4.18}$$

$$B_2 = \frac{\beta n_{0j}}{(\beta - \rho_j)^2}\Delta\rho_j \tag{3.4.19}$$

所以，中子密度增量 Δn_j 及先驱核浓度增量 Δc_j 的表达式为

$$\Delta n_j(t_j) = \frac{n_{0j}\Delta\rho_j}{\rho_j}\left[\frac{\beta}{\beta - \rho_j}\exp\left(\frac{\lambda\rho_j}{\beta - \rho_j}t_j\right) - \frac{\rho_j}{\beta - \rho_j}\exp\left(-\frac{\beta - \rho_j}{l}t_j\right)\right] - \frac{n_{0j}\Delta\rho_j}{\rho_j} \tag{3.4.20}$$

$$\Delta c_j(t) = \frac{n_{0j}\Delta\rho_j}{\rho_j}\left[\frac{\beta}{\lambda l}\exp\left(\frac{\lambda\rho_j}{\beta - \rho_j}t_j\right) + \frac{\beta\rho_j}{(\beta - \rho_j)^2}\exp\left(-\frac{\beta - \rho_j}{l}t_j\right)\right] - \frac{\beta n_{0j}}{\lambda l \rho_j}\Delta\rho_j \tag{3.4.21}$$

最后可以得到中子增殖公式及先驱核浓度的表达式为

$$n_j(t_j) = n_{0j} + \frac{n_{0j}\Delta\rho_j}{\rho_j}\left[\frac{\beta}{\beta - \rho_j}\exp\left(\frac{\lambda\rho_j}{\beta - \rho_j}t_j\right) - \frac{\rho_j}{\beta - \rho_j}\exp\left(-\frac{\beta - \rho_j}{l}t_j\right)\right] - \frac{n_{0j}\Delta\rho_j}{\rho_j} \tag{3.4.22}$$

$$c_j(t_j) = c_{0j} + \frac{n_{0j}\Delta\rho_j}{\rho_j}\left[\frac{\beta}{l\lambda}\exp\left(\frac{\lambda\rho_j}{\beta - \rho_j}t_j\right) + \frac{\beta\rho_j}{(\beta - \rho_j)^2}\exp\left(-\frac{\beta - \rho_j}{l}t_j\right)\right] - \frac{n_{0j}\Delta\rho_j\beta}{\rho_j\lambda l} \tag{3.4.23}$$

将 $\Delta\rho_j = \rho_j - \rho_{0j}$ 及 $q = -\dfrac{\rho_{0j}n_{0j}}{l}$ 带入式（3.4.22），可得

$$n_j(t_j)=\left(n_{0j}+\frac{q_j l}{\rho_j}\right)\left[\frac{\beta}{\beta-\rho_j}\exp\left(\frac{\lambda\rho_j}{\beta-\rho_j}t_j\right)-\frac{\rho_j}{\beta-\rho_j}\exp\left(-\frac{\beta-\rho_j}{l}t_j\right)\right]-\frac{ql}{\rho_j} \tag{3.4.24}$$

式（3.4.24）便是反应性阶跃变化，考虑单组缓发中子影响时，反应堆从深度次临界到缓发超临界整个区间中子增殖的统一公式，它是方程组（3.2.3）、（3.2.4）的中子密度解析解。

另外，还可获得中子增殖周期解的表达式为

$$T_j(t_j)=\frac{n_j(t_j)}{\mathrm{d}n_j(t_j)/\mathrm{d}t_j}=\frac{\left(n_{0j}+\dfrac{ql}{\rho_j}\right)\left[\dfrac{\beta}{\beta-\rho_j}\exp\left(\dfrac{\lambda\rho_j}{\beta-\rho_j}t_j\right)-\dfrac{\rho_j}{\beta-\rho_j}\exp\left(-\dfrac{\beta-\rho_j}{l}t_j\right)\right]-\dfrac{ql}{\rho_j}}{\left(n_{0j}+\dfrac{ql}{\rho_j}\right)\left[\dfrac{\beta\lambda\rho_j}{(\beta-\rho_j)^2}\exp\left(\dfrac{\lambda\rho_j}{\beta-\rho_j}t_j\right)+\dfrac{\rho_j}{l}\exp\left(-\dfrac{\beta-\rho_j}{l}t_j\right)\right]} \tag{3.4.25}$$

3.4.2 提棒前反应堆处于非平衡态

反应堆启动过程，最初提升几步时，每步末可以认为中子密度接近稳定值。但是当反应堆接近缓发临界时，中子密度达到稳定值所需的时间就比较长。所以假设从第 $j+1$ 步提棒时，反应堆实际上并未达到平衡态，第 3.4.1 节中平衡态的假设不能成立，所得结果也不能准确反映中子密度变化规律，需要重新分析。假设第 $j+1$ 步提棒初始时刻反应堆初始的中子密度、缓发中子先驱核平均浓度及反应性分别为 n_{0j+1}、c_{0j+1} 和 ρ_{j+1}，其中 n_{0j+1} 和 c_{0j+1} 可以利用第 j 步的结果式（3.4.24）计算得出。

由于方程组（3.2.3）和（3.2.4）的解为

$$n_{j+1}(t_{j+1})=A_1\exp\left(\frac{\lambda\rho_{j+1}}{\beta-\rho_{j+1}}t_{j+1}\right)+A_2\exp\left(-\frac{\beta-\rho_{j+1}}{l}t_{j+1}\right)-\frac{ql}{\rho_{j+1}} \tag{3.4.26}$$

$$c_{j+1}(t_{j+1})=B_1\exp\left(\frac{\lambda\rho_{j+1}}{\beta-\rho_{j+1}}t_{j+1}\right)+B_2\exp\left(-\frac{\beta-\rho_{j+1}}{l}t_{j+1}\right)-\frac{q\beta}{\lambda\rho_{j+1}} \tag{3.4.27}$$

令 $n_{j+1}(0)=n_{0j+1}$，$c_{j+1}(0)=c_{0j+1}$，当 $t=0$ 时则由式（3.4.26）和（3.4.27）可得

$$A_1+A_2-\frac{ql}{\rho_{j+i}}=n_{0j+1} \tag{3.4.28}$$

$$B_1+B_2-\frac{\beta q}{\lambda\rho_{j+i}}=c_{0j+1} \tag{3.4.29}$$

将式（3.4.26）和（3.4.27）代入式（3.2.4），得到

$$\left(B_1\frac{\lambda\rho_{j+1}}{\beta-\rho_{j+1}}-\frac{\beta}{l}A_1-\lambda B_1\right)\exp\left(\frac{\lambda\rho_{j+1}}{\beta-\rho_{j+1}}t_{j+1}\right)-\left(\frac{\beta-\rho_{j+1}}{l}B_2+\frac{\beta}{l}A_2+\lambda B_2\right)\exp\left(-\frac{\beta-\rho_{j+1}}{l}t_{j+1}\right)=0 \tag{3.4.30}$$

注意到 $\exp\left(\frac{\lambda\rho_{j+1}}{\beta-\rho_{j+1}}t_{j+1}\right)$ 和 $\exp\left(-\frac{\beta-\rho_{j+1}}{l}t_{j+1}\right)$ 的系数应该为零，可得

$$B_1=\frac{\beta-\rho_{j+1}}{\lambda l}A_1 \tag{3.4.31}$$

$$B_2=\frac{\beta}{\rho_{j+1}-\beta}A_2 \tag{3.4.32}$$

由式（3.4.28）～（3.4.32）可得

$$A_1=-\frac{(q\beta+c_{0\,j+1}\lambda\rho_{j+1})l}{\rho_{j+1}(\rho_{j+1}-\beta)} \tag{3.4.33}$$

$$A_2=n_{0\,j+1}+\frac{(q+c_{0\,j+1}\lambda)l}{\rho_{j+1}-\beta} \tag{3.4.34}$$

$$B_1=\frac{q\beta}{\rho_{j+1}\lambda}+c_{0\,j+1} \tag{3.4.35}$$

$$B_2=\frac{\beta n_{0\,j+1}}{\rho_{j+1}-\beta}+\frac{(q+c_{0\,j+1}\lambda)\beta l}{(\rho_{j+1}-\beta)^2} \tag{3.4.36}$$

所以，第 $j+1$ 步内中子增殖公式及先驱核浓度表达式为

$$n_{j+1}(t_{j+1})=\left[n_{0\,j+1}+\frac{(q+c_{0\,j+1}\lambda)l}{\rho_{j+1}-\beta}\right]\exp\left(-\frac{\beta-\rho_{j+1}}{l}t_{j+1}\right)-\frac{ql\beta+c_{0\,j+1}\lambda l\rho_{j+1}}{\rho_{j+1}(\rho_{j+1}-\beta)}\exp\left(\frac{\lambda\rho_{j+1}}{\beta-\rho_{j+1}}t_{j+1}\right)-\frac{ql}{\rho_{j+1}} \tag{3.4.37}$$

$$c_{j+1}(t_{j+1})=\left(c_{0\,j+1}+\frac{q\beta}{\rho_{j+1}\lambda}\right)\exp\left(\frac{\lambda\rho_{j+1}}{\beta-\rho_{j+1}}t_{j+1}\right)+\left[\frac{\beta n_{0\,j+1}}{\rho_{j+1}-\beta}+\frac{(q+c_{0\,j+1}\lambda)\beta l}{(\rho_{j+1}-\beta)^2}\right]\exp\left(-\frac{\beta-\rho_{j+1}}{l}t_{j+1}\right)-\frac{q\beta}{\lambda\rho_{j+1}} \tag{3.4.38}$$

而中子增殖周期的表达式为

$$T_j(t_j)=\frac{n_j(t_j)}{\mathrm{d}n_j(t_j)/\mathrm{d}t_j}$$

$$=\frac{\left[n_{0j+1}+\frac{(q+c_{0j+1}\lambda)l}{\rho_{j+1}-\beta}\right]\exp\left(-\frac{\beta-\rho_{j+1}}{l}t_{j+1}\right)-\frac{ql\beta+c_{0j+1}\lambda l\rho_{j+1}}{\rho_{j+1}(\rho_{j+1}-\beta)}\exp\left(\frac{\lambda\rho_{j+1}}{\beta-\rho_{j+1}}t_{j+1}\right)-\frac{ql}{\rho_{j+1}}}{\left(q+c_{0j+1}\lambda-\frac{\beta-\rho_{j+1}}{l}n_{0j+1}\right)\exp\left(-\frac{\beta-\rho_{j+1}}{l}t_{j+1}\right)+\frac{ql\beta\lambda+c_{0j+1}\lambda^2 l\rho_{j+1}}{(\rho_{j+1}-\beta)^2}\exp\left(\frac{\lambda\rho_{j+1}}{\beta-\rho_{j+1}}t_{j+1}\right)}$$

（3.4.39）

假设当 $t_{j+1}=0$ 时反应堆内达到平衡态，即 $\left.\frac{\mathrm{d}c_{j+1}}{\mathrm{d}t_{j+1}}\right|_{t_{j+1}=0}=0$，由式（3.2.4）可得

$$c_{0j+1}=\frac{\beta}{\lambda l}n_{0j+1} \tag{3.4.40}$$

将式（3.4.40）带入式（3.4.37）即可得式（3.4.24）。

另外，第 $j+2$ 步的初始值可以由式（3.4.37）和（3.4.38）计算得出，如此反复迭代计算，即可以得出整个启动过程中的中子密度随时间的变化值。

3.4.3 中子密度变化进程

反应堆启动时，外推临界监督的方法所用的中子探测器通常装在堆芯外围的屏蔽水箱内，从堆芯泄漏到屏蔽水箱内的热中子数是很少的。由中子探测器所测得的、表征堆内中子水平的每秒脉冲计数应为[3]：$N=\varepsilon\eta nv$。其中：ε 为衰减因子，它表示探测器所在处热中子通量密度与堆芯平均热中子通量密度之比；η 为探测器的中子灵敏度，它表示探测器在热中子照射下，由单位热中子通量密度所引起的每秒脉冲计数；v 为热中子速度。反应堆在稳态条件下就存在空间效应，中子通量密度的空间分布就不是均匀的。主要原因是中子的泄漏不同，越靠近堆边缘，中子的泄漏越大，因而中子通量密度越低。另外，反应堆的不均匀布置，单根燃料棒的“自屏效应”以及燃料棒组间的“互屏效应”等，都是稳态条件下中子通量密度空间分布不均匀的原因。而在反应堆在动态运行过程中，中子通量密度的空间分布会随着一些参数的改变或操作的执行而发生变化，比如氙振荡、控制棒移动等[15,16]。因此，在外推临界过程中，为了保证安全起见，一般规定：1）在次临界状态下，逐步引入正反应性，每次添加的反应性应遵循（1/3～1/2）法则，逐步向临界趋近。2）在接近临界时，每次提棒后都要有 2 分钟以上的等待时间，以防止意外临界。

利用导出的式（3.4.37）和（3.4.38），可以对反应堆启动过程进行模拟计算[17,18]。为了便于分析比较，给定的参数仍采用 $\lambda=0.0774\ (1/\mathrm{s})$，$\beta=0.0065$ 和 $l=10^{-4}$ s，$q=10^8\,[1/(\mathrm{cm}^3.\mathrm{s})]$。

图 3.4.1 给出了反应堆启动过程中堆内中子密度变化的进程，其中虚线表示式（3.4.37）

和（3.4.38）计算结果，实线表示式（3.4.24）计算结果。从图 3.4.1 中可以很明显地看出，反应堆启动时最初提升的几步，每步末了相应中子密度的稳定值仍然很低，而且每步末可以认为中子密度接近稳定值，所以式（3.4.24）与（3.4.37）得出的结果相吻合。但当靠近缓发临界时，计算结果出现了差别。从图 3.4.1 中还可以看出，利用式（3.4.24）计算时，会产生中子密度不连续的现象，这是由于式（3.4.24）是基于反应堆内达到平衡态推导而来。提棒时刻采用的初始值是反应堆处于平衡态时的值，而实际上反应堆内中子密度并未达到平衡值，并且越靠近缓发临界相差越大，所以产生了不连续变化的现象[1,3]。图 3.4.2 分别绘出了按传统次临界公式，式（3.4.37）和（3.4.38）推导所得的外推临界曲线。其中直线是利用传统次临界公式推导出的理想的计数率倒数曲线，另外一条曲线是利用式（3.4.37）和（3.4.38）推导所得的计数率倒数曲线。以前外推临界时，由于无法迅速计算出此时的实际中子密度，因此认为此时中子探测器的读数就是 $N(\infty)=\varepsilon\eta n(\infty)v$。如果按此读数利用次临界公式进行外推临界，仍然会导致超临界，一些文献中也介绍了实例[19,20]。由图 3.4.1 中的式（3.4.37）和（3.4.38）计算结果可知，反应堆趋近临界时，反应堆内中子密度并未达到平衡值，因此此时中子探测器测得的值应为 $N(t)=\varepsilon\eta n(t)v$，而不是 $N(\infty)=\varepsilon\eta n(\infty)v$；所以，若等待时间足够长，使每次引入反应性后，中子密度都能达到稳定值，而且若能完全消除测量器的空间效应，则此时按测量值利用传统次临界公式外推，才不会出现超临界。但是，随着反应堆逐步向临界趋近，达到稳定值所需要的时间将会越来越长，实际值与稳定值之间的差值会越来越大；若等待时间不够长，按此时测量值利用传统次临界公式外推，将会导致超临界，影响了启动阶段反应堆的安全性[3,10]。而采用式（3.4.37）和（3.4.38）计算则不存在刚性问题，步长任意选取，可以准确快速计算有外中子源时次临界反应堆内中子密度随时间的变化规律，从而可以实时准确判断此时反应堆所处的状态，为物理启动的安全进行提供监控。

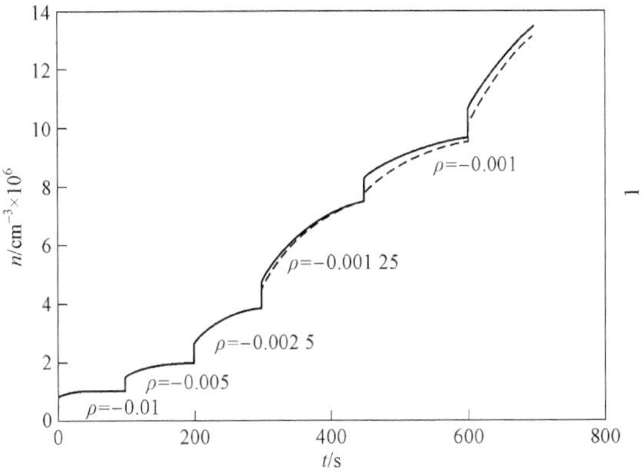

图 3.4.1　步进提棒中子密度变化

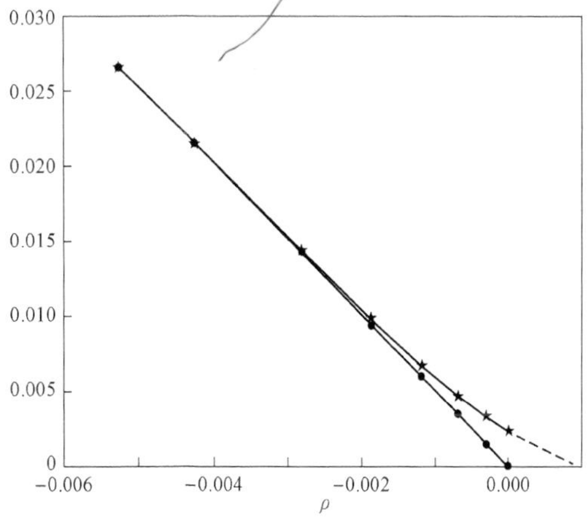

图 3.4.2　外推临界曲线

对于核动力反应堆而言，反应性的引入主要通过提控制棒实现，除事故工况外，通常采用步距式提棒的方法[1,2]。所以，了解步距式提棒下中子密度的响应情况，对于反应堆冷启动的安全监督与管理非常重要。最后，需要指出的是，无论电站还是核动力压水堆的物理启动，都是通过外推临界监督的方法将反应堆引至临界状态。在外推临界时，一直以来人们采用的公式都是当 $t \to +\infty$ 时，有外加中子源次临界反应堆的稳态中子密度公式 $n(\infty) = q_0 l_0 / (1 - k_{eff})$。本章介绍了次临界、考虑有外中子源且非平衡条件下冷启动时的阶跃和线性引入反应性时，中子密度的解析求解方法。通过计算对比发现随着反应堆逐步向临界趋近，反应堆达到稳态所需要的时间将会越来越长。若等待时间不够长，利用传统的稳态中子密度公式外推临界，将有可能会导致反应堆超临界，影响启动阶段反应堆的安全性。而解析得到的结果与数值解符合较好，满足工程计算精度。相关的解适用于非平衡态的反应堆内中子增殖的计算与分析，而且计算不存在刚性问题，步长任意选取，能进行现场快速计算，对反应堆操纵员的安全操作是很有意义的。

参考文献

［1］张法邦. 核反应堆运行物理［M］. 北京：原子能出版社，2000.

［2］蔡章生. 核动力反应堆中子动力学［M］. 北京：国防工业出版社，2005.

［3］商学利. 反应堆物理启动外推临界研究［D］. 武汉：海军工程大学，2008.

［4］Iwanaga K, Sekimoto H. Study on kinetics of subcritical system contribution of delayed neutrons to the transient after a reactivity insertion［J］. Annals of Nuclear Energy, 2005, 32: 1953-1962.

［5］Shang Xueli, Chen Wenzhen, Zhang Fan. A new method for improving critical extrapolation［J］. Progress in Nuclear Energy, 2012, 59(1): 44-48.

［6］陈文振，张黎明，肖红光. 核反应堆工程原理（上）［M］. 北京：中国原子能出版社，2019.

［7］蔡章生，桂学文，于雷. 反应性阶跃变化从深次临界到瞬发超临界中子增殖统一公式［J］. 核动力工程，2006，27（2）：14-16.

［8］Li Haofeng, Chen Wenzhen, Zhang Fan, et al. A new formula of neutron multiplication during startup of PWR［J］. Progress in Nuclear Energy, 2010, 52(4): 321-326.

［9］Li Haofeng, Shang Xueli, Chen Wenzhen. An accurate solution of point kinetics equations of one-group delayed neutrons and an extraneous neutron source for step reactivity insertion［J］. Chinese Science Bulletin, 2010, 55(36): 4116-4119.

［10］黎浩峰. 反应堆运行中物理参数快速计算方法［D］. 武汉：海军工程大学，2009.

［11］Zhang Fan, Chen Wenzhen, Gui Xuewen. Analytic method study of point-reactor kinetic equation during cold start-up［J］. Annals of Nuclear Energy, 2008, 35(4): 746-749.

［12］Zhang Fan, Chen Wenzhen, Zhao Xinwen. The dynamic simulation of cold start-up based on two-group point reactor model［J］. Annals of Nuclear Energy, 2009, 36: 784-786.

［13］黎浩峰，陈文振，朱倩，等. 非平衡态的中子增殖统一公式［J］. 核动力工程，2008，29（6）：10-13。

［14］蔡章生，于雷，桂学文. 反应堆实际提棒的中子倍增公式［J］. 海军工程大学学报，2004，16（3）：24-26.

［15］Peinetti F, Nicolino C, Ravetto P. Kinetics of a point reactor in the presence of reactivity oscillations［J］. Annals of Nuclear Energy, 2006, 33: 1189-1195.

［16］Groudev P P, Stefanova A E. Control rod assembly drops to fully inserted position［J］. Annals of Nuclear Energy, 2005, 32: 1786-1797.

［17］商学利，张帆，陈文振. 考虑空间效应的反应堆物理启动提棒外推临界修正方法［J］. 核动力工程. 2009，30（5）：5-7.

［18］张帆，陈文振，于雷. 反应堆物理启动提棒外推临界修正方法［J］. 原子能科学技术，2008，42（4）：321-323.

［19］陈雄月. 压水堆物理启动中提棒外推临界的曲线发散现象及其成因机制［J］. 核动力工程. 1997，18（6）：496-501.

［20］陈雄月. 核动力工程中的反应堆物理实验［M］. 中国原子能出版社，2019.

第四章

偏离临界反应堆中子增殖特性

不同于核电站反应堆，船用反应堆正常运行时，为了满足机动性要求，工况变化频繁。各种工况的变化均需要引入不同的反应性来实现。临界反应堆如引入反应性不当，就有可能引起功率快速陡升而危及堆芯的安全。因此，需对引入不同正反应性时中子密度的响应进行计算，以便随时对反应堆内中子密度的变化进行监测，这对船用反应堆的安全运行意义重大。本章将分析反应堆功率运行过程中反应性变化对中子增殖的影响，即向功率较高的临界反应堆引入阶跃反应性后，在不考虑温度效应及外中子源对中子增殖的贡献的情况下，短时间内的中子增殖特性。其中先讨论反应性阶跃输入条件下，单组、六组中子动力学方程的解，然后简要介绍反应性线性输入问题的解。

4.1 六组中子动力学方程的图解

对临界反应堆，可忽略中子源的影响，则考虑六组缓发中子效应的点堆中子动力学方程可简化为[1,2]

$$\frac{\mathrm{d}n}{\mathrm{d}t}=\frac{\rho-\beta}{l}n+\sum_{i=1}^{6}\lambda_i c_i \tag{4.1.1}$$

$$\frac{\mathrm{d}c_i}{\mathrm{d}t}=\frac{\beta_i}{l}n-\lambda_i c_i (i=1,2,\cdots,6) \tag{4.1.2}$$

令时间变量 $t\leqslant 0$ 以前，堆内反应性$\rho=0$，即反应堆处于稳态运行状态。在 $t=0$ 时刻，向反应堆引入一个阶跃反应性，即$\rho=$常数。如果引入的反应性$\rho>0$，则反应堆变为超临界状态；若引入的反应性$\rho<0$，则反应堆便会变为次临界状态。

令

$$n=A\mathrm{e}^{\omega t} \tag{4.1.3}$$

$$c_i=A_i\mathrm{e}^{\omega t}\ (i=1,2,\cdots,6) \tag{4.1.4}$$

式中，A、A_i 及 ω 为待定系数。把式（4.1.3）和（4.1.4）代回方程式（4.1.1）和方程式（4.1.2），整理后可得反应性方程为

$$\rho = l\omega + \sum_{i=1}^{6} \frac{\omega \beta_i}{\omega + \lambda_i} \tag{4.1.5}$$

把 $l = l_0 / k, k = \dfrac{1}{1-\rho}$ 代入上式可得

$$\rho = \frac{l_0 \omega}{1 + l_0 \omega} + \frac{\omega}{1 + l_0 \omega} \sum_{i=1}^{6} \frac{\beta_i}{\omega + \lambda_i} \tag{4.1.6}$$

方程（4.1.5）或（4.1.6）是一个特征方程，它表征参数 ω 和反应堆的特性参数 ρ，l，β_i 和 λ_i 之间的函数关系，称为反应性方程或倒时方程。目前还无法求得式（4.1.6）七个精确根 $\omega_1, \omega_2, \cdots, \omega_7$，只能求得近似根[3]。近似解法有两个，一个是图解法，另一个是迭代法，求得这七个根后，根据下面两式求出定常数 A_j 的表达式[3]。

$$\frac{l_0}{l} \sum_{j=1}^{7} \frac{A_j}{\omega_j + \lambda_i} = \frac{1}{\lambda_i} \quad i = 1, 2, \cdots, 6 \tag{4.1.7}$$

$$\sum_{j=1}^{7} A_j = 1 \tag{4.1.8}$$

当 $\rho > 0$ 时，每个常数 A_j 与其相应的 ω_j 同号；当 $\rho < 0$ 时，全部 ω_j 均为负值，A_j 均为正值。将 ω_j 和 A_j 代入式（4.1.3）可得中子密度的变化规律。

于是，求解微分方程组（4.1.1），（4.1.2）的问题，便化为求解反应性方程（4.1.6）的问题。下面主要介绍图解法[1]。

将式（4.1.6）中 ω 与 ρ 当作变量与自变量的关系画成曲线（如图 4.1.1 所示），它由包含有八个不连续的线段组成。然后，在图上画出 ρ = 常数的直线，直线与不同线段曲线的交点所对应的七个 ω 值，即为方程（4.1.6）的根。可以看到 $\omega = 0$ 时，$\rho = 0$；随着正 ω 的增加，ρ 单调增大；当 $\omega \to +\infty$ 时，$\rho \to 1$。ω 为负值时，则当 $\omega = -\lambda_i (i = 1, 2, \cdots, 6)$ 以及 $\omega = -\dfrac{l}{l_0}$ 时，$\rho \to \pm\infty$，即该七个负 ω 值为曲线的奇点。而且当 $\omega \to -\infty$ 时，$\rho \to 1$。方程（4.1.6）的这些基本特征都已在图 4.1.1 中画出了。

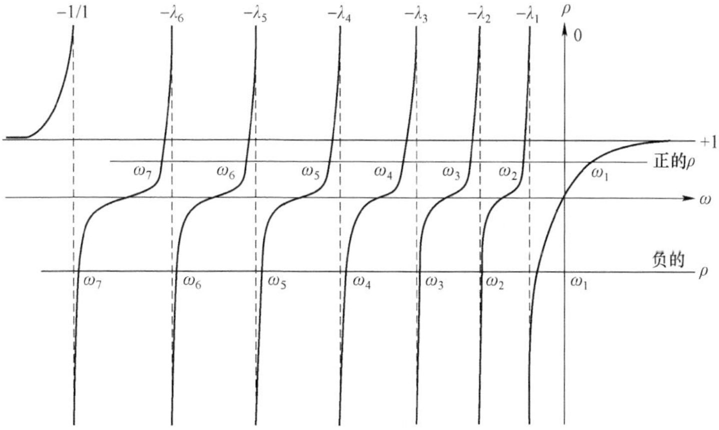

图 4.1.1　用图解法确定倒时方程的根

若在图中画出 $\rho=\rho_0$ 的水平直线，则它与 ω 不同线段曲线的交点所对应的七个 ω 值，即给出了方程（4.1.6）的七个根。记为 $\omega_j\,(j=1, 2, \cdots, 7)$；代数值较大的 ω 与较小的 j 对应。其中最大 ω_j 的与 ρ_0 同号，其他六个都是负的。于是，中子密度响应即可用七个指数项之和表示为

$$n(t)=n_0\rho_0\sum_{j=1}^{7}A_j\mathrm{e}^{\omega_j t} \tag{4.1.9}$$

式中，n_0 为 $t=0$ 时的中子密度，A_j 可通过适当的初始条件定出：

$$A_j=\left\{\omega_j\left[l+\sum_{i=1}^{6}\frac{\lambda_i\beta_i}{(\omega_j+\lambda_i)^2}\right]\right\}^{-1} \tag{4.1.10}$$

ω_j 根据上面介绍的图解法或迭代法求得，它与 λ_i、l_0 和 β，以及阶跃值 ρ_0 有关。例如，对于大型的 ^{235}U 为燃料的均匀热堆，取 $l_0=0.000\,1$ 秒，引入反应性 $\rho_0=0.001$，则按照以上图解法或迭代法求得 ω_j 与 A_j，最后得到中子密度的响应为

$$\begin{aligned}n(t)=n_0\Big[&1.446\mathrm{e}^{0.018\,2t}-0.035\,9\mathrm{e}^{-0.013\,6t}-0.140\mathrm{e}^{-0.059\,8t}-0.063\,7\mathrm{e}^{-0.183t}\\&-0.205\mathrm{e}^{-1.005t}-0.007\,67\mathrm{e}^{-2.875t}-0.179\mathrm{e}^{-55.6t}\Big]\end{aligned}$$

由上式可见，只有 ω_1 为正，其余各根为负，它们对应的中子密度增殖在反应堆阶跃引入反应性 ρ_0 后迅速衰减。

下面对几种特殊情况作进一步的讨论：

（1）当引入很小的反应性（$\rho_0\ll\beta$）：使得 ω_1 很小，并有

$$\omega_1\ll-\lambda_1<-\lambda_2<\cdots\cdots<1/l \tag{4.1.11}$$

因此在式（4.1.5）中有

$$\rho_0=\omega_1 l+\omega_1\sum_{i=1}^{6}\frac{\beta_i}{\lambda_i} \tag{4.1.12}$$

这样，反应堆周期为

$$T=\frac{1}{\omega_1}\approx\frac{1}{\rho_0}\left[l+\sum_{i=1}^{6}\frac{\beta_i}{\lambda_i}\right]=\frac{l'}{\rho_0} \tag{4.1.13}$$

式中，$l'=\left[l+\sum_{i=1}^{6}\frac{\beta_i}{\lambda_i}\right]$。此结果当然与前面考虑缓发中子效应时的结论相同。因此，当反应性很小时，反应堆周期主要由包括缓发中子在内的平均中子寿期 l' 确定。

（2）引入很大反应性($\rho_0\gg\beta$)：使得 $\omega_1\gg\lambda_i$，可将倒时方程（4.1.5）写为

$$\rho_0\approx l\omega_1+\beta \tag{4.1.14}$$

因此可将反应堆周期解出，为

$$T=\frac{1}{\omega_1}\approx\frac{l}{\rho_0-\beta}=\frac{l}{\rho_0}=\frac{l_0}{k-1} \tag{4.1.15}$$

这恰好与完全忽略缓发中子所得的结果式相同[2]。因此，当反应性很大时，反应堆周期主要由瞬发中子寿期l_0确定。

（3）当引入ρ_0为很大的负反应性，由图 4.1.1 及式（4.1.12）可知，反应堆周期将接近第一组缓发中子先驱核的平均寿命$t_1 = 1/\lambda_1 = 80.65\ \text{s}$。这说明，当引入$\rho_0$为很大的负反应性（如紧急停堆）时，中子密度会因为瞬发中子的减少而迅速减少，然后以约 80 s 的周期按指数规律下降，即停闭反应堆要有一个时间过程，瞬时停闭是不可能的。

（4）引入反应性$\rho_0 = \beta$，这是反应堆动态由缓发中子决定转为由瞬发中子决定时的“转折点”，即反应堆仅依靠瞬发中子达到临界，称为瞬发临界。对于$\rho_0 < \beta$的情况，反应堆要达到临界需有缓发中子补充，因此反应堆的时间响应在很大程度上取决于先驱核发射中子的时间滞后。通常称$0 < \rho_0 < \beta$的范围为缓发超临界，而$\rho_0 > \beta$称为瞬发超临界。在反应堆运行中避免后一种情况发生显然是很重要的，因为在超过瞬发临界限度后，反应堆的中子（功率）时间响应将非常迅速。

4.2　单组中子动力学方程近似解析解

前面我们已经讲过，把六组缓发中子等效为单组缓发中子，可以得到点堆动力学方程式（3.2.3）和（3.2.4），在临界状态下可以忽略外加中子源源强。因此，由式（4.1.5）可以写出相应于单组缓发中子的反应性方程为

$$\rho_0 = l\omega + \frac{\beta\omega}{\omega + \lambda} \tag{4.2.1}$$

或

$$l\omega^2 + (\beta - \rho_0 + \lambda l)\omega - \lambda\rho_0 = 0 \tag{4.2.2}$$

求解式（4.2.2）得

$$\omega = \frac{-(\beta - \rho_0 - \lambda l) \pm \sqrt{(\beta - \rho_0 - \lambda l)^2 + 4\lambda\rho_0 l}}{2l} \tag{4.2.3}$$

由于$|\rho_0|$较小时（例如$\beta \gg 3\ \rho_0$），$\beta - \rho_0 \gg \lambda l$，所以上式可近似为

$$\begin{aligned}\omega &\approx \frac{-(\beta - \rho_0) \pm (\beta - \rho_0)\sqrt{1 + 4\lambda\rho_0 l/(\beta - \rho_0)^2}}{2l} \\ &\approx \frac{-(\beta - \rho_0) \pm (\beta - \rho_0)\left[1 + 2\lambda\rho_0 l/(\beta - \rho_0)^2\right]}{2l}\end{aligned} \tag{4.2.4}$$

即

$$\omega_1 \approx \frac{\lambda\rho_0}{\beta - \rho_0}; T_1 \approx \frac{\beta - \rho_0}{\lambda\rho_0} \tag{4.2.5}$$

$$\omega_2 \approx -\frac{\beta-\rho_0}{l}; T_2 \approx \frac{-l}{\beta-\rho_0} \tag{4.2.6}$$

则由式（4.1.10）求得

$$\begin{aligned} A_1 &= \left\{\omega_1\left[l+\frac{\lambda\beta}{(\omega_1+\lambda)^2}\right]\right\}^{-1} = \left\{\frac{\lambda\rho_0}{\beta-\rho_0}\left[l+\frac{\lambda\beta(\beta-\rho_0)^2}{[\lambda\rho_0+\lambda(\beta-\rho_0)]^2}\right]\right\}^{-1} \\ &\approx \left[\frac{\rho_0(\beta-\rho_0)}{\beta}\right]^{-1} = \frac{\beta}{\rho_0(\beta-\rho_0)} \end{aligned} \tag{4.2.7}$$

$$A_2 = \left\{\omega_2\left[l+\frac{\lambda\beta}{(\omega_2+\lambda)^2}\right]\right\}^{-1} = \left\{-\frac{\beta-\rho_0}{l}\left[l+\frac{\lambda\beta l^2}{[\lambda l-(\beta-\rho_0)]^2}\right]\right\}^{-1} \approx -\frac{1}{\beta-\rho_0} \tag{4.2.8}$$

则将 $\omega_1, \omega_2, A_1, A_2$ 代入式（4.1.9）得

$$n(t) = n_0\rho_0(A_1 e^{\omega_1 t} + A_2 e^{\omega_2 t}) = \frac{n_0}{\beta-\rho_0}\left[\beta\exp\left(\frac{\lambda\rho_0}{\beta-\rho_0}t\right) - \rho_0\exp\left(-\frac{\beta-\rho_0}{l}t\right)\right] \tag{4.2.9}$$

式（4.2.9）为常见的反应性小阶跃变化时的堆内中子增殖近似公式[2,3]。

这里仍以采用 ^{235}U 作为燃料的热中子反应堆为例，取 $\beta = 0.0065$，$\lambda = 0.077\,(1/s)$，$l = 0.0001\,s$，如果引入小的阶跃正反应性 $\rho_0 = 0.002$，则由（4.2.9）式得

$$n(t)/n_0 \approx 1.444e^{0.0342t} - 0.444e^{-45t} = 1.444e^{t/29.22} - 0.444e^{-t/0.022} \tag{4.2.10}$$

其中 t 以秒为单位。由式（4.2.10）得到的相对中子密度随时间增长的曲线如图 4.2.1 所示。从图中可见：因为 ρ_0 为正，$n(t)/n_0$ 由两项之差组成，它们分别按周期 $T_1 \approx 29.22$ s 与 $T_2 \approx 0.022$ s 增加与下降。其中第二项周期 T_2 很小，随时间衰变很快，为瞬变项。当 $t > 5|T_2| = 0.11$ s 时，第二项迅速下降接近零，随后，中子密度随时间的变化按稳定周期 $T_1 \approx 29.22$ s 增加。

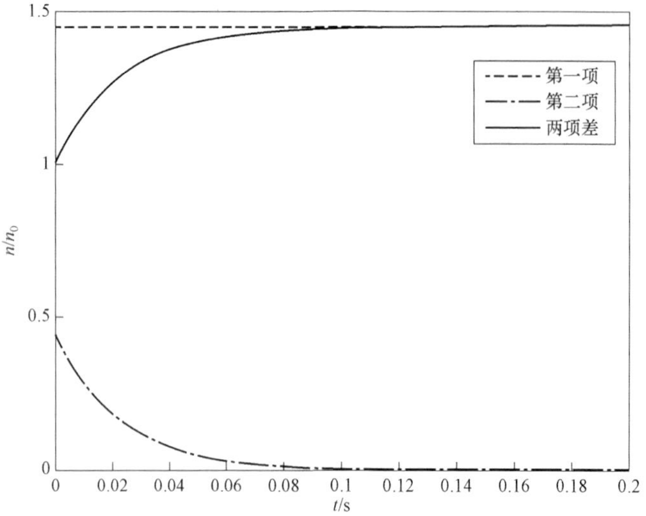

图 4.2.1　输入 ρ_0=0.002 正反应性时相对中子密度的变化

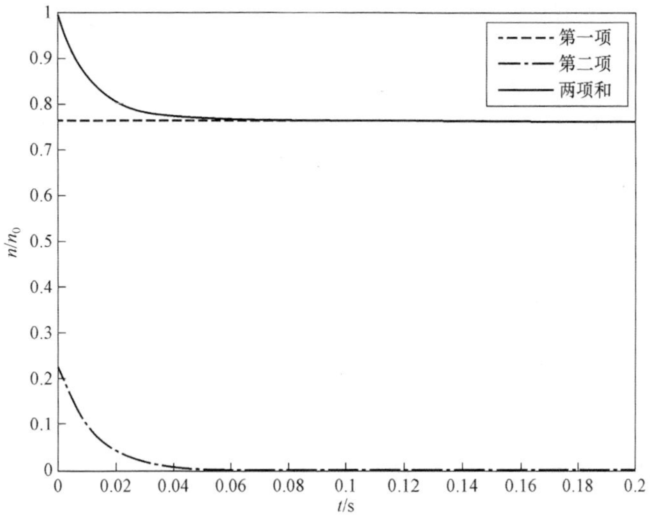

图 4.2.2 输入 $\rho_0=-0.002$ 负反应性时相对中子密度的变化

如果引入阶跃负反应性 $\rho_0=-0.002$，则由（4.2.9）式得

$$\mathrm{n}(t)/n_0 \approx 0.765\mathrm{e}^{-0.0181t}+0.235\mathrm{e}^{-85t}=0.765\mathrm{e}^{-t/55.2}+0.235\mathrm{e}^{-t/0.0118} \tag{4.2.11}$$

其中 t 以秒为单位。由式（4.2.11）得到的相对中子密度随时间变化曲线，如图 4.2.2 所示。从图中可以看出：因为 ρ_0 为负，$\mathrm{n}(t)/n_0$ 由两项之和组成，它们分别按周期 $T_1\approx 55.2\,\mathrm{s}$ 与 $T_2\approx 0.0118\,\mathrm{s}$ 下降。其中第二项周期 T_2 很小，随时间衰变很快，为瞬变项。当 $t>5|T_2|=0.0591\,\mathrm{s}$ 时，第二项迅速下降接近零，随后，中子密度随时间的变化按稳定周期 $T_1\approx 55.2\,\mathrm{s}$ 下降。

综合以上讨论可以看出，无论引入的反应性是正还是负，中子密度的变化一开始都很迅速，这种变化很接近所有中子都是瞬发的情况。然而，在经历很短的时间以后，缓发中子的效应开始出现，中子密度的变化就慢得多了。这是因为，在任一时刻对链式反应发生作用的缓发中子数，都正比于这一时刻以前的中子密度。而同一时刻由裂变产生的缓发中子先驱核的数目，即此时延迟未发的缓发中子数，则正比于这一时刻的中子密度。因此，在反应性扰动引入的瞬间，中子密度的变化主要依靠瞬发中子，好像缓发中子不起作用一样，所以变化率很快。随着瞬发中子的消失，由先驱核衰变产生的缓发中子陆续发出，对中子密度的变化产生影响。由于裂变中子的平均每代时间加长了，因而变化率缓慢下来。

值得注意的是，本节推导得到的单组中子动力学方程近似解析解是在 $|\rho_0|$ 较小时（例如 $\beta\gg 3\rho_0$）时有转为准确的结果。随着 $|\rho_0|$ 的增大，结果误差增加，甚至不能很好地反应实际情况。例如，如果引入一个大的阶跃负反应性 $\rho_0=-0.01$ 与 $\rho_0=-0.1$，则由式（4.2.9）得

$$n(t)/n_0 \approx 0.394\mathrm{e}^{-0.0467t}+0.606\mathrm{e}^{-165t}\approx 0.394\mathrm{e}^{-t/21.43}+0.606\mathrm{e}^{-t/0.0061} \tag{4.2.12}$$

$$n(t)/n_0 \approx 0.061\mathrm{e}^{-0.0723t}+0.939\mathrm{e}^{-1065t}\approx 0.0614\mathrm{e}^{-t/13.83}+0.939\mathrm{e}^{-t/0.001} \tag{4.2.13}$$

可见，反应堆引入大的负反应性停堆时，中子密度按照这两个公式的规律迅速下降，下降周期远小于六组中最大的缓发周期，使得反应堆变得有可能迅速“停堆”（稳定周期分别达到 21.43 与 13.83 秒），显然这是有较大的误差。

不过，对于阶跃引入大的正反应性（$\rho_0 > \beta$），按照推导式（4.2.9）的同样步骤可以求得

$$n(t)=\frac{n_0}{\rho_0-\beta}\left[\rho_0\exp\left(\frac{\rho_0-\beta}{l}t\right)-\beta\exp\left(-\frac{\lambda\rho_0}{\rho_0-\beta}t\right)\right] \tag{4.2.14}$$

显然，（4.2.14）式只不过是（4.2.9）式的重新排列而已。

4.3　单组中子动力学方程的统一表达式

现在来讨论单组缓发中子和有外中子源的动态方程在反应性阶引入时，反应堆从次临界向临界逼近的特性[4,5]。即把六组缓发中子等效为单组缓发中子，可以得到单组缓发中子和有外中子源（反应堆处于次临界状态，外中子源不能忽略）的动力学方程为

$$\frac{\mathrm{d}n}{\mathrm{d}t}=\frac{\rho-\beta}{l}n+\lambda c+q \tag{4.3.1}$$

$$\frac{\mathrm{d}c}{\mathrm{d}t}=\frac{\beta}{l}n-\lambda c \tag{4.3.2}$$

对式（4.3.1）两边对时间求导可得

$$\frac{\mathrm{d}^2n}{\mathrm{d}t^2}=\left(\frac{\rho-\beta}{l}\right)\frac{\mathrm{d}n}{\mathrm{d}t}+\lambda\frac{\mathrm{d}c}{\mathrm{d}t} \tag{4.3.3}$$

将式（4.3.2）代入上式并消去$\dfrac{\mathrm{d}c}{\mathrm{d}t}$得

$$\frac{\mathrm{d}^2n}{\mathrm{d}t^2}=\left(\frac{\rho-\beta}{l}\right)\frac{\mathrm{d}n}{\mathrm{d}t}+\lambda\left(\frac{\beta}{l}n-\lambda c\right) \tag{4.3.4}$$

联合式（4.3.4）与（4.3.1）并消去λc得

$$\frac{\mathrm{d}^2n}{\mathrm{d}t^2}+\frac{\lambda l+\beta-\rho}{l}\frac{\mathrm{d}n}{\mathrm{d}t}-\frac{\lambda\rho}{l}n=\lambda q \tag{4.3.5}$$

式（4.3.5）一般解的形式为

$$n(t)=N(t)+\bar{n}(t) \tag{4.3.6}$$

式中 $N(t)$ 为齐次解，$\bar{n}(t)$ 为特解。式（4.3.5）的对应齐次方程为

$$\frac{\mathrm{d}^2N}{\mathrm{d}t^2}+\frac{\lambda l+\beta-\rho}{l}\frac{\mathrm{d}N}{\mathrm{d}t}-\frac{\lambda\rho}{l}N=0 \tag{4.3.7}$$

设

$$N = A\mathrm{e}^{\omega t} \tag{4.3.8}$$

$$c = B\mathrm{e}^{\omega t} \tag{4.3.9}$$

将式（4.3.8）代入式（4.3.7）可得

$$l\omega^2 + (\lambda l + \beta - \rho)\omega - \lambda\rho = 0 \tag{4.3.10}$$

上式有两个根：

$$\omega = \frac{-(\lambda l + \beta - \rho) \pm \sqrt{(\lambda l + \beta - \rho)^2 - 4\lambda\rho l}}{2l}$$

于是式（4.3.5）对应齐次方程的解为

$$\begin{aligned} N(t) = {} & A_1 \exp\left(\frac{\rho - \lambda l - \beta + \sqrt{(\lambda l + \beta - \rho)^2 - 4\lambda\rho l}}{2l} t\right) \\ & + A_2 \exp\left(\frac{\rho - \lambda l - \beta - \sqrt{(\lambda l + \beta - \rho)^2 - 4\lambda\rho l}}{2l} t\right) \end{aligned} \tag{4.3.11}$$

不难看出式（4.3.5）有个特解为常数，令

$$\overline{n}(t) = A_3 \tag{4.3.12}$$

将式（4.3.12）代入式（4.3.5）可得

$$A_3 = -\frac{ql}{\rho} \tag{4.3.13}$$

于是式（4.3.5）的解表示为

$$\begin{aligned} n(t) = {} & A_1 \exp\left(\frac{-\rho_s + \sqrt{\rho_s^2 + 4\lambda\rho l}}{2l} t\right) \\ & + A_2 \exp\left(\frac{-\rho_s - \sqrt{\rho_s^2 + 4\lambda\rho l}}{2l} t\right) - \frac{ql}{\rho} \end{aligned} \tag{4.3.14}$$

其中 $\rho_s = \lambda l + \beta - \rho$。仿照式（4.3.5）的推导过程可得

$$\frac{\mathrm{d}^2 c}{\mathrm{d}t^2} - \left(\frac{\rho - \beta - \lambda l}{l}\right)\frac{\mathrm{d}c}{\mathrm{d}t} - \frac{\lambda\rho}{l} c = \frac{\beta q}{l} \tag{4.3.15}$$

类似式（4.3.5）的解法，可得

$$c(t) = B_1 \exp\left(\frac{-\rho_s + \sqrt{\rho_s^2 + 4\lambda\rho l}}{2l} t\right) + B_2 \exp\left(\frac{-\rho_s - \sqrt{\rho_s^2 + 4\lambda\rho l}}{2l} t\right) - \frac{\beta q}{\lambda\rho} \tag{4.3.16}$$

令 $n(0) = n_0$， $c(0) = c_0$，当 $t=0$ 时，由式（4.3.14）和（4.3.16）可得

$$A_1 + A_2 - \frac{ql}{\rho} = n_0 \tag{4.3.17}$$

$$B_1 + B_2 - \frac{\beta q}{\lambda\rho} = c_0 \tag{4.3.18}$$

将式（4.3.16）与（4.3.17）代入式（4.3.2），并注意到两个常数项之和为零。剩下的项中，对应项系数相等，可得

$$A_1 = \frac{-\rho_s + 2l\lambda + \sqrt{\rho_s^2 + 4\lambda\rho l}}{2\beta} B_1 \tag{4.3.19}$$

$$A_2 = \frac{-\rho_s + 2l\lambda - \sqrt{\rho_s^2 + 4\lambda\rho l}}{2\beta} B_2 \tag{4.3.20}$$

由联立式（4.3.17）～（4.3.20）解得

$$B_1 = \frac{(c_0\lambda\rho + \beta q)}{2\lambda\rho} + \frac{(\rho_s - 2l\lambda)(c_0\lambda\rho + \beta q) + 2\beta\lambda(ql + n_0\rho)}{2\lambda\rho\sqrt{\rho_s^2 + 4\lambda\rho l}} \tag{4.3.21}$$

$$B_2 = \frac{(c_0\lambda\rho + \beta q)}{2\lambda\rho} - \frac{(\rho_s - 2l\lambda)(c_0\lambda\rho + \beta q) + 2\beta\lambda(ql + n_0\rho)}{2\lambda\rho\sqrt{\rho_s^2 + 4\lambda\rho l}} \tag{4.3.22}$$

将式（4.3.19）～（4.3.22）分别代入式（4.3.14）和（4.3.16）可得点堆中子动力学方程的解析解。例如，可以表示为

$$\begin{aligned} n(t) = {} & \frac{-\rho_s + 2\lambda l + \sqrt{{\rho_s}^2 + 4\lambda\rho l}}{2\beta} B_1 \exp\left(\frac{-\rho_s + \sqrt{{\rho_s}^2 + 4\lambda\rho l}}{2l} t\right) + \\ & \frac{-\rho_s + 2\lambda l - \sqrt{{\rho_s}^2 + 4\lambda\rho l}}{2\beta} B_2 \exp\left(\frac{-\rho_s - \sqrt{{\rho_s}^2 + 4\lambda\rho l}}{2l} t\right) \end{aligned} \tag{4.3.23}$$

$$\begin{aligned} c(t) = {} & \left[\frac{c_0\lambda\rho + \beta q}{2\lambda\rho} + \frac{(\rho_s - 2\lambda l)(c_0\lambda\rho + \beta q) + 2\beta\lambda(n_0\rho + ql)}{2\lambda\rho\sqrt{{\rho_s}^2 + 4\lambda\rho l}}\right] \times \\ & \exp\left(\frac{-\rho_s + \sqrt{{\rho_s}^2 + 4\lambda\rho l}}{2l} t\right) + \\ & \left[\frac{c_0\lambda\rho + \beta q}{2\lambda\rho} - \frac{(\rho_s - 2\lambda l)(c_0\lambda\rho + \beta q) + 2\beta\lambda(n_0\rho + ql)}{2\lambda\rho\sqrt{{\rho_s}^2 + 4\lambda\rho l}}\right] \times \\ & \exp\left(\frac{-\rho_s - \sqrt{{\rho_s}^2 + 4\lambda\rho l}}{2l} t\right) \end{aligned} \tag{4.3.24}$$

式（4.3.23）即为超临界反应堆中子增殖计算公式，而且它适用于反应堆处于非平衡或平衡状态。因为式（4.3.23）包含中子源强，所以它实际上适用于从深度次临界直到瞬发超临界整个区间上的中子增殖计算公式[5,6]。

假设反应堆在阶跃引入反应性时处于平衡态，即当 $t=0$ 时，$\left.\frac{\mathrm{d}c}{\mathrm{d}t}\right|_{t=0}=0$，由式（4.3.2）可得

$$\frac{\beta}{l}n_0-\lambda c_0=0 \tag{4.3.25}$$

将式（4.3.25）代入式（4.3.23）即可得到平衡条件下单组缓发中子时的中子增殖的统一计算公式：

$$n(t)=\frac{(n_0\rho+ql)}{2\rho\sqrt{\rho_s^{\ 2}+4\lambda\rho l}}\left[\begin{array}{l}(2\rho+\rho_s+\sqrt{\rho_s^2+4\lambda\rho l})\exp\left(\dfrac{-\rho_s+\sqrt{\rho_s^2+4\lambda\rho l}}{2l}t\right)\\ -(2\rho+\rho_s-\sqrt{\rho_s^2+4\lambda\rho l})\exp\left(\dfrac{-\rho_s-\sqrt{\rho_s^2+4\lambda\rho l}}{2l}t\right)\end{array}\right]-\frac{ql}{\rho} \tag{4.3.26}$$

根据反应堆所处的不同临界状态及输入的阶跃反应性的大小，对式（4.3.26）进行简化，可以得到反应堆处于平衡态条件下的各种结论。以 ^{235}U 作为核燃料的热中子堆为例[1]，当反应堆处于次临界状态的条件下，引入小阶跃反应性 $\rho(<\beta)$，因 $(\beta-\rho)\gg\lambda l$，于是有 $(\beta-\rho+\lambda l)^2\gg 2\rho\lambda l$，式（4.3.26）简化为

$$n(t)=\left(n_0+\frac{ql}{\rho}\right)\left[\frac{\beta}{\beta-\rho}\exp\left(\frac{\lambda\rho}{\beta-\rho}t\right)-\frac{\rho}{\beta-\rho}\exp\left(-\frac{\beta-\rho}{l}t\right)\right]-\frac{ql}{\rho} \tag{4.3.27}$$

式（4.3.27）即为反应堆处于平衡态、初始功率很小（视为零）时的中子增殖统一公式[4]。为了说明式（4.3.23）与式（4.3.27）的区别，对以 ^{235}U 作核燃料的热中子反应堆进行计算，取 $\beta=0.0065\ 02$，$\lambda=0.077\ 4\ (1/\mathrm{s})$，$l=0.000\ 1\ \mathrm{s}$，$q=10^8\ [1/(\mathrm{cm}^3.\mathrm{s})]$。另外分别取输入反应性为 0.1β，0.9β，将式（4.3.27）与式（4.3.23）进行比较，计算结果见图 4.3.1 和图 4.3.2。其中实线表示式（4.3.23）的结果，圆点线表示直接对中子动力学方程（4.3.1）与（4.3.2）的数值计算结果，虚线表示式（4.3.27）的结果[6,7]。

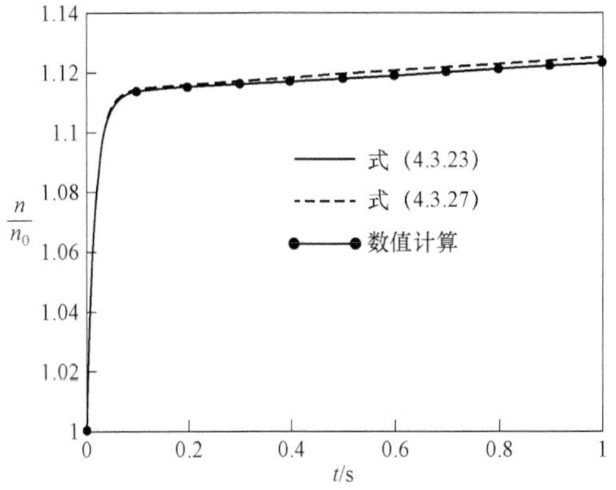

图 4.3.1　输入反应性为 0.1β 时中子密度的响应

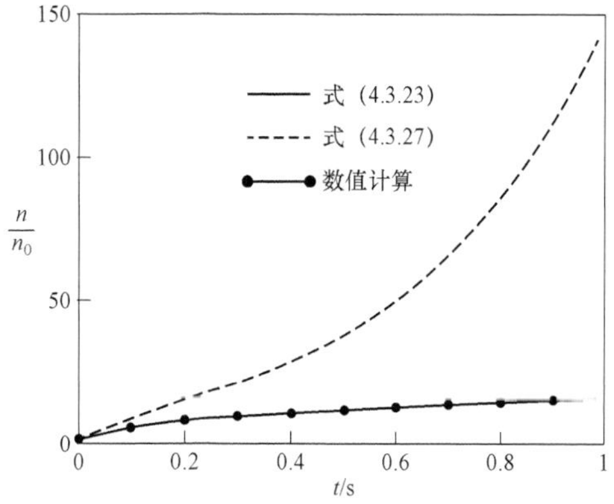

图 4.3.2　输入反应性为 0.9β 时中子密度的响应

从图4.3.1和图4.3.2看出，文献［4］中的中子密度统一增殖公式，即式（4.3.27），在阶跃反应性引入较小时，有较好的准确性。但在阶跃反应性引入较大时，计算结果出现大的误差，尤其是在瞬发临界附近的情况下，计算产生的误差更大，已经完全不能用。而式（4.3.23）计算结果与数值计算结果吻合，说明其有大的适用范围与正确性。

4.4　常源与瞬跳近似解

4.4.1　常源近似

当引入的阶跃反应性较大时，反应堆受到扰动后，新增加的缓发中子有一段迟缓时间。所以在扰动后足够短的时间内，即 $\lambda t \ll 1$ 时，可认为缓发中子源等于常数，这种处理方法称为常源近似[1]。

当 $\rho_0 > \beta$ 时，由式（4.2.14）得

$$n(t) \approx \frac{n_0}{\rho_0 - \beta}\left[\rho_0 \exp\left(\frac{\rho_0 - \beta}{l} t\right) - \beta\right] \tag{4.4.1}$$

若 $\rho_0 < \beta$，则可写成

$$n(t) \approx \frac{n_0}{\beta - \rho_0}\left[\beta - \rho_0 \exp\left(-\frac{\beta - \rho_0}{l} t\right)\right] \tag{4.4.2}$$

这个近似可以在条件 $\lambda c(t) \approx \lambda c_0 = \dfrac{\beta n_0}{l}$ 下，从下列等效单组缓发中子方程组直接解出

$$\frac{\mathrm{d}n}{\mathrm{d}t} = \frac{\rho_0 - \beta}{l} n + \lambda c \tag{4.4.3}$$

$$\frac{\mathrm{d}c}{\mathrm{d}t} = \frac{\beta}{l} n - \lambda c \tag{4.4.4}$$

由已知条件式（4.4.3）可写成

$$\frac{\mathrm{d}n}{\mathrm{d}t} + \frac{\beta - \rho_0}{l} n = \frac{\beta n_0}{l} \tag{4.4.5}$$

式（4.4.5）是线性方程，可解得

$$n(t) = \exp\left(\frac{\rho_0 - \beta}{l} t\right)\left(\frac{\beta n_0}{l}\int_0^t \mathrm{e}^{\frac{\beta - \rho_0}{l}\tau} \mathrm{d}\tau + n_0\right) = \frac{n_0}{\rho_0 - \beta}\left[\rho_0 \exp\left(\frac{\rho_0 - \beta}{l} t\right) - \beta\right] \tag{4.4.6}$$

常源近似中子密度变化如图4.4.1所示（取 $\rho_0 = 0.001$，其他与图4.2.1和图4.2.2相同的计算参数）。

当阶跃反应性扰动后，中子密度突然上升的特性在物理上可以解释为：当引入反应堆

的反应性在 $0<\rho_0<\beta$ 时，因为就瞬发中子而言，反应堆实际上是次临界的，这是由于在每个链式反应的循环中只产生 $(1-\beta)k$ 个新的瞬发中子。由于 $\rho_0<\beta$，故 $1-\rho_0>1-\beta$，新的一代中子中，瞬发中子的贡献为：$n(1-\beta)k/n=(1-\beta)k=(1-\beta)/(1-\rho_0)<1$。例如，阶跃引入 $\rho_0=0.5\beta$ 扰动，瞬发中子的贡献为0.996 76，因此 $n(t)$ 的变化，与在次临界堆中放入一个中子源时产生的突然上升很相似，按式（4.4.6）变化。实际上在瞬发中子引起中子密度初始上升后，缓发中子的放出对k的贡献使反应堆实际上处于超临界状态。缓发中子的贡献使平均代时间拉长，使中子密度按式（4.2.9）规律缓慢上升，此后反应堆的特性主要由缓发中子决定。

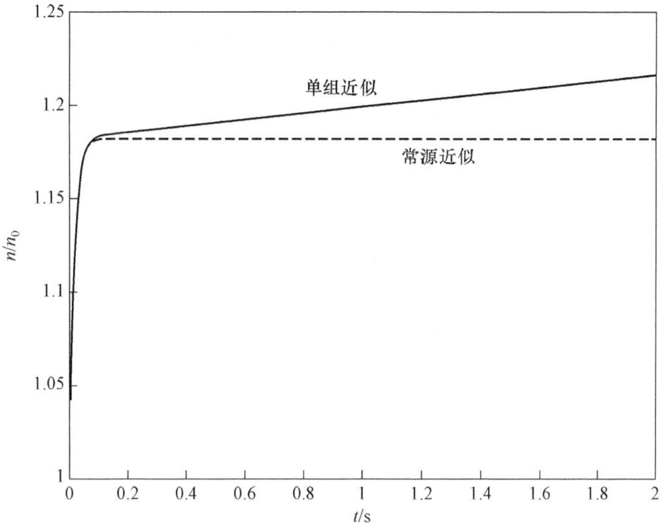

图 4.4.1　常源近似时中子密度变化

4.4.2　瞬跳近似

从上节分析中注意到，反应堆在小阶跃反应性的扰动下，起初由瞬发中子寿命决定的很短时间内，中子密度迅速改变后，逐渐缓慢变化并主要取决于缓发中子特性[8]。因为初始瞬态过程很短，可以认为系统处于瞬发临界以下时，瞬发中子寿命可当作零。而中子密度在开始一瞬间突然发生改变，即所谓瞬跳近似（prompt jump）[1,9]，或零寿命近似。等效单组缓发中子动态方程可以写为

$$\frac{\mathrm{d}n}{\mathrm{d}t}=\frac{\rho-\beta}{l}n+\lambda c \tag{4.4.7}$$

$$\frac{\mathrm{d}c}{\mathrm{d}t}=\frac{\beta}{l}n-\lambda c \tag{4.4.8}$$

由式（4.4.7）得

$$c=\frac{1}{\lambda}\frac{\mathrm{d}n}{\mathrm{d}t}-\frac{\rho-\beta}{\lambda l}n \tag{4.4.9}$$

求导得

$$\frac{\mathrm{d}c}{\mathrm{d}t}=\frac{1}{\lambda}\frac{\mathrm{d}^2n}{\mathrm{d}t^2}-\frac{\rho-\beta}{\lambda l}\frac{\mathrm{d}n}{\mathrm{d}t}-\frac{n}{\lambda l}\frac{\mathrm{d}\rho}{\mathrm{d}t} \tag{4.4.10}$$

将式（4.4.9）代入式（4.4.8）再与式（4.4.10）结合得

$$l\frac{\mathrm{d}^2n}{\mathrm{d}t^2}+(\beta+\lambda l-\rho)\frac{\mathrm{d}n}{\mathrm{d}t}-\left(\lambda\rho+\frac{\mathrm{d}\rho}{\mathrm{d}t}\right)n=0 \tag{4.4.11}$$

瞬跳近似的条件：$l\to 0$，$\rho=\rho_0<\beta$，式（4.4.11）近似为

$$(\beta-\rho_0)\frac{\mathrm{d}n}{\mathrm{d}t}=\lambda\rho_0 n \tag{4.4.12}$$

其通解为

$$n(t)=A\exp\left(\frac{\lambda\rho_0}{\beta-\rho_0}t\right) \tag{4.4.13}$$

假定在反应性变化的瞬间，先驱核的浓度 c 基本保持不变，由此可对式（4.4.13）的常数 A 进行计算。根据 $t=0$ 时 c 是连续的，取 $\frac{\mathrm{d}n}{\mathrm{d}t}=0,\rho=0$，且注意到 $n=n_1$，则由式（4.4.7）可知，$(\rho-\beta)n/l$ 在反应性跃变瞬间也是连续的，从而有

$$\lim_{t\to-0}\frac{\rho(t)-\beta}{l}n_1(t)=\lim_{t\to+0}\frac{\rho(t)-\beta}{l}n_1(t) \tag{4.4.14}$$

或

$$[\rho(-0)-\beta]n_1(-0)=[\rho(+0)-\beta]n_1(+0) \tag{4.4.15}$$

式中，$\rho(-0)$ 与 $n_1(-0)$ 为跃变瞬间前的量，$\rho(+0)$ 与 $n_1(+0)$ 为跃变瞬间后的量，它们分别为 $\rho(-0)=0$、$n_1(-0)=n_0$、$\rho(+0)=\rho_0$ 与 $n_1(+0)=A$。故由式（4.4.15）可得

$$A=\frac{\beta n_0}{\beta-\rho_0} \tag{4.4.16}$$

于是有

$$n(t)=\frac{\beta n_0}{\beta-\rho_0}\exp\left(\frac{\lambda\rho_0}{\beta-\rho_0}t\right) \tag{4.4.17}$$

此式也可以直接从式（4.2.9）近似得到。因为 $l\to 0$ 时，式（4.2.9）中第二项趋于零，只剩下等式右端第一项便得式（4.4.17）。

令式（4.4.17）中的 $t=+0$ 得

$$n\big|_{t=0} \approx \frac{\beta n_0}{\beta - \rho_0} \tag{4.4.18}$$

这说明，当反应堆引入反应性阶跃变化后，中子密度随即有一突变响应，由原来的 n_0 跃变为 $\frac{\beta n_0}{\beta-\rho_0}$。

当 $0<\rho_0<\beta$ 时，$\frac{\beta}{\beta-\rho_0}>1$，中子水平突然变到原来的 $\frac{\beta}{\beta-\rho_0}$ 倍，为“瞬跳”现象，如图 4.4.2 所示（取与图 4.4.1 相同的计算参数）。当 $\rho<0$，$\frac{\beta}{\beta-\rho_0}<1$，则造成瞬落现象。

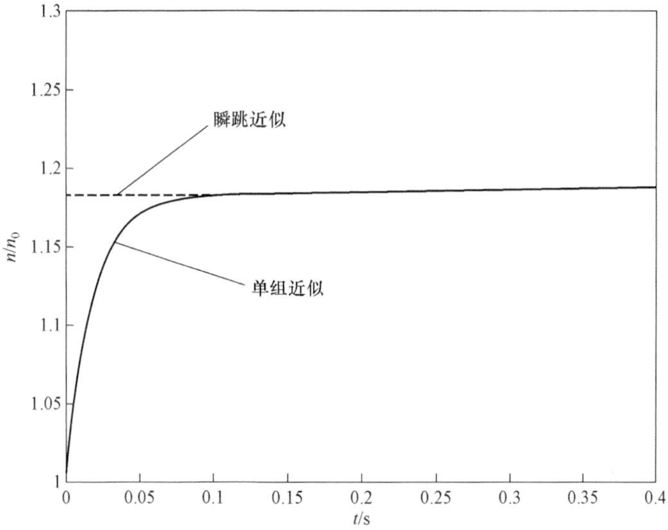

图 4.4.2　瞬跳近似时中子密度变化

这些现象，从数学上看，中子水平“瞬跳”是由式（4.2.9）中的第二个瞬变项造成的。当 $0<\rho_0$ 时，由于负项迅速衰减到零，因而中子密度突然上升。当 $\rho_0<0$ 时，由于式（4.2.9）中的第二个正项迅速衰减，因而中子密度迅速下降。从物理上看，这是由于瞬发中子的变化所致的。因为反应性引入后，瞬发中子即有响应，以致单靠瞬发中子就可以使中子迅速增长，产生突变。而缓发中子的发射率则是由前些时刻的中子通量密度所决定。在反应性跃变的瞬间，缓发中子的发射率还没有多少变化，故中子密度的突变实际上是由瞬发中子造成的。

值得注意是，缓发超临界（$0<\rho_0<\beta$）反应堆，单靠瞬发中子反应堆仍处于次临界状态。如果不考虑外中子源，在临界堆内，中了密度不随时间变化。若单靠瞬发中子，则反应堆处于次临界状态，其次临界度为 $-\rho$，在这样的次临界堆内，缓发中子就是中子源，其占有的份额即为 βn_0。

4.5 六组缓发中子方程近似解

4.5.1 单组与多组的结果比较

图 4.5.1 给出阶跃引入正反应性 $\rho_0 = 0.1\beta$，单组和六组缓发中子的数值计算结果。从图 4.5.1 可以看到，在临界反应堆中引入小阶跃反应性后，中子密度都先有突变跳跃而后以稳定周期按指数规律上升，无论单组或多组处理，这个主要特征都一样[7]。

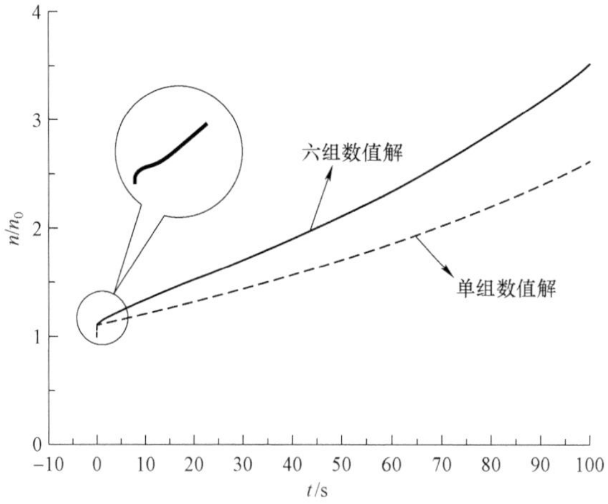

图 4.5.1 单组和六组缓发中子动力学方程求解结果的比较

但是，当 ρ_0 为中等大小的正值时，单组与多组的结果有所不同，单组偏离实际较大。特别是当引入绝对值很大的负阶跃响应时，等效单组处理的结果实际上已经无效了。按六组处理，反应堆的稳定周期为 $-1/\lambda_1$，以 ^{235}U 作为燃料的反应堆，该稳定周期 $T_1 = -80\ \text{s}$，这与实际情况比较一致；若按单组处理，对 ^{235}U，$\lambda = 0.077\ (1/\text{s})$，当 $\rho_0 \to -\infty$ 时，由式（4.2.5）可得 $T_1 = -13\ \text{s}$（正如 4.2 节中给出的式（4.2.13），在引入一个大的阶跃负反应性 -0.1 时，稳定周期为 13.83 秒。），偏离实际较大。当然，在其他情况下，单组与多组的结果也会有不同的差别，见下面的分析。

4.5.2 从次临界到缓发超临界的修正

用单组模型所得公式虽然计算简便，但当引入阶跃反应性时，单组缓发中子模型与六组模型相比，误差较大，并且误差随着输入反应性的不同而变化。那么，是否可以通过修正单组缓发中子先驱核衰变常数 λ 值，使单组缓发中子模型所得公式（4.2.9）计算结果趋近于六组缓发中子的结果，使计算更加方便、快捷呢？

经研究表明，单组的误差主要产生于对λ的近似。若用β表示缓发中子份额，β_i表示第i组缓发中子份额，当采用$\lambda=\beta/\sum_{i=1}^{6}\frac{\beta_i}{\lambda_i}$近似时，一般热堆为$\lambda=0.077\,4\ (1/s)$，而采用$\lambda=\sum_{i=1}^{6}\beta_i\lambda_i/\sum_{i=1}^{6}\beta_i$时，$\lambda=0.443\ (1/s)$，两种不同的统计方法$\lambda$值相差很大，这将直接影响到单组的计算结果。当反应堆处于次临界状态时，单组计算结果与多组计算结果吻合较好。而当反应堆处于临界直至瞬发超临界后，单组已基本失真。但研究发现，随着引入反应性的增加，逐渐增加λ值（介于0.077 4与0.443之间），可以改善单组计算结果。因此改善单组缓发中子模型对不同反应性的适应而又不较大地增加数学复杂性的一个途径是对λ值进行修正。通过大量的计算发现：反应性引入不同，λ的修正值也不同，λ的修正值与阶跃反应性引入前反应堆初始反应性及引入的阶跃反应性大小有关，通过最小二乘的方法进行拟合，满足以下关系式[7]：

$$\lambda=\sum_{i=1}^{6}\left[\sum_{j=1}^{5}a_{i,j}\left(\frac{\rho_s}{\beta}\right)^{j-1}\left(\frac{\rho_0}{\beta}\right)^{i-1}\right] \tag{4.5.1}$$

$$a_{i,j}=\begin{pmatrix} 0.078\,7 & -0.078\,6 & -0.197\,73 & -0.225\,7 & -0.092\,674 \\ 0.105\,88 & 0.227\,085 & 0.643\,143 & 0.745\,66 & 0.303\,63 \\ 0.129 & -0.092\,84 & 0.258\,58 & -0.278\,5 & -0.104\,23 \\ 0.051\,96 & -0.220\,13 & -0.700\,4 & -0.840\,2 & -0.346\,81 \\ -0.018\,19 & 0.061\,533 & 0.173\,84 & 0.187\,35 & 0.069\,66 \\ -0.010\,77 & 0.103\,106 & 0.339\,35 & 0.409\,6 & 0.169\,133 \end{pmatrix} \tag{4.5.2}$$

式中，ρ_s为引入阶跃反应性前，反应堆初始反应性大小；ρ_0为阶跃引入的反应性大小。对应于不同的反应性，按此式（4.5.1）与（4.5.2）关系式计算出不同的λ修正值后，应用式（4.2.9）可快速计算中子密度的响应，且计算结果与六组点堆中子动力学方程组的计算结果吻合较好，满足工程计算精度。为证明此方法的可行性，下面对输入不同阶跃反应性进行了实例计算。单组缓发中子模型中取$\beta=0.006\,5$，$\lambda=0.077\,(1/s)$，$l=0.000\,1\,s$。采用六组缓发中子模型计算时，取$\beta_1=0.000\,215$，$\beta_2=0.001\,424$，$\beta_3=0.001\,274$，$\beta_4=0.002\,568$，$\beta_5=0.000\,748$，$\beta_6=0.000\,273$；$\lambda_1=0.012\,4\ (1/s)$，$\lambda_2=0.030\,5\ (1/s)$，$\lambda_3=0.111\ (1/s)$，$\lambda_4=0.301\ (1/s)$，$\lambda_5=1.14\ (1/s)$，$\lambda_6=3.01\ (1/s)$；$q=10^8\ [1/(cm^3.s)]$。假设反应堆停堆深度为$-0.05\beta$，分别输入反应性：$0.1\beta$，$0.3\beta$、$0.5\beta$。采用Gear方法分别对六组和单组进行数值计算，然后与单组修正后的解析解进行比较，见图4.5.2～图4.5.4。

图4.5.2～图4.5.4是0.1β，0.3β，0.5β反应性输入时，采用不同方法计算的中子密度响应情况。其中实线表示利用Gear方法对六组模型计算结果，虚线表示单组模型结果，长划线表示单组模型修正后的结果。从图4.5.2～图4.5.4可看出，未修正前的单组模型，中子密度远小于六组缓发中子模型的计算结果，基本失真；虽然修正后的单组解析计算结果不

能与六组缓发中子模型的数值计算结果完全吻合，但是已相当接近六组缓发中子模型的计算结果，在所计算的时间内误差均不超过 10%。输入反应性为 0.1β 时，中子密度最大相对误差为 -5.8%；输入反应性为 0.3β 时，中子密度最大相对误差为 -6.8%。最大相对误差值一般出现在 0～20 s 间，随时间增加误差迅速减小直至±（0.5%～5%）之间，即使最大误差也不超过 10%，作为预估也基本满足工程计算要求。

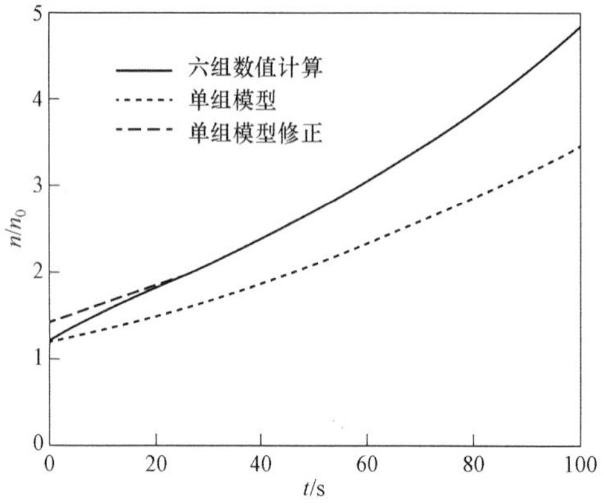

图 4.5.2　$\rho_0 = 0.1\beta$ 时中子密度的响应

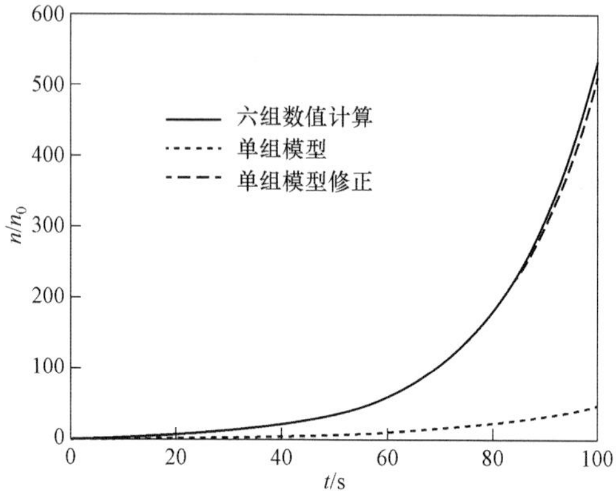

图 4.5.3　$\rho_0 = 0.3\beta$ 时中子密度的响应

图 4.5.5～图 4.5.7 是稳定周期的变化情况。由这些图可看出，未修正前的单组模型，稳定周期远小于六组计算结果，基本失真，修正后的单组解析计算结果已相当接近六组计算结果。对于反应堆控制而言，我们更关心的是稳定周期，因此，此种修正是有意义的。有学者通过大量的计算表明，无论反应堆处于平衡态还是非平衡态，阶跃引入的反应性是正还是负，都可以利用式（4.5.1）与（4.5.2）关系式对进行修正后用单组的公式进行计算[7,10]。由此可见，采用此方法计算简便，精度满足工程计算要求。

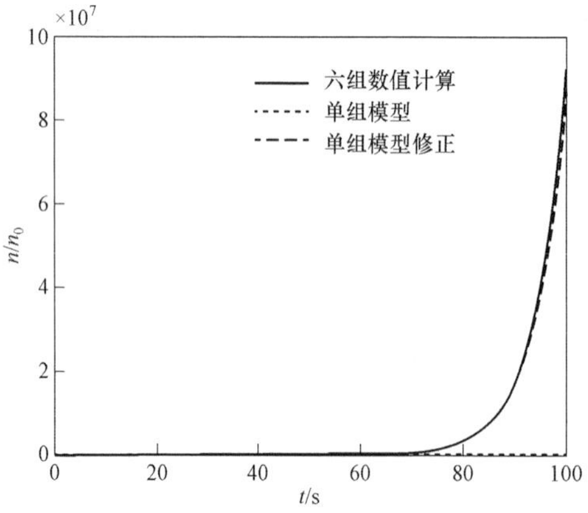

图 4.5.4　输入反应性为 0.5β 时中子密度的响应

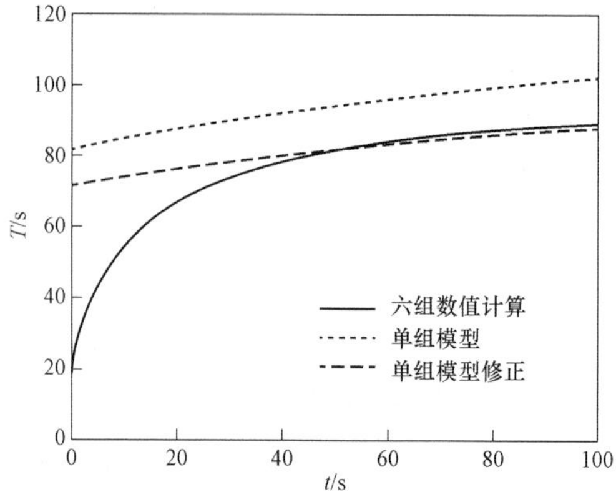

图 4.5.5　输入反应性为 0.1β 时周期 T 的变化

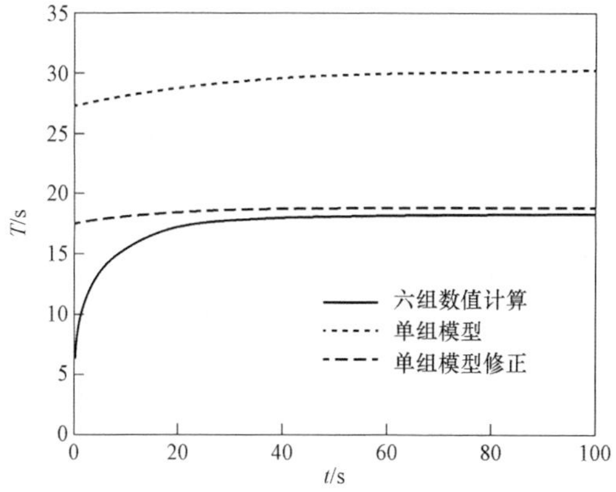

图 4.5.6 输入反应性为 0.3β 时周期 T 的变化

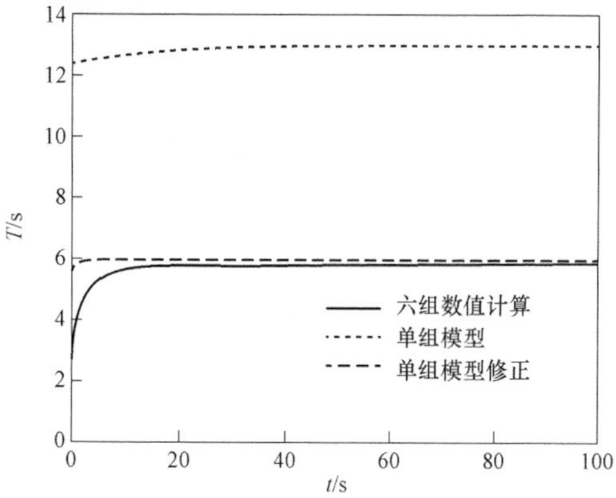

图 4.5.7 输入反应性为 0.5β 时周期 T 的变化

4.5.3 从临界到缓发超临界的修正

前面介绍了从次临界到缓发超临界的修正方法，主要通过对单组缓发中子先驱核衰变常数值的最小二乘的方法拟合，实现六组缓发中子方程的计算修改。对于反应堆从临界到缓发超临界的修正，还可以采用相对简单的方法进行修正计算[10]，本小节对此给予介绍。

通过大量的计算发现：对于处于临界的反应堆，当引入的反应性 $\rho<\beta$ 时，缓发中子先驱核衰变常数 λ 的修正值，可以采用以下与阶跃反应性 ρ 成二次方关系式进行修正：

$$\lambda = 0.081\,7 + 0.163\,6\,7\left(\frac{\rho}{\beta}\right) + 0.046\,6\,7\left(\frac{\rho}{\beta}\right)^2 \tag{4.5.3}$$

对应于不同的反应性，按式（4.5.3）计算出不同的 λ 修正值，再利用式（4.2.9）便可快速计算中子密度的响应，且计算结果与六组数值计算结果吻合较好。

这里仍然采用前面的参数，当 $\rho=0.1\beta$、0.3β、0.5β 与 0.8β 时，按式（4.5.3）分别计算得到 λ=0.098、0.135、0.175 2 与 0.242 5。采用 Gear 方法分别对六组进行数值计算，单组按式（4.2.9）计算，然后与单组修正后的解析解进行比较，结果见图 4.5.8 与图 4.5.9。其中，a, b 对应 $\rho=0.1\beta$，$\lambda=0.098\,(1/\mathrm{s})$; c, d 对应 $\rho=0.3\beta$，$\lambda=0.135\,(1/\mathrm{s})$; e, f 对应 $\rho=0.5\beta$，$\lambda=0.175\,2\,(1/\mathrm{s})$；g，h 对应 $\rho=0.8\beta$，$\lambda=0.242\,5\,(1/\mathrm{s})$。从图 4.5.8 给出的不同反应性引入情况下中子密度的响应可见，输入反应性为 0.1β 时，中子密度最大相对误差为 −9.5%；输入反应性为 0.3β 时，中子密度最大相对误差为 −19%；输入反应性为 0.5β 时，中子密度最大相对误差为 22.2%；输入反应性为 0.8β 时，中子密度最大相对误差为 10.1%；最大相对误差值出现在 10%～30%间。而图 4.5.9 则给出了不同反应性引入情况下稳定周期的变化规律，与上节从次临界到缓发超临界的结果类似。由图 4.5.8 和图 4.5.9 可见，临界反应堆在偏离临界的情况下对衰变常数 λ 进行较为简单的二次修正也能够得到较好的结果。

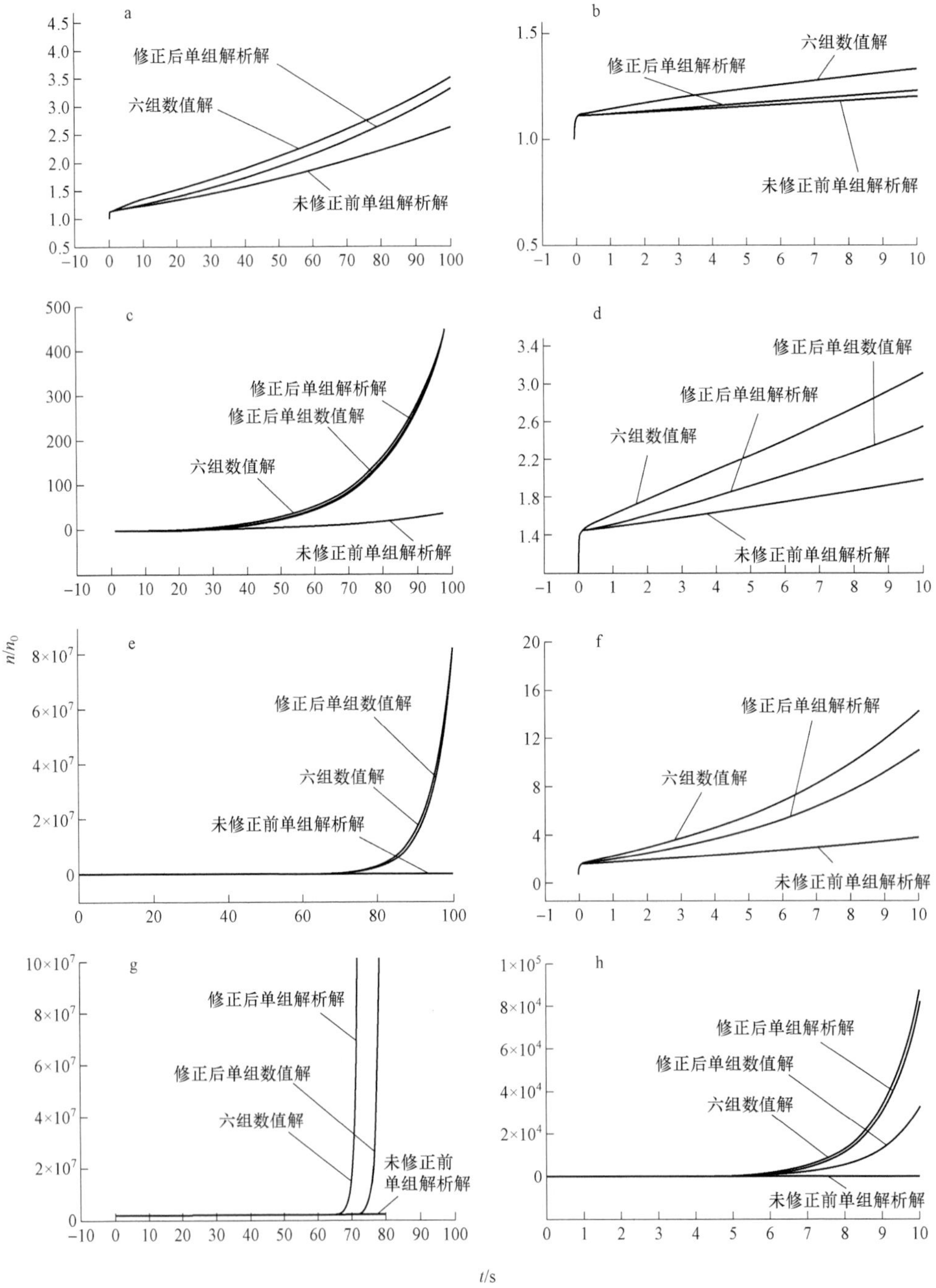

图 4.5.8　不同反应性引入情况下中子密度的响应

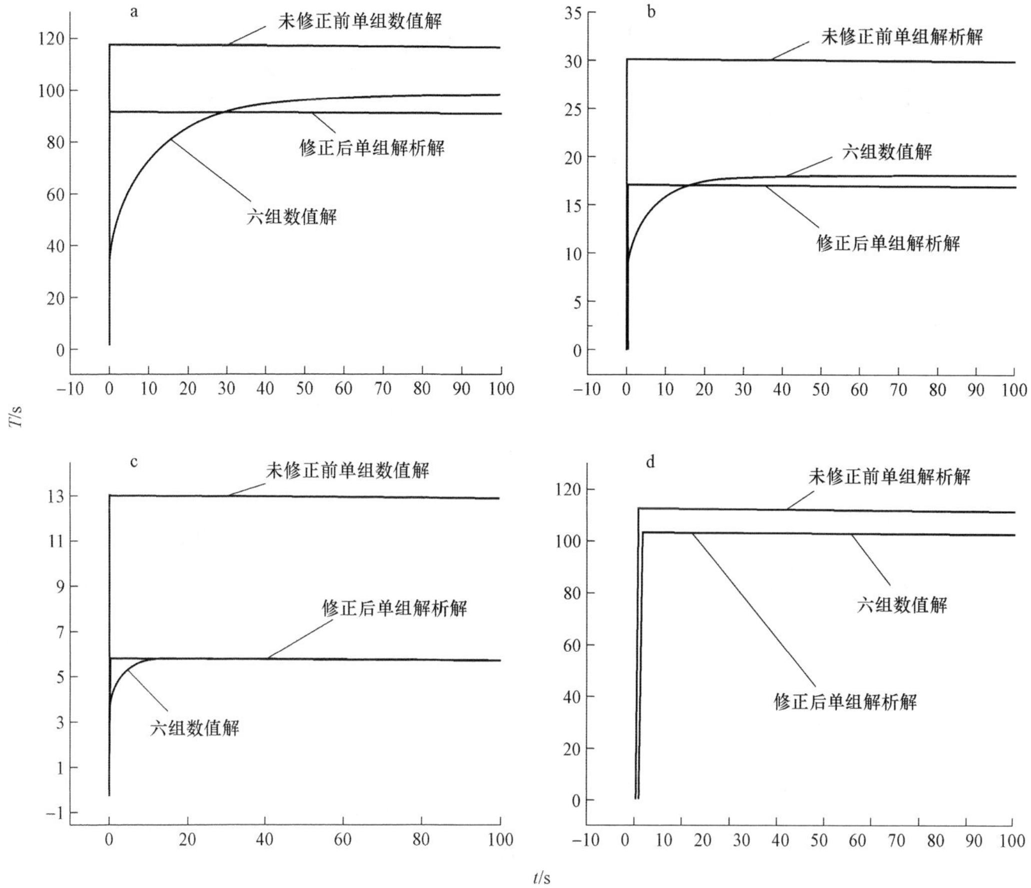

图 4.5.9　不同反应性引入情况下稳定周期的变化

4.6　反应性线性输入近似解

4.6.1　瞬跳近似

设 $\gamma(>0)$ 为反应性引入速率。由于，反应堆处于临界状态，此时，反应性线性变化可以表述为

$$\rho(t)=\gamma t \tag{4.6.1}$$

反应堆处于临界状态，外中子源可以忽略，将上式代入单组缓发中子的动力学方程可得

$$\frac{\mathrm{d}n(t)}{\mathrm{d}t}=\frac{\gamma t-\beta}{l}n(t)+\lambda c(t) \tag{4.6.2}$$

$$\frac{\mathrm{d}c(t)}{\mathrm{d}t}=\frac{\beta}{l}n(t)-\lambda c(t) \tag{4.6.3}$$

由方程式（4.6.2）两边对 t 求导可得

$$\frac{\mathrm{d}^2 n}{\mathrm{d}t^2}=\frac{-\beta}{l}\frac{\mathrm{d}n}{\mathrm{d}t}+\frac{\gamma}{l}n+\frac{\gamma t}{l}\frac{\mathrm{d}n}{\mathrm{d}t}+\lambda\frac{\mathrm{d}c}{\mathrm{d}t} \tag{4.6.4}$$

将式（4.6.2）代入式（4.6.4）消除 $\mathrm{d}c/\mathrm{d}t$ 得

$$\frac{\mathrm{d}^2 n}{\mathrm{d}t^2}=\frac{-\beta}{l}\frac{\mathrm{d}n}{\mathrm{d}t}+\frac{\gamma}{l}n+\frac{\gamma t}{l}\frac{\mathrm{d}n}{\mathrm{d}t}+\lambda\left(\frac{\beta}{l}n-\lambda c\right) \tag{4.6.5}$$

再将式（4.6.2）代入式（4.6.5）消除 λc 得

$$l\frac{\mathrm{d}^2 n}{\mathrm{d}t^2}+(\beta+\lambda l-\gamma t)\frac{\mathrm{d}n}{\mathrm{d}t}-\gamma(1+\lambda t)n=0 \tag{4.6.6}$$

由于 $l\approx 10^{-4}$ s，在数量级上，$l\ll\beta$，则式（4.6.6）第一项与其他项相比，可以忽略不计，于是使用瞬跳近似得到

$$(\beta+\lambda l-\gamma t)\frac{\mathrm{d}n}{\mathrm{d}t}+\gamma(1+\lambda t)n=0 \tag{4.6.7}$$

对式（4.6.7）积分得

$$\begin{aligned} n&=n_0\mathrm{e}^{\int\frac{\gamma+\gamma\lambda t}{\beta+\lambda l-\gamma t}\mathrm{d}t}=n_0\gamma\int\frac{1}{\beta+\lambda l-\gamma t}\mathrm{d}t-n_0\lambda\int\frac{\gamma t}{\beta+\lambda l-\gamma t}\mathrm{d}t\\ &=n_0\left[-\lambda t+\ln\left(\frac{\beta+\lambda l}{\beta+\lambda l-\gamma t}\right)^{\frac{\lambda(\beta+\lambda l)}{\gamma}}+\ln\left(\frac{\beta+\lambda l}{\beta+\lambda l-\gamma t}\right)\right] \end{aligned} \tag{4.6.8}$$

$$n=n_0\left[\frac{\beta+\lambda l}{\beta+\lambda l-\gamma t}\right]^{\left[1+\frac{\lambda(\beta+\lambda l)}{\gamma}\right]}\mathrm{e}^{-\lambda t} \tag{4.6.9}$$

由于 $\lambda l\ll\beta$，由式（4.6.9）得

$$n=n_0\left[\frac{\beta}{\beta-\gamma t}\right]^{\left(1+\frac{\lambda\beta}{\gamma}\right)}\mathrm{e}^{-\lambda t} \tag{4.6.10}$$

相应的周期表达式为

$$T=\frac{\mathrm{d}}{\mathrm{d}t}\ln[n(t)]=\frac{\gamma(1+\gamma t)}{\beta-\gamma t} \tag{4.6.11}$$

式（4.6.10）便是常速率线性输入反应性时，瞬跳近似条件下单组中子动力学方程的解析解[2,3]。

4.6.2　常源近似

当反应堆从临界开始反应性以较大速率变化时，中子水平变化迅速。相对来说，在短时间内，先驱核衰变产生的缓发中子变化则比较小，可以认为缓发中子为常数，即 $\mathrm{d}c/\mathrm{d}t=0$。由单组缓发中子方程（4.6.3）得 $\lambda c(t)=n_0\beta/l$，将其代入式（4.6.2）可得常源近似方程为

$$\frac{\mathrm{d}n(t)}{\mathrm{d}t}=\frac{\gamma t-\beta}{l}n(t)+\frac{n_0\beta}{l} \tag{4.6.12}$$

式（4.6.12）的解为

$$n=n_0\exp\left(\int_0^t\frac{\gamma\tau-\beta}{l}\mathrm{d}\tau\right)\left[1+\frac{\beta}{l}\int_0^t\exp\left(-\int_0^\tau\frac{\gamma x-\beta}{l}\mathrm{d}x\right)\mathrm{d}\tau\right] \tag{4.6.13}$$

当 $t=0$ 时刻，反应堆处在临界状态，$t>0$ 时刻，反应性以常速率 γ 随 t 线性增加，反应堆从缓发临界状态向瞬发临界过渡。对式（4.6.13）完成解析积分得

$$n=n_0\exp\left(\frac{\gamma}{2l}t^2-\frac{\beta}{l}t\right)\left[1+\frac{\beta}{l}\int_0^t\exp\left(-\frac{\gamma}{2l}\tau^2+\frac{\beta}{l}\tau\right)\mathrm{d}\tau\right] \tag{4.6.14}$$

或者应用误差函数

$$\mathrm{erf}(x)=\frac{2}{\sqrt{\pi}}\int_0^x\exp(y^2)\mathrm{d}y \tag{4.6.15}$$

可将式（4.6.14）写成

$$n=n_0\exp\left(\frac{\gamma}{2l}t^2-\frac{\beta}{l}t\right)\left\{1+\beta\sqrt{\frac{\pi}{2\gamma l}}\exp\left(\frac{\beta^2}{2\gamma l}\right)\left[\mathrm{erf}\left(\frac{\beta}{\sqrt{2\gamma l}}\right)-\mathrm{erf}\left(\frac{\beta-\gamma t}{\sqrt{2\gamma l}}\right)\right]\right\} \tag{4.6.16}$$

不难看出，当 $\beta\gg\gamma t$ 时，式（4.6.16）可简化成

$$n=n_0\exp\left(\frac{\gamma}{2l}t^2-\frac{\beta}{l}t\right) \tag{4.6.17}$$

当 $\beta\ll\gamma t$ 且 $\sqrt{2\gamma l}\ll\beta$ 时，利用 $\mathrm{erf}\left(\frac{\beta}{\sqrt{2\gamma l}}\right)\approx 1$ 以及 $\mathrm{erf}\left(\frac{\beta-\gamma t}{\sqrt{2\gamma l}}\right)\approx -1$，由式（4.6.16）可得

$$n\approx 2n_0\beta\sqrt{\frac{\pi}{2\gamma l}}\exp\left[\frac{\gamma}{2l}\left(t-\frac{\beta}{\gamma}\right)^2\right] \tag{4.6.18}$$

如果反应堆达到瞬发临界时仍继续线性引入反应性，有 $\rho(t)=\beta+\gamma t$，初始条件 n_0 是对应瞬发临界时刻的值，用 $\beta+\gamma t$ 代替 γt 代入式（4.6.13）可得

$$
\begin{aligned}
n &= n_0 \exp\left(\int_0^t \frac{\gamma\tau}{l} \mathrm{d}\tau\right)\left[1+\frac{\beta}{l}\int_0^t \exp\left(-\int_0^\tau \frac{\gamma\tau}{l}\mathrm{d}x\right)\mathrm{d}\tau\right] \\
&= n_0 \exp\left(\frac{\gamma}{2l}t^2\right)\left[1+\frac{\beta}{l}\int_0^t \exp\left(-\frac{\gamma}{2l}\tau^2\right)\mathrm{d}\tau\right] \\
&= n_0 \exp\left(\frac{\gamma}{2l}t^2\right)\left[1+\beta\sqrt{\frac{\pi}{2\gamma l}}\mathrm{erf}\left(\sqrt{\frac{\gamma}{2l}}t\right)\right]
\end{aligned}
\tag{4.6.19}
$$

式（4.6.16）便是常速率线性输入反应性时，常源近似条件下单组中子动力学方程的解析解[3]。图 4.6.1 表示 $\gamma=10\beta$（1/s），$\beta=0.006\,5$，$l\approx10^{-4}$ s，快速线性输入造成严重事故的情况下，相对中子水平随时间变化的近似曲线。

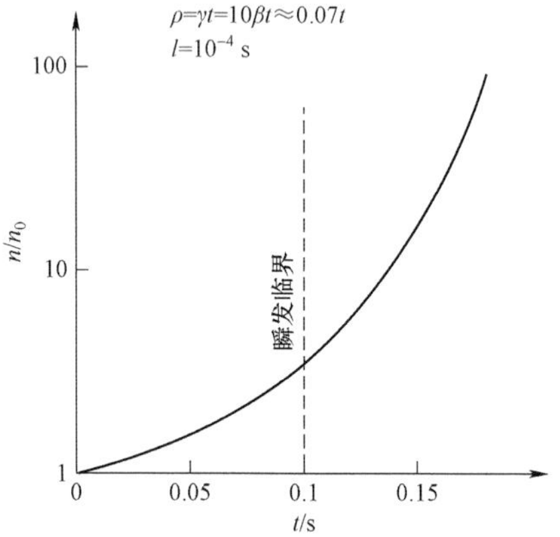

图 4.6.1　线性输入反应性下，中子密度常源近似变化

反应堆临界状态下，反应性为常速率变化时，反应堆内相对中子密度随时间的变化规律，满足瞬跳近似条件时，用式（4.6.9）或式（4.6.10）表示；满足常源近似条件时，用式（4.6.16）表示；若仍取 $\beta=0.006\,5$，$l\approx10^{-4}$ s，求得不同反应性速率输入下，中子密度瞬跳近似变化如图 4.6.2 所示。图 4.6.2 中的 n_0 是对应临界的中子密度，图中的不同曲线与不同的 γ 相对应。γ 较大时，达到瞬发临界的相对中子水平较低，即从缓发临界达到瞬发临界所需时间较短。

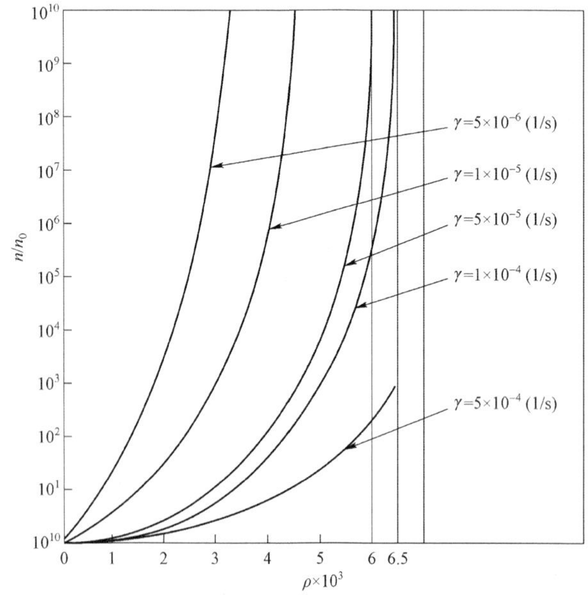

图 4.6.2　不同线性速率输入反应性下，中子密度瞬跳近似变化

参考文献

［1］张法邦. 核反应堆运行物理［M］. 北京：原子能出版社，2000.

［2］陈文振，张黎明，肖红光. 核反应堆工程原理（上）［M］. 北京：中国原子能出版社，2019.

［3］蔡章生. 核动力反应堆中子动力学［M］. 北京：国防工业出版社，2005.

［4］蔡章生，桂学文，于雷. 反应性阶跃变化从深次临界到瞬发超临界中子增殖统一公式［J］. 核动力工程，2006，27（2）：14-16.

［5］Li Haofeng, Shang Xueli, Chen Wenzhen. An accurate solution of point kinetics equations of one-group delayed neutrons and an extraneous neutron source for step reactivity insertion［J］, Chinese Science Bulletin, 2010, 55(36): 4116-4119.

［6］黎浩峰，陈文振，朱倩，等. 非平衡态的中子增殖统一公式［J］. 核动力工程，2008，29（6）：10-13.

［7］黎浩峰. 反应堆运行中物理参数快速计算方法［D］. 武汉：海军工程大学，2009.

［8］陈文振，朱波，黎浩峰. 小阶跃反应性输入时点堆中子动力学方程的解析解［J］. 物理学报，2004，53（8）80-84.

［9］黄祖洽. 核反应堆动力学基础［M］. 北京：北京大学出版社，2007.

［10］张帆，陈文振，蔡章生. 临界反应堆阶跃正反应性输入时中子密度响应的近似修正解［J］. 原子能科学技术，2006，40（增刊）：5-8.

第五章

反馈效应下中子增殖特性

5.1 反馈效应

第三章和第四章讨论了反应堆引入反应性后，没有反馈效应的点堆中子动力学特性，包括从次临界启动到缓发临界、瞬发超临界整个范围中子增殖的特性。本章将分别介绍温度反馈和毒物反馈下引入反应性后中子的响应特性。

5.1.1 温度反馈效应

1. 温度效应的起因

压水堆由冷态过渡到热态，堆芯温度要变化 200～300 K。当反应堆功率发生变化时，堆芯温度会有所变化。即使在正常稳定功率运行时，只要有某种原因，例如冷却剂流量的变化，就会逐渐改变反应堆温度。我们将因为反应堆温度变化引起反应性变化的现象称为温度效应。对于压水堆，产生温度效应的主要原因有下列三个方面[1,2]：

（1）堆芯材料密度的变化。堆芯温度变化时，堆芯各种材料（如核燃料、慢化剂、结构材料等）的密度将发生变化，将引起它们的宏观截面和堆芯几何尺寸发生变化，使有效增殖系数发生变化，从而导致反应性变化。压水堆内慢化剂的密度变化特别显著，例如，压水堆压力为 14 MPa、慢化剂温度在 293 K 时，密度约为 1 002 kg/m^3，而温度在 523 K 时，密度约为 810 kg/m^3。考虑压水堆从冷态到热态的情况，由于温度增加使水的密度变小，使热中子扩散面积和中子年龄都增大，因而增加了中子的泄漏，即不泄漏概率减小，使有效增殖系数减小；另外，水的密度减小会降低对中子的慢化效率，增加 ^{238}U 核对中子的共振吸收，即逃脱共振俘获概率减小，使有效增殖系数减小；再有，水密度变小，相当于增加燃料的浓度，热中子利用系数增加，使有效增殖系数增加。一般而言，压水堆设计时适当选择水铀比，使热中子利用系数增加，与不泄漏概率减小和逃脱共振俘获概率减小两项减少比较起来要小，就能够获得负温度效应。

（2）中子温度的变化。慢化剂温度变化时，中子温度也会随之变化，即热中子的平均能量发生变化。由于微观截面是中子能量的函数，所以微观截面也发生变化，使有效增殖系数变化。具体地说，当慢化剂温度升高时，热中子谱变硬，这时微观热中子吸收截面和裂变截面均按 $1/v$ 规律减小。对于低浓缩铀燃料的压水堆，由于燃料的热中子裂变截面比吸收截面减少得更快些，因此每次吸收的中子产额随中子温度的升高而减小，从而引起有效增殖系数减小。另外，中子温度升高时，慢化剂的微观吸收截面减少，导致热中子扩散面积增大，使热中子不泄漏概率减小，引起有效增殖系数减小。由此可知，当中子温度变化时，将会导致反应性发生变化，但其作用比起慢化剂密度变化的影响要小些。

（3）^{238}U 核共振吸收的变化。核燃料温度变化时，^{238}U 核共振吸收截面的曲线形状将发生变化。当燃料升温时，^{238}U 核的热运动更加剧烈，这时共振曲线加宽变平，峰值降低，通常称为温度展宽，这就是我们第二章介绍的多普勒展宽。共振峰展宽以后，由于峰值面降低，燃料的自屏效应减弱，使元件内的共振通量密度分布趋于平坦，即燃料元件内的平均共振通量密度有所增加。另外，共振能区被加宽，使 ^{238}U 核对中子的共振俘获增多，逃脱共振俘获概率减小，最后导致有效增殖系数减小，我们将共振俘获随温度升高而增加的现象称为“多普勒效应”。在核反应堆运行中，当功率发生变化时，由于燃料温度对功率变化的响应差不多是瞬时的，因此多普勒效应立即表现出来，它对核反应堆功率自动调节起着重要作用。

2. 温度系数

（1）定义

堆芯温度每变化 1 度（K）时所引起的反应性变化称为反应性温度系数，简称温度系数。如果以 α_T 表示，则可以表示为

$$\alpha_T = \frac{\partial \rho}{\partial T} \tag{5.1.1}$$

α_T 的单位为 1/K，式中 ρ 是反应性，T 是堆芯的温度。必须指出，“堆芯的温度”是个平均的概念，因为核反应堆内的温度随空间位置而不同，堆内的温度分布既与功率分布有关，又与传热、输热等条件有关，所以温度效应是一种空间效应。通常，我们只研究它的平均效应，因而这里的温度 T 可理解为堆芯的平均温度。

（2）堆芯温度系数

堆芯中的核燃料，慢化剂和冷却剂等物质的温度及其温度系数都是不同的。由于压水堆内燃料和慢化剂（也是冷却剂）是分离的，因此必须区分燃料温度系数和慢化剂温度系数。对核燃料而言，其时间常数（即从温度变化到产生反应性显著变化所需的时间）很短，而对慢化剂而言却要长一些。原因在于热量产生于燃料之中，它传递到慢化剂中需要一定的时间。因此，常把燃料温度系数称为瞬时温度系数，而慢化剂温度系数称为延时温度系数。核反应堆总的温度系数等于堆芯各种物质的温度系数的总和：

$$\alpha_T = \sum_j \frac{\partial \rho}{\partial T_j} = \sum_j \alpha_T^j \tag{5.1.2}$$

式中，T_j为堆芯中第j种物质的温度；α_T^j为堆芯中第j种物质的温度系数；其中起主要作用的是燃料温度系数和慢化剂温度系数。

将反应性的定义式代入式（5.1.1）可得

$$\alpha_T = \frac{1}{k^2}\frac{\partial k}{\partial T} \tag{5.1.3}$$

对于运行中的核反应堆，通常$k \approx 1$，因此式（5.1.3）可简化为

$$\alpha_T \approx \frac{1}{k}\frac{\partial k}{\partial T} \tag{5.1.4}$$

对于热中子堆而言，有

$$k = k_\infty P_T P_F \tag{5.1.5}$$

其中，k_∞是无限增殖系数，为

$$k_\infty = f\eta\varepsilon p \tag{5.1.6}$$

P_T和P_F分别是热中子和快中子的不泄漏概率，为

$$P_T = \frac{1}{1+B^2L^2} \tag{5.1.7}$$

$$P_F = \mathrm{e}^{-B^2\tau} \tag{5.1.8}$$

于是有

$$\alpha_T = \alpha_T(k_\infty) + \alpha_T(P_T) + \alpha_T(P_F) \tag{5.1.9}$$

核反应堆的总温度效应则可以用慢化剂和燃料温度效应之和来表示：

$$\Delta\rho = \alpha_T^M \Delta T_M + \alpha_T^F \Delta T_F \tag{5.1.10}$$

通常情况下，慢化剂或燃料温度系数并不是常数，它们与核反应堆的运行温度、运行工况、控制棒栅的位置、氙毒及燃耗等情况有关。在低浓缩铀为燃料的核反应堆中，燃料温度系数总是负的，慢化剂温度系数可正可负。在轻水堆中，当水中不含（或只含少量的）化学补偿毒物（硼）时，温度系数值是负的，在硼浓度较大时，温度系数将会出现正值。另外，慢化剂温度系数还与慢化剂与燃料的核密度比值有关。

综上所述可知，压水堆都设计成具有负的温度效应。考虑这个效应时，反应堆功率对反应性变化的响应特性与前两章讨论的情况就不相同。在有温度反馈的情况下，如果向堆芯引入一个正的反应性，反应堆功率水平也会迅速上升，到一定时间后，由于负反应性反馈效应，堆功率随反应堆温度的上升而转入下降。掌握有温度反馈的情况下功率随输入反应性响应规律对反应堆安全分析和运行管理有重要意义。

5.1.2 毒物反馈效应

核反应堆运行过程中，由于燃料核的裂变产生了很多放射性裂变产物，它们经过一系

列衰变后，又形成许多新的同位素。其中某些同位素具有很大的热中子吸收截面，它们的先驱核还具有较大的裂变产额。它们的产生和消失对核反应堆的反应性及运行特性有很大的影响[3,4]。这些有害的裂变产物分为两类，其中短寿命的，称为毒物，如 ^{135}Xe 和 ^{149}Sm。我们把这些有害的裂变产物对反应性的影响，就称为中毒效应。由于 ^{135}Xe 对中子的吸收截面与中子能量有很大关系，它对快中子的吸收截面很小，而对热中子的吸收截面却很大（大约为 $2.7\times10^{-22}\ m^2$），而且产额也比较大，因而 ^{135}Xe（称为氙毒）是最重要的毒物，中毒效应几乎全由它造成。

1. 中毒反应性

设核反应堆有效增殖系数在无毒物时为 k，有核毒物时为 k'，由毒物引起的反应性损失，简称“中毒反应性”，用 ρ_q 表示，其定义为

$$\rho_q = \frac{k'-k}{k'} \tag{5.1.11}$$

如果在中毒之前，核反应堆是临界的，即 $k=1$，则式（5.1.11）定义的 ρ_q 与反应性的一般定义式相一致。

作为有限大均匀热中子反应堆，可以认为毒物仅仅通过热中子利用系数 f 和热中子不泄漏概率 P_T 来影响有效增殖系数 k。在假定平均扩散系数与毒物存在与否无关等条件下，经推导可得

$$\rho_q = -\frac{fq_P}{1+B^2L_M^2(1-f)} \tag{5.1.12}$$

对于大型核反应堆，常存在 $B^2L_M^2(1-f)\ll 1$，因此有

$$\rho_q \approx -fq_P \tag{5.1.13}$$

其中，B^2 为曲率。L_M^2 为慢化剂中的热中子扩散面积。而 q_P 为毒物吸收热中子与燃料吸收热中子之比，简称“毒性”，即

$$q_P = \frac{\Sigma_{aP}}{\Sigma_{aF}} \tag{5.1.14}$$

其中，Σ_{aP} 和 Σ_{aF} 分别为毒物和燃料的平均中子宏观吸收截面。

由式（5.1.13）可知，中毒反应性 ρ_q 近似地与毒性 q_P 成正比，也与无毒堆的热中子利用系数 f 成正比。因此 ρ_q 的计算可以归纳为 q_P 的计算，最终归到毒物核密度的计算。虽然式（5.1.14）来源于均匀系统，但也可用于描述非均匀反应堆内裂变产物中毒的一般特性。

2. 碘坑

大约有 5%的 ^{135}Xe 是由裂变直接产生的，如果忽略中间过程，可认为剩下的 95%的 ^{135}Xe 是直接从 ^{135}I 衰变而来的。当反应堆以稳定额定功率运行时，^{135}Xe 的核密度将逐渐增加。在一定时间后（约 48 h）达到极大值且基本稳定不变，这时反应堆的氙中毒，称为平衡氙中毒。之后，若反应堆突然停堆，则由于堆内中子通量减少，^{135}Xe 核因吸收中子减少的消

失率变小，而同时堆中已积累的 ^{135}I 仍然继续衰变产生 ^{135}Xe。因此在一定时间内，^{135}Xe 核密度将增加，在停堆后大约 10 h，出现极大值。随后，由于中子通量的减小，堆内 ^{135}I 浓度已显著降低，氙的生成速率低于衰变速率，故氙的毒性也随之降低。相应地，反应性在停堆后将显著下降，在经过一个极小值后又有所回升。这种反应性 ρ 值出现“坑”值的现象，与 ^{135}I 的衰变密切相关，因而称这种现象为“碘坑”[1,2]。

碘坑对于核反应堆的设计和运行都有重要影响。例如，造成切尔诺贝利核事故的原因很多，但是有关人员对碘坑内启动复杂性的认识不足是其原因之一。已经查明 4 号机组发生事故时，第一个功率峰值在 4 s 内上升到额定功率的 100 倍，平均上升周期达 0.54 s，处于严重超临界状态[3,5]。

一般来说，对于核电站而言，由于没有机动性的要求，完全可以避开碘坑内启动，因此碘坑内的启动研究对核电站的运行不如舰船重要。因为舰船在海上航行时，为回避风浪和海啸等恶劣环境，或执行紧急任务，它必须具备很强的机动性，战时尤其如此，要具有随时启动反应堆和大幅度甩负荷后很快又提升功率的能力[6]。核反应堆在碘坑内启动，由于解毒效应，易出现严重事故，一旦出现这种事故，便无法在短期内修复和躲避敌人，这极为不利[5,7]。因此研究反应堆碘坑内启动对提高核动力船只机动性和安全运行有重要的理论意义和应用价值。

5.2 温度反馈效应对中子增殖特性影响

对于输入阶跃反应性且有温度反馈时反应堆超临界瞬变过程的早期研究结果，相关文献[8-10]都有介绍。这些研究在推导中子响应过程中主要是使用去耦合法[11]，采用先驱核的瞬跳近似或功率的瞬跳近似导出了功率和反应性随时间变化的显函数。本节则主要介绍几种较新的分析模型与分析方法[12]。

点堆中子动力学方程为

$$\frac{\mathrm{d}n(t)}{\mathrm{d}t}=\frac{\rho(t)-\beta}{l}n(t)+\lambda c(t)+q \tag{5.2.1}$$

$$\frac{\mathrm{d}c(t)}{\mathrm{d}t}=\frac{\beta}{l}n(t)-\lambda c(t) \tag{5.2.2}$$

如果在 $t=0$ 时刻，突然引入一大的阶跃反应性 $\rho_0>\beta$，反应堆将出现瞬发超临界瞬变。如果突然引入一小的阶跃反应性 $0<\rho_0<\beta$，反应堆将出现缓发超临界瞬变。

考虑温度反馈时，为了求解上述方程组，还必须给出反应性 ρ 与功率（中子密度 n）的关系式。假设反应堆有负的反应性温度系数 $-\alpha$（$\alpha>0$），堆芯温度 $T=T_0$ 时，向其引入一个阶跃反应性 ρ_0，那么总反应性则为[13,14]

$$\rho(t)=\rho_0-\alpha[T(t)-T_0] \tag{5.2.3}$$

式中：$T(t)$ 为反应堆瞬时温度，K；T_0 为反应堆初始温度，K。反应堆引入反应性 ρ_0 后，功率响应迅速。由于过程进行得很快，故可以认为 ρ_0 投入堆芯所增加的热量在瞬变过程中来不及传出，因此反应堆温度变化采用绝热模型来描述[15,16]：

$$\frac{\mathrm{d}T(t)}{\mathrm{d}t}=K_c n(t) \tag{5.2.4}$$

式中：K_c 为反应堆热容量的倒数。由式（5.2.3）与（5.2.4）可得

$$\frac{\mathrm{d}\rho(t)}{\mathrm{d}t}=-\alpha K_c n(t) \tag{5.2.5}$$

5.2.1　瞬发超临界分析模型

由于在瞬发超临界（$\rho_0>\beta$）的瞬变过程中，反应堆的功率变化速度与功率水平都非常大，所以，通常认为 $t\geqslant 0$ 时可忽略先驱核缓发中子源以及中子源的贡献[4,17]，方程（5.2.1）可简化为

$$\frac{\mathrm{d}n(t)}{\mathrm{d}t}=\frac{\rho(t)-\beta}{l}n(t) \tag{5.2.6}$$

由式（5.2.5）与（5.2.6），消去 dt 可得

$$\frac{\mathrm{d}n}{\mathrm{d}\rho}=\frac{\rho-\beta}{-\alpha K_c l} \tag{5.2.7}$$

根据式（5.2.7）以及初始条件：$\rho=\rho_0$ 时，$n=n_0$ 可求得

$$\frac{\mathrm{d}\rho}{\mathrm{d}t}=\frac{(\rho-\beta)^2}{2l}-\frac{(\rho_0-\beta)^2}{2l}-\alpha K_c n_0 \tag{5.2.8}$$

$$n=\frac{1}{2\alpha K_c l}[(\rho_0-\beta)^2-(\rho-\beta)^2]+n_0 \tag{5.2.9}$$

1. 忽略初始功率与缓发中子源——模型 1

假设初始功率为零，取峰值功率时刻为 $t=0$，将式（5.2.8）积分可得

$$\rho=\beta-(\rho_0-\beta)\mathrm{th}\left(\frac{\rho_0-\beta}{2l}t\right) \tag{5.2.10}$$

将式（5.2.10）代入式（5.2.9），即可得功率表达式为

$$n=\frac{(\rho_0-\beta)^2}{2\alpha K_c l}\mathrm{sech}^2\left(\frac{\rho_0-\beta}{2l}t\right) \tag{5.2.11}$$

上两式即为诺德黑姆—福赫斯模型的主要结果[1]。其中 $\mathrm{th}(x)$、$\mathrm{sech}(x)$ 分别为双曲正切函数、正割函数。

2. 考虑初始功率影响但忽略缓发中子源——模型 2

由于诺德黑姆—福赫斯模型只能适用于初始功率为零的瞬发超临界过程，有一定的局限性，为此对式（5.2.1）～（5.2.5）重新求解。

对式（5.2.5）求导，并将式（5.2.6）代入可得

$$\frac{\mathrm{d}\rho}{\mathrm{d}t}=\frac{(\rho-\beta)^2}{2l}-C_2 \tag{5.2.12}$$

$$-\alpha K_c n=\frac{(\rho-\beta)^2}{2l}-C_2 \tag{5.2.13}$$

其中 C_2 为常数。由式（5.2.8）与初始条件，解得反应堆反应性随时间的变化规律为

$$\rho=\frac{(A_2+\beta)-(A_2-\beta)\dfrac{A_2-(\rho_0-\beta)}{A_2+(\rho_0-\beta)}\exp\left(\dfrac{A_2 t}{l}\right)}{1+\dfrac{A_2-(\rho_0-\beta)}{A_2+(\rho_0-\beta)}\exp\left(\dfrac{A_2 t}{l}\right)} \tag{5.2.14}$$

式中：$A_2=\sqrt{(\rho_0-\beta)^2+2l\alpha K_c n_0}$ 。

将式（5.2.14）代入式（5.2.9）得反应堆功率随时间的变化规律为

$$n=\frac{1}{2\alpha K_c l}\left\{(\rho_0-\beta)^2-\left[\frac{A_2+(\rho_0-\beta)-[A_2-(\rho_0-\beta)]\exp(A_2 t/l)}{A_2+(\rho_0-\beta)+[A_2-(\rho_0-\beta)]\exp(A_2 t/l)}A_2\right]^2\right\}+n_0 \tag{5.2.15}$$

将式（5.2.14）代入式（5.2.3）得反应堆温升随时间变化规律为

$$\Delta T=\frac{A_2+(\rho_0-\beta)}{\alpha}-\frac{2A_2[A_2+(\rho_0-\beta)]}{\alpha\left[A_2+(\rho_0-\beta)+[A_2-(\rho_0-\beta)]\exp(A_2 t/l)\right]} \tag{5.2.16}$$

由式（5.2.15）求导为零，可得功率达最大值的时间 t_{m} 为

$$t_{\mathrm{m}}=\frac{l}{A_2}\ln\left(\frac{A_2+(\rho_0-\beta)}{A_2-(\rho_0-\beta)}\right) \tag{5.2.17}$$

将式（5.2.17）分别代入式（5.2.15）与（5.2.14）得功率达最大值 n_{m} 及相应的 ρ_{m} 为

$$n_{\mathrm{m}}=\frac{(\rho_0-\beta)^2}{2\alpha K_c l}+n_0 \tag{5.2.18}$$

$$\rho_{\mathrm{m}}=\beta \tag{5.2.19}$$

式（5.2.14）～式（5.2.19）即为描述初始功率不为零瞬发超临界瞬变过程的主要参数表达式[18]。

5.2.2 缓发超临界分析模型

1. 中子瞬跳近似——模型 3

缓发超临界的瞬变过程，在 $t\geqslant 0$ 时需考虑先驱核缓发中子源的贡献，但可忽略外加中子源。则由式（5.2.1）求得 c，以及对 t 求导求得 $\mathrm{d}c/\mathrm{d}t$，并分别将 $\mathrm{d}c/\mathrm{d}t$ 和式（5.2.1）代入式（5.2.2）可得

$$l\frac{\mathrm{d}^2 n}{\mathrm{d}t^2}+(\beta-\rho+\lambda l)\frac{\mathrm{d}n}{\mathrm{d}t}=\left(\lambda\rho+\frac{\mathrm{d}\rho}{\mathrm{d}t}\right)n \tag{5.2.20}$$

由于 $\frac{\mathrm{d}^2 n}{\mathrm{d}t^2}$ 项与其余两项相比可忽略，即利用中子瞬跳近似[1,4]可得

$$(\beta-\rho+\lambda l)\frac{\mathrm{d}n}{\mathrm{d}t}=\left(\lambda\rho+\frac{\mathrm{d}\rho}{\mathrm{d}t}\right)n \tag{5.2.21}$$

将式（5.2.5）带入式（5.2.21）得

$$\frac{\mathrm{d}n}{\mathrm{d}\rho}=\frac{\alpha K_c n-\lambda\rho}{\alpha K_c(\beta-\rho+\lambda l)} \tag{5.2.22}$$

利用初始条件：$\rho=\rho_0$ 时，$n=n_0$，求式（5.2.22）得

$$n=\frac{\lambda(\rho_0^2-\rho^2)}{2\alpha K_c(\beta-\rho+\lambda l)}+\frac{\beta-\rho_0+\lambda l}{\beta-\rho+\lambda l}n_0 \tag{5.2.23}$$

将式（5.2.23）带入式（5.2.5）可得

$$-\frac{\mathrm{d}\rho}{\mathrm{d}t}=\frac{\lambda(\rho_0^2-\rho^2)+2\alpha K_c(\beta-\rho_0+\lambda l)n_0}{2(\beta-\rho+\lambda l)}$$

求解上式，并利用初始条件：$t=0$ 时，$\rho=\rho_0$ 得

$$t=\frac{\beta+\lambda l}{\lambda\rho_1}\ln\left(\frac{\rho_1-\rho}{\rho_1+\rho}\right)\left(\frac{\rho_1+\rho_0}{\rho_1-\rho_0}\right)+\frac{1}{\lambda}\ln[(\rho_1^2-\rho_0^2)/(\rho_1^2-\rho^2)] \tag{5.2.24}$$

式中：$\rho_1=\sqrt{\rho_0^2+\frac{2\alpha K_c(\beta-\rho_0+\lambda l)n_0}{\lambda}}$。由式（5.2.24）求得反应性 ρ 与时间 t 的关系后代入式（5.2.23）即可求得功率 n 与时间 t 的关系。

2. 先驱核瞬跳近似——模型 4

忽略外加中子源，由式（5.2.2）对 t 求导得

$$\frac{\mathrm{d}^2 c}{\mathrm{d}t^2}=\frac{\beta}{l}\frac{\mathrm{d}n}{\mathrm{d}t}-\lambda\frac{\mathrm{d}c}{\mathrm{d}t} \tag{5.2.25}$$

将式（5.2.1）与（5.2.2）代入式（5.2.6）得

$$\frac{\mathrm{d}^2 c}{\mathrm{d}t^2}+\frac{(\beta-\rho+\lambda l)}{l}\frac{\beta}{l}n=\frac{(\beta+\lambda l)}{l}\lambda c \tag{5.2.26}$$

在式（5.2.26）中，$\frac{\mathrm{d}^2 c}{\mathrm{d}t^2}$ 项与其余两项相比可忽略[19,20]，即先驱核瞬跳近似，则

$$\lambda c=\frac{(\beta-\rho+\lambda l)\beta n}{(\beta+\lambda l)l} \tag{5.2.27}$$

再将式（5.2.27）代入式（5.2.1）消去 λc 可得

$$\frac{\mathrm{d}n}{\mathrm{d}t}=\frac{\lambda\rho n}{(\beta+\lambda l)} \tag{5.2.28}$$

将式（5.2.28）除以式（5.2.5）得

$$\frac{\mathrm{d}n}{\mathrm{d}\rho}=-\frac{\lambda\rho}{\alpha K_c(\beta+\lambda l)} \tag{5.2.29}$$

由式（5.2.29）解得

$$n=-\frac{\lambda\rho^2}{2\alpha K_c(\beta+\lambda l)}+A_4 \tag{5.2.30}$$

式中：A_4为待定系数，由初始条件：$\rho=\rho_0$时，$n=n_0$得

$$A_4=n_0+\frac{\lambda\rho_0^2}{2\alpha K_c(\beta+\lambda l)} \tag{5.2.31}$$

将A_4代入式（5.2.30）得

$$n=\frac{\lambda(\rho_0^2-\rho^2)}{2\alpha K_c(\beta+\lambda l)}+n_0 \tag{5.2.32}$$

将式（5.2.32）代入式（5.2.5）得

$$-\frac{\mathrm{d}\rho}{\mathrm{d}t}=\frac{\lambda(\rho_0^2-\rho^2)+2\alpha K_c(\beta+\lambda l)n_0}{2(\beta+\lambda l)} \tag{5.2.33}$$

由式（5.2.33）解得

$$\frac{-\lambda t}{2(\beta+\lambda l)}+B_4=\frac{1}{2\rho_1}\ln\left(\frac{\rho_1+\rho}{\rho_1-\rho}\right) \tag{5.2.34}$$

式中：$\rho_1=\sqrt{\rho_0^2+\dfrac{2\alpha K_c n_0(\beta+\lambda l)}{\lambda}}$；$B_4$为待定系数，由初始条件：$t=0$时，$\rho=\rho_0$得

$$B_4=\frac{1}{2\rho_1}\ln\left(\frac{\rho_1+\rho_0}{\rho_1-\rho_0}\right) \tag{5.2.35}$$

将B_4代入式（5.2.34）得

$$t=\frac{\beta+\lambda l}{\lambda\rho_1}\ln\left(\frac{\rho_1-\rho}{\rho_1+\rho}\right)\left(\frac{\rho_1+\rho_0}{\rho_1-\rho_0}\right) \tag{5.2.36}$$

重新整理式（5.2.36）得核反应堆反应性随时间的变化规律为

$$\rho=\frac{\rho_1-\rho_1\dfrac{\rho_1-\rho_0}{\rho_1+\rho_0}\exp\left(\dfrac{\rho_1\lambda t}{\beta+\lambda l}\right)}{1+\dfrac{\rho_1-\rho_0}{\rho_1+\rho_0}\exp\left(\dfrac{\rho_1\lambda t}{\beta+\lambda l}\right)} \tag{5.2.37}$$

将式（5.2.37）代入式（5.2.32）得核反应堆功率随时间的变化规律为

$$n=\frac{\lambda}{2\alpha K_c(\beta+\lambda l)}\left\{\rho_0^2-\left[\frac{\rho_1+\rho_0-(\rho_1-\rho_0)\exp\left(\dfrac{\rho_1\lambda t}{\beta+\lambda l}\right)}{\rho_1+\rho_0+(\rho_1-\rho_0)\exp\left(\dfrac{\rho_1\lambda t}{\beta+\lambda l}\right)}\rho_1\right]^2\right\}+n_0 \tag{5.2.38}$$

由式（5.2.38）可得功率达最大值的时间t_{m}为

$$t_{\mathrm{m}}=\frac{\beta+\lambda l}{\rho_1\lambda}\ln\left(\frac{\rho_1+\rho_0}{\rho_1-\rho_0}\right) \tag{5.2.39}$$

将式（5.2.39）分别代入式（5.2.38）与（5.2.37）得功率达最大值 n_{m} 及相应的 ρ_{m} 为

$$n_{\mathrm{m}}=\frac{\lambda\rho_0^2}{2\alpha K_c(\beta+\lambda l)}+n_0 \tag{5.2.40}$$

$$\rho_{\mathrm{m}}=0 \tag{5.2.41}$$

式（5.2.37）～（5.2.41）即为先驱核瞬跳近似结果[20]。

3. 温度瞬跳近似——模型 5

对式（5.2.1）求导，并将式（5.2.2）代入其中可得

$$l\frac{\mathrm{d}^2n}{\mathrm{d}t^2}=(\rho-\beta)\frac{\mathrm{d}n}{\mathrm{d}t}+n\frac{\mathrm{d}\rho}{\mathrm{d}t}+\lambda\beta n-l\lambda^2c \tag{5.2.42}$$

利用式（5.2.1）求得 λc，代入式（5.2.42）可化简得

$$l\frac{\mathrm{d}^2n}{\mathrm{d}t^2}=(\rho-\beta)\frac{\mathrm{d}n}{\mathrm{d}t}+n\frac{\mathrm{d}\rho}{\mathrm{d}t}-\lambda l\frac{\mathrm{d}n}{\mathrm{d}t}+\lambda\rho n+\lambda lq \tag{5.2.43}$$

对式（5.2.43）积分可得

$$l\frac{\mathrm{d}n}{\mathrm{d}t}=(\rho-\beta-l\lambda)n+\int\lambda\rho n\mathrm{d}t+\lambda lqt \tag{5.2.44}$$

令 $T=T(t)-T_0$，利用式（5.2.3）和（5.2.4）消去式（5.2.44）中的 n 和 ρ 可得

$$l\frac{\mathrm{d}^2T}{\mathrm{d}t^2}=(\rho_0-\beta-\lambda l-\alpha T)\frac{\mathrm{d}T}{\mathrm{d}t}+\lambda\rho_0T-\lambda\alpha T^2/2+K_c\lambda lqt+D \tag{5.2.45}$$

式中：D 为待定系数。由初始条件当 $t=0$ 时 $T=0$、$\left.\frac{\mathrm{d}T}{\mathrm{d}t}\right|_{t=0}=K_cn_0$、$\left.\frac{\mathrm{d}^2T}{\mathrm{d}t^2}\right|_{t=0}=\frac{K_c\rho_0n_0}{l}$，可知 $D=K_cn_0(\beta+\lambda l)$。

对处在稳定功率运行的核反应堆，可忽略外中子源的作用。又因为 $l\frac{\mathrm{d}^2T}{\mathrm{d}t^2}$ 很小，与式(5.2.45)其他项相比可以忽略不计，即温度瞬跳近似，则式（5.2.45）可简化为

$$\frac{\mathrm{d}T}{\mathrm{d}t}=\frac{\lambda\rho_0T-\lambda\alpha T^2/2+K_cn_0(\beta+\lambda l)}{\beta+\lambda l-\rho_0+\alpha T} \tag{5.2.46}$$

由式（5.2.46）解得

$$t+B=\frac{2(2\rho_0-\beta-\lambda l)}{\lambda\rho_1}\operatorname{arth}\frac{-\alpha T+\rho_0}{\rho_1}-\frac{1}{\lambda}\ln\left(-T^2+\frac{2\rho_0}{\alpha}T+\frac{2K_cn_0(\beta+\lambda l)}{\lambda\alpha}\right) \tag{5.2.47}$$

式中：$\rho_1=\sqrt{\rho_0^2+2\alpha K_cn_0(\beta+\lambda l)/\lambda}$；$B$ 为待定系数，由初始条件：$t=0$ 时，$\rho=\rho_0$ 得

$$B=\frac{2(2\rho_0-\beta-\lambda l)}{\lambda\rho_1}\operatorname{arth}\frac{\rho_0}{\rho_1}-\frac{1}{\lambda}\ln\left(\frac{2K_cn_0(\beta+\lambda l)}{\lambda\alpha}\right) \tag{5.2.48}$$

将 B 代入式（5.2.47）得温度 T 与时间 t 的关系式为

$$t=\frac{2(2\rho_0-\beta-\lambda l)}{\lambda\rho_1}\left(\operatorname{arth}\frac{-\alpha T+\rho_0}{\rho_1}-\operatorname{arth}\frac{\rho_0}{\rho_1}\right)-\frac{1}{\lambda}\ln\left(\frac{-\lambda\alpha T^2+2\lambda\rho_0 T}{2K_c n_0(\beta+\lambda l)}+1\right)\quad(5.2.49)$$

将式（5.2.3）代入式（5.2.49）可得反应堆反应性与时间的关系表达式为

$$t=\frac{2\rho_0-\beta-\lambda l}{\lambda\rho_1}\ln\frac{(\rho_1+\rho)(\rho_1-\rho_0)}{(\rho_1-\rho)(\rho_1+\rho_0)}-\frac{1}{\lambda}\ln\left(\frac{\lambda(\rho_0{}^2-\rho^2)}{2\alpha K_c n_0(\beta+\lambda l)}+1\right)\quad(5.2.50)$$

由式（5.2.3）、（5.2.4）和式（5.2.46）可得

$$n=\frac{\lambda(\rho_1{}^2-\rho^2)-2\alpha K_c\rho_0 n_0}{2\alpha K_c(\beta+\lambda l-\rho)}\quad(5.2.51)$$

由式（5.2.51）可得功率达最大值 n_{m} 及相应的 ρ_{m}，即

$$n_{\mathrm{m}}=\frac{\lambda(\beta+\lambda l)-\lambda\sqrt{(\beta+\lambda l)^2-\rho_1{}^2}}{\alpha K_c}\quad(5.2.52)$$

$$\rho_{\mathrm{m}}=(\beta+\lambda l)-\sqrt{(\beta+\lambda l)^2-\rho_1{}^2}\quad(5.2.53)$$

式（5.2.49）～（5.2.53）即为温度瞬跳近似结果[20]，将式（5.2.53）代入式（5.2.50）还可求得功率最大值的时间。

4. 奇异扰动法——模型 6

由于式（5.2.1）、（5.2.2）为刚性方程，根据数学知识可知，$n(t)$ 表达式为一个慢变化分量和一个快的变化分量组成。下面先推导 $n(t)$ 慢变化分量 $n_l(t)$ 的微分方程[21]。

对式（5.2.1）求导，并将式（5.2.2）代入其中可得

$$l\frac{\mathrm{d}^2 n}{\mathrm{d}t^2}=(\rho-\beta)\frac{\mathrm{d}n}{\mathrm{d}t}+n\frac{\mathrm{d}\rho}{\mathrm{d}t}+\lambda\beta n-l\lambda^2 c\quad(5.2.54)$$

利用式（5.2.1）求得 λc，代入式（5.2.54）可化简得

$$\frac{\mathrm{d}^2 n}{\mathrm{d}t^2}=\left(\frac{\rho-\beta}{l}-\lambda\right)\frac{\mathrm{d}n}{\mathrm{d}t}+\frac{n}{l}\frac{\mathrm{d}\rho}{\mathrm{d}t}+\frac{\lambda\rho n}{l}\quad(5.2.55)$$

设物理动态过程从 $t=0$ 时刻开始，则 $n(0)=n_0$， $n'(0)=\frac{\rho_0 n_0}{l}$， $n''(0)=\frac{\rho_0-\beta}{l}\frac{\rho_0 n_0}{l}-\frac{\alpha K_c n_0^2}{l}$，其中 n_0 为初始中子密度。

奇异扰动法实际上也是一种数值方法[22]，根据 $n(t)$ 由外区的“外解”和内区的“内解”两部分合成的特性，这里对外解和内解都取零阶近似：

$$n(t)=n_f(t)+n_l(t)\quad(5.2.56)$$

式中， $n_f(t)$ 表示内解， $n_l(t)$ 表示外解。

上式满足初始条件：

$$n_0=n_{f0}+n_{l0}\quad(5.2.57)$$

$$n'(0)=n_f'(0)+n_l'(0)=\frac{\rho_0 n_0}{l}\quad(5.2.58)$$

$$n''(0)=n_f''(0)+n_l''(0)=\frac{\rho_0-\beta}{l}\frac{\rho_0 n_0}{l}-\frac{\alpha K_c n_0^2}{l} \tag{5.2.59}$$

式中：n_{f0} 表示内解初始值，n_{l0} 表示外解初始值。

将式（5.2.56）代入式（5.2.55）和（5.2.5）可得

$$\frac{\mathrm{d}^2(n_f+n_l)}{\mathrm{d}t^2}=\left(\frac{\rho-\beta}{l}-\lambda\right)\frac{\mathrm{d}(n_f+n_l)}{\mathrm{d}t}+\frac{(n_f+n_l)}{l}\frac{\mathrm{d}\rho}{\mathrm{d}t}+\frac{\lambda\rho(n_f+n_l)}{l} \tag{5.2.60}$$

$$\frac{\mathrm{d}\rho}{\mathrm{d}t}=-\alpha K_c[n_f(t)+n_l(t)] \tag{5.2.61}$$

在外区，内解 n_f 应该衰变为 0[20]，n_f' 和 n_f'' 也可以忽略，即 $n_f'\approx 0$ 和 $n_f''\approx 0$，故在外区，式（5.2.60）和（5.2.61）可简化为

$$\frac{\mathrm{d}^2 n_l}{\mathrm{d}t^2}=\frac{\rho-\beta}{l}\frac{\mathrm{d}n_l}{\mathrm{d}t}+\frac{n_l}{l}\frac{\mathrm{d}\rho}{\mathrm{d}t}-\lambda\frac{\mathrm{d}n_l}{\mathrm{d}t}+\frac{\lambda\rho n_l}{l} \tag{5.2.62}$$

$$\frac{\mathrm{d}\rho}{\mathrm{d}t}=-\alpha K_c n_l \tag{5.2.63}$$

由于 $n_l(t)$ 是慢变化分量，而且 $l\approx 10^{-4}s$，故式（5.2.62）第一项和其他项相比可以忽略，有

$$(\beta-\rho+\lambda l)\frac{\mathrm{d}n_l}{\mathrm{d}t}=\left(\frac{\mathrm{d}\rho}{\mathrm{d}t}+\lambda\rho\right)n_l \tag{5.2.64}$$

由式（5.2.63）和（5.2.64）可得

$$\frac{\mathrm{d}n_l}{\mathrm{d}\rho}=\frac{\alpha K_c n_l-\lambda\rho}{\alpha K_c(\beta-\rho+\lambda l)} \tag{5.2.65}$$

对式（5.2.65）积分，并代入初始条件 $\rho=\rho_0$，$n_l=n_{l0}$ 可得

$$n_l=\frac{\lambda(\rho_0^2-\rho^2)}{2\alpha K_c(\beta-\rho+\lambda l)}+\frac{(\beta-\rho_0+\lambda l)}{(\beta-\rho+\lambda l)}n_{l0} \tag{5.2.66}$$

将式（5.2.66）代入式（5.2.63）可得

$$-\frac{\mathrm{d}\rho}{\mathrm{d}t}=\frac{\lambda(\rho_0^2-\rho^2)+2\alpha K_c(\beta-\rho_0+\lambda l)n_{l0}}{2(\beta-\rho+\lambda l)} \tag{5.2.67}$$

根据初始条件 $\rho=\rho_0$，求解式（5.2.67）可得

$$t=\frac{\beta+\lambda l}{\lambda\rho_1}\ln\left(\frac{\rho_1-\rho}{\rho_1+\rho}\right)\left(\frac{\rho_1+\rho_0}{\rho_1-\rho_0}\right)+\frac{1}{\lambda}\ln[(\rho_1^2-\rho_0^2)/(\rho_1^2-\rho^2)] \tag{5.2.68}$$

式中，$\rho_1=\sqrt{\rho_0^2+\dfrac{2\alpha K_c(\beta-\rho_0+\lambda l)n_{l0}}{\lambda}}$。

假设在内区 n_l 基本保持不变 $n_l=n_l(0)=n_{l0}$，而且 $n_l'\approx n_l'(0)$ 和 $n_l''\approx n_l''(0)$，故在内区式（5.2.60）可简化为

$$\frac{\mathrm{d}^2 n_f}{\mathrm{d}t^2}+n_l''(0)=\left(\frac{\rho-\beta}{l}-\lambda\right)\left(\frac{\mathrm{d}n_f}{\mathrm{d}t}+n_l'(0)\right)+\frac{(n_f+n_{l0})}{l}\left(\frac{\mathrm{d}\rho}{\mathrm{d}t}+\lambda\rho\right) \tag{5.2.69}$$

$$\frac{\mathrm{d}\rho}{\mathrm{d}t}=-\alpha K_c[n_f(t)+n_{l0}] \tag{5.2.70}$$

另外，在内区温度反馈效应还来不及对反应性产生较大的变化，因此在边界层内可以假设$\rho(t)\approx\rho_0$，$\rho'\approx-\alpha K_c n_0$。根据式（5.2.69）可得

$$l\frac{\mathrm{d}^2 n_f}{\mathrm{d}t^2}=(\rho_0-\beta-\lambda l)\frac{\mathrm{d}n_f}{\mathrm{d}t}+(\lambda\rho_0-\alpha K_c n_0)(n_f+n_{l0})+(\rho_0-\beta-l\lambda)n_l'(0)-n_l''(0)l \tag{5.2.71}$$

求解式（5.2.71）可得

$$\begin{aligned}n_f=&-n_{l0}-\frac{(\rho_0-\beta-l\lambda)n_l'(0)-n_l''(0)l}{(\lambda\rho_0-\alpha K_c n_0)}\\&+C_1\exp\left(\frac{1}{2l}\left((\rho_0-\beta-l\lambda)+\sqrt{(\rho_0-\beta-l\lambda)^2+4l(\lambda\rho_0-\alpha K_c n_0)}\right)t\right)\\&+C_2\exp\left(\frac{1}{2l}\left((\rho_0-\beta-l\lambda)-\sqrt{(\rho_0-\beta-l\lambda)^2+4l(\lambda\rho_0-\alpha K_c n_0)}\right)t\right)\end{aligned} \tag{5.2.72}$$

式中，C_1、C_2为常数。由于假设在边界层外快变化分量n_f衰变为零，因此式（5.2.72）中$C_1=0$，且

$$-n_{l0}-\frac{(\rho_0-\beta-l\lambda)n_l'(0)-n_l''(0)l}{(\lambda\rho_0-\alpha K_c n_0)}=0 \tag{5.2.73}$$

则$C_2=n_{f0}$，因此可得边界层内快变化分量n_f表达式：

$$n_f=n_{f0}\exp\left\{\frac{1}{2l}\left[(\rho_0-\beta-l\lambda)-\sqrt{(\rho_0-\beta-l\lambda)^2+4l(\lambda\rho_0-\alpha K_c n_0)}\right]t\right\} \tag{5.2.74}$$

由式（5.2.74）可知

$$n_{f0}'=\frac{n_{f0}}{2l}\left[(\rho_0-\beta-l\lambda)-\sqrt{(\rho_0-\beta-l\lambda)^2+4l(\lambda\rho_0-\alpha K_c n_0)}\right] \tag{5.2.75}$$

根据式（5.2.57）与（5.2.59）、式（5.2.62）与（5.2.73）以及式（5.2.75）可得n_{f0}与n_{l0}：

$$n_{f0}=\frac{\dfrac{2l(\alpha K_c n_0-\lambda\rho_0)n_0}{(\rho_0-\beta-l\lambda)^2}-\dfrac{2\rho_0 n_0}{(\rho_0-\beta-l\lambda)}}{\dfrac{2l(\alpha K_c n_0-\lambda\rho_0)}{(\rho_0-\beta-l\lambda)^2}-\left(1-\sqrt{1+\dfrac{4l(\lambda\rho_0-\alpha K_c n_0)}{(\rho_0-\beta-l\lambda)^2}}\right)} \tag{5.2.76}$$

$$n_{l0}=\frac{\dfrac{2\rho_0 n_0}{(\rho_0-\beta-l\lambda)}-n_0\left(1-\sqrt{1+\dfrac{4l(\lambda\rho_0-\alpha K_c n_0)}{(\rho_0-\beta-l\lambda)^2}}\right)}{\left(\dfrac{2l(\alpha K_c n_0-\lambda\rho_0)}{(\rho_0-\beta-l\lambda)^2}-\left(1-\sqrt{1+\dfrac{4l(\lambda\rho_0-\alpha K_c n_0)}{(\rho_0-\beta-l\lambda)^2}}\right)\right)} \tag{5.2.77}$$

因此，将式（5.2.66）和（5.2.74）带入式（5.2.56）即可得中子密度公式。另外由式（5.2.1）

和（5.2.2）可得

$$\frac{\mathrm{d}(n-c)}{\mathrm{d}t}=\frac{\rho}{l}n \tag{5.2.78}$$

根据式（5.2.5）和（5.2.78）消去时间变量可得

$$\frac{\mathrm{d}(n+c)}{\mathrm{d}\rho}=-\frac{\rho}{\alpha K_c l} \tag{5.2.79}$$

根据初始条件 $n(0)=n_0$， $c(0)=\frac{\beta n_0}{\lambda l}$ 和 $\rho(0)=\rho_0$ 对式（5.2.79）积分可得

$$c(t)=\frac{\rho_0^2-\rho^2}{2\alpha K_c l}+\left(1+\frac{\beta}{\lambda l}\right)n_0-n(t) \tag{5.2.80}$$

式（5.2.66）、（5.2.68）、（5.2.74）和（5.2.80）即为利用奇异扰动法得到的结果[21]。

5.2.3 瞬变模型的分析与比较

为更好地对以上几种分析模型进行比较，取 ^{235}U 为燃料的热中子堆为实例进行分析，其中具体计算参数选择为： $\beta=0.006\ 5$， $l=0.000\ 1$ s， $\lambda=0.077\ 41$（1/s）， $K_c=0.05$ ［K/（MW・s）］， $\alpha=5\times10^{-5}$（1/K）。

1. 瞬发超临界模型分析

当引入反应性小于 $\rho_0>\beta$ 时，反应堆为瞬发超临界过程[1,23]。设反应堆以稳定功率运行时，突然引入大的反应性分别为 $\rho_0=2\beta$、1.35β 与 1.15β，反应堆瞬发超临界。在 $n_0=10$、$n_0=0.1$ 和 $n_0=0.01$ MW 等不同初始功率条件下，根据模型 1 与模型 2 求得反应性随时间、功率随时间、温升随时间以及功率随反应性变化，计算结果见图 5.2.1～图 5.2.12（每组曲线从左到右功率分别为 10、0.1、0.01 MW，实线为数值计算结果，点划线为模型 1 结果，虚线模型 2 结果）。

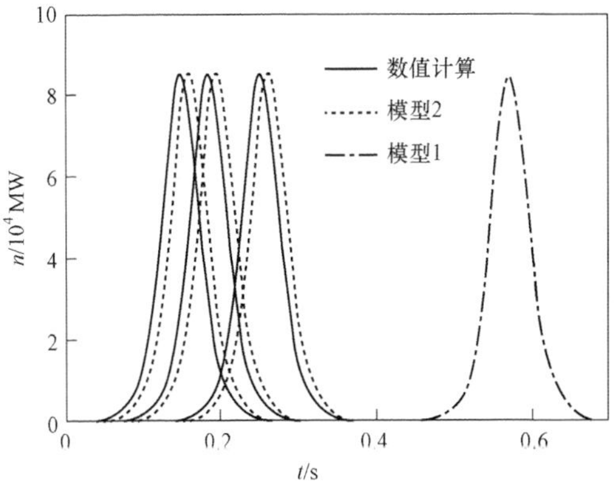

图 5.2.1　引入大阶跃反应性为 $\rho_0=2\beta$ 时，反应堆功率随时间的变化

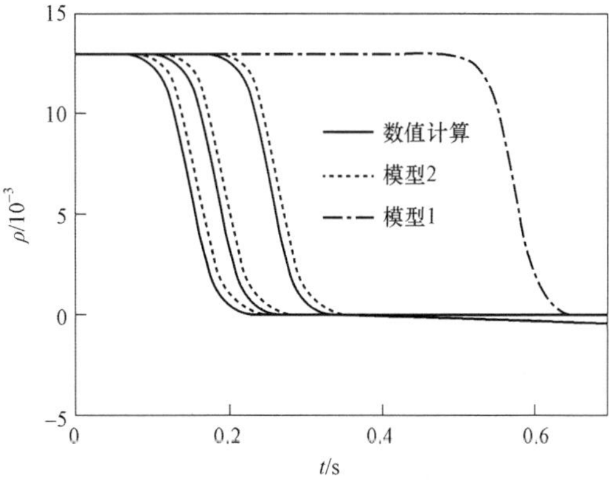

图 5.2.2　引入大阶跃反应性 $\rho_0=2\beta$ 时，反应堆总反应性随时间的变化

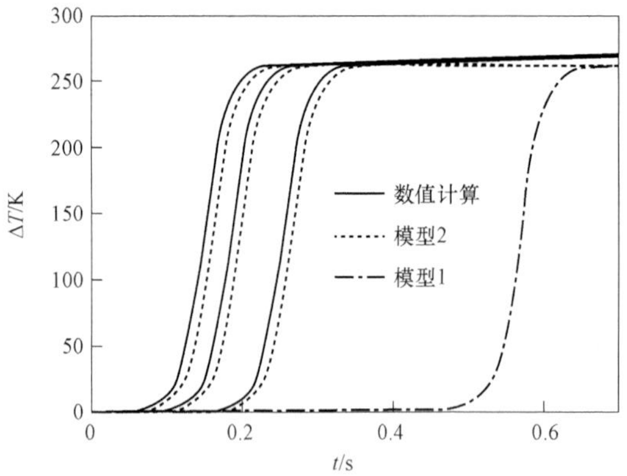

图 5.2.3　引入大阶跃反应性 $\rho_0 = 2\beta$ 时，反应堆温升随时间的变化

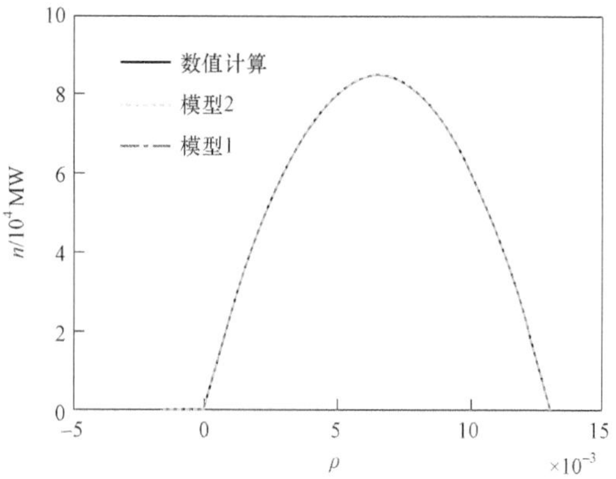

图 5.2.4　引入大阶跃反应性 $\rho_0 = 2\beta$ 时，反应堆功率随总反应性的变化

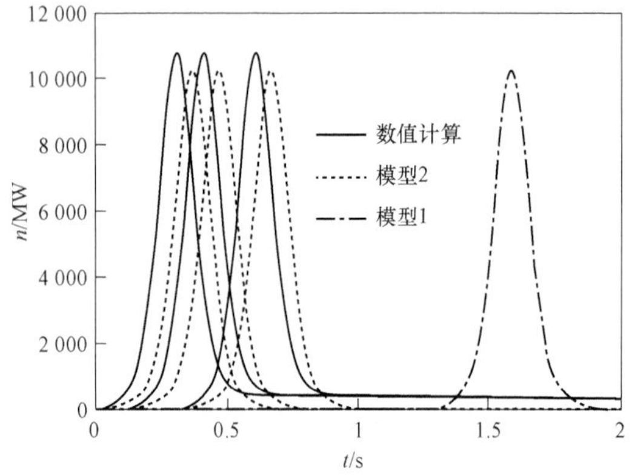

图 5.2.5　引入大阶跃反应性为 $\rho_0 = 1.35\beta$ 时，反应堆功率随时间的变化

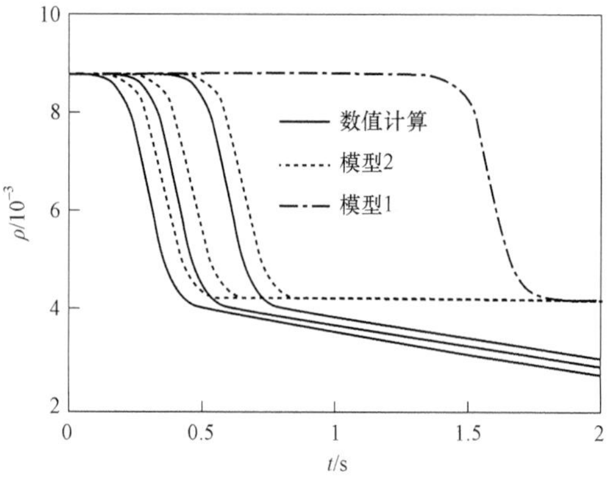

图 5.2.6　引入大阶跃反应性 $\rho_0 = 1.35\beta$ 时，反应堆总反应性随时间的变化

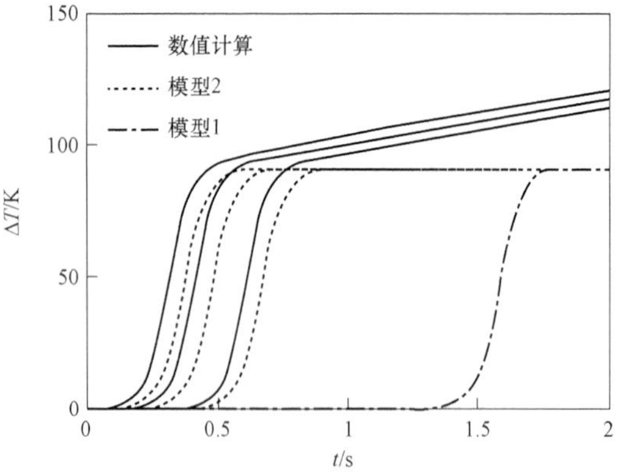

图 5.2.7　引入大阶跃反应性 $\rho_0 = 1.35\beta$ 时，反应堆温升随时间的变化

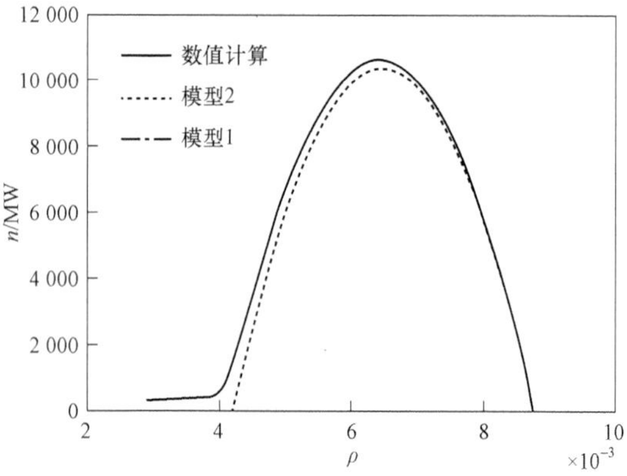

图 5.2.8　引入大阶跃反应性 $\rho_0 = 1.35\beta$ 时，反应堆功率随总反应性的变化

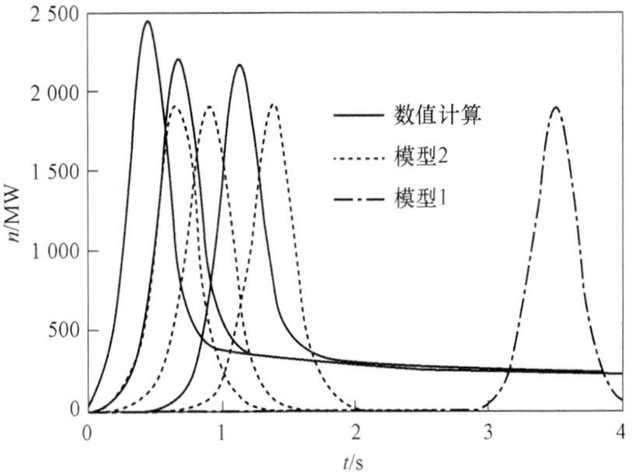

图 5.2.9 引入大阶跃反应性为 $\rho_0 = 1.15\beta$ 时，反应堆功率随时间的变化

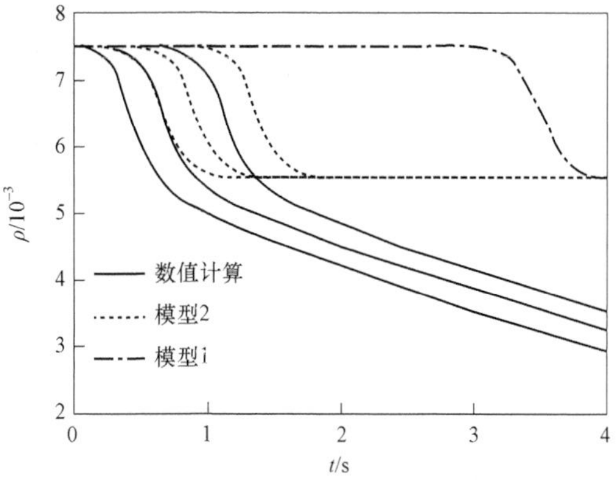

图 5.2.10 引入大阶跃反应性 $\rho_0 = 1.15\beta$ 时，反应堆总反应性随时间的变化

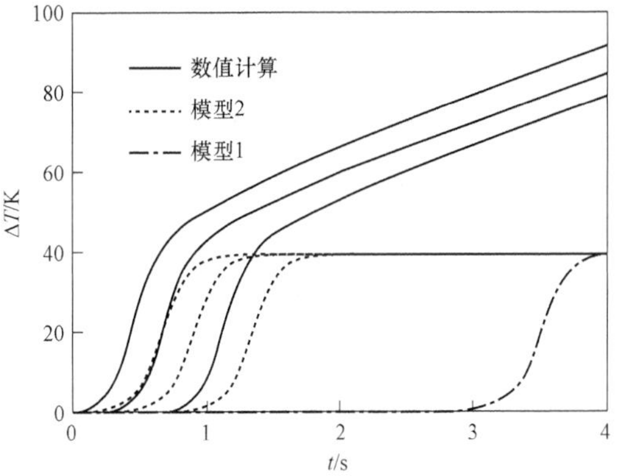

图 5.2.11 引入大阶跃反应性 $\rho_0 = 1.15\beta$ 时，反应堆温升随时间的变化

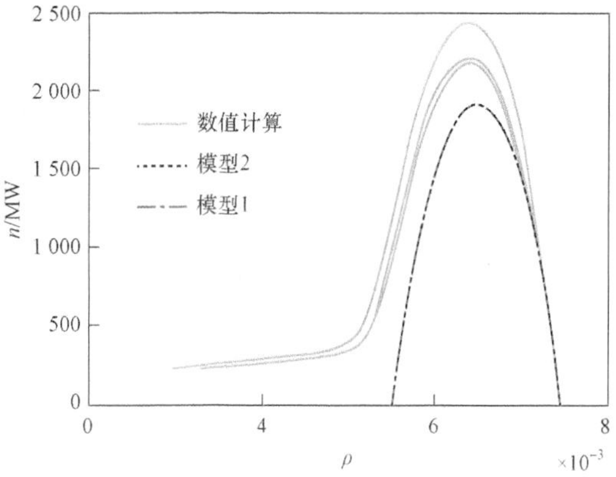

图 5.2.12 引入大阶跃反应性 $\rho_0 = 1.15\beta$ 时，反应堆功率随总反应性的变化

由图 5.2.1～图 5.2.12 可见，反应堆在瞬发超临界过程，模型 1 所得的功率变化规律与数值计算结果基本一致。但由于该模型没有考虑初始功率的影响，其对任何初始功率条件下所得结果只有一个，即初始功率为零时的计算结果，因此只能用于定性的分析。对模型 2，引入反应性 ρ_0 比较大时，如 $\rho_0 = 2\beta$，所得结果（变化规律与响应的时间）与数值计算吻合较好。在引入大阶跃反应性 ρ_0 比较小时，如 $\rho_0 = 1.15\beta$，模型 2 所得变化规律与数值计算结果相似，但响应的时间变长与功率峰值变小，而且初始功率越大，功率峰值偏离越多。主要原因是引入的阶跃反应性越小，瞬变过程变长，模型 1 和 2 忽略的缓发中子开始影响整个响应过程，导致计算结果出现偏差。另外从图 5.2.1～图 5.2.12 不难看到，尽管初始功率对反应性、功率与温升的响应时间有影响，但对它们的变化规律（曲线形状）没有影响。

Yanagisawa 与 Ohno[24]给出了小体积腔内两种不同方法测量得到的实验曲线表明，超瞬发临界过程功率响应近似为双曲正割曲线，功率积分（由式（5.2.4）可知，功率积分与 ΔT 有相同的变化规律）近似为双曲正切曲线，与这里得到的结果相同。

由图 5.2.2、图 5.2.6 以及图 5.2.10 可见，反应堆在引入大阶跃反应性 ρ_0 后，总反应性 ρ 随时间变化表现为先缓慢减小，后迅速下降，近似为双曲正切曲线。在相同 ρ_0 的条件下，初始功率越大，超瞬发临界瞬变越快，ρ 变化曲线越靠左，即达到稳定的时间越短；而在相同的初始功率条件下，ρ_0 越大，ρ 变化越快。

超瞬发临界功率 n 增加剧烈，其峰值往往比初始功率大几个量级，如本节在 $\rho_0 = 2\beta$ 与 $\rho_0 = 1.5\beta$ 时，所计算的功率峰值为初始功率的 10^3～10^6 量级。从图 5.2.1、图 5.2.5 以及图 5.2.9 不难发现，反应堆功率 n 的变化与初始功率条件和引入阶跃反应性 ρ_0 有关。在相同的初始功率条件下，ρ_0 越大，偏离瞬发临界越远，反应堆功率 n 变化越迅速，功率峰值 n_{m} 越大，峰值宽度越小，相应的时间 t_{m} 越短。同时，在相同 ρ_0 的条件下，初始功率越大，超瞬发临界瞬变越快，反应堆功率 n 变化曲线越靠左，即在越短的时间内达到峰值，但对功率峰值与峰值宽度影响不明显。另外，由图 5.2.1、图 5.2.2、图 5.2.5、图 5.2.6 以及图 5.2.9、图 5.2.10 可看到，反应堆在引入大阶跃反应性 ρ_0 后，反应性 ρ 与功率瞬变过程都是在很短的时间内完成，且功率增加比初始功率大的多，功率峰值达到 10^3～10^6 倍。因此反应堆稳定运行时满足的式（5.2.1），在超瞬发临界过程简化为式（5.2.6）是合理的。

由图 5.2.3、图 5.2.7 和图 5.2.11 可见，反应堆在引入大阶跃反应性 ρ_0 后，温度随时间变化表现为先缓慢增加，后迅速增加，最后缓慢增加趋于稳定。在相同 ρ_0 的条件下，初始功率越大，温升变化曲线越靠左；而在相同的初始功率条件下，ρ_0 越大，温升变化速度越快，温升越大。

图 5.2.4、图 5.2.8 和图 5.2.12 表明：利用模型 2 引入阶跃反应性 ρ_0 后，反应堆功率 n 随 ρ 呈抛物线变化，且是关于 $\rho = \rho_{\mathrm{m}}$ 基本对称的；ρ_0 大的变化曲线，覆盖了 ρ_0 小的曲线，但功率最大值所对应的反应性相同。当引入阶跃反应性较大时，由于初始功率相对于超瞬发临界过程的功率变化要小得多。因此，在图 5.2.4 和图 5.2.8 中，在相同 ρ_0 的条件下，不同的初始功率时的变化曲线基本重合在一起。

以上分析均表明，对于瞬发超临界，初始功率是一个非常重要的影响因素，但以前的一些文献予以忽略，有很大的局限性。

另外，本节还给出了四种求解缓发超临界的分析模型对瞬发超临界进行计算的结果。图 5.2.13～图 5.2.24 分别为模型 3、模型 4、模型 5 和模型 6 在 $\rho_0 = 2\beta$，$n_0 = 10$ MW 所得的结果。与图 5.2.1～图 5.2.12 所得结果比较不难发现，模型 3、模型 5 和模型 6 完全得不到瞬发超临界过程的变化规律。模型 4 虽然在变化规律上有些类似，但响应值与响应时间有非常大的误差。因此也证明了这四种求解缓发超临界的瞬跳近似模型不能用于瞬发超临界过程的分析。

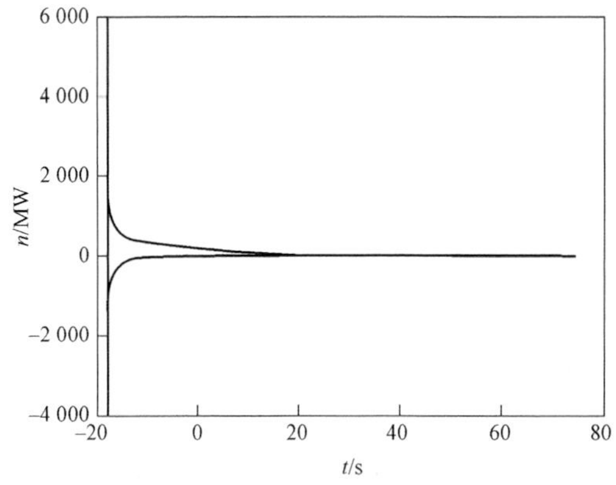

图 5.2.13　引入大阶跃反应性为 $\rho_0 = 2\beta$ 时，反应堆功率随时间的变化（模型 3）

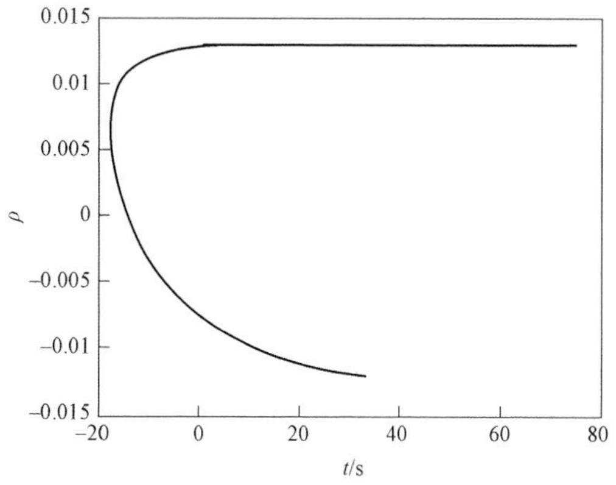

图 5.2.14　引入大阶跃反应性 $\rho_0 = 2\beta$ 时，反应堆总反应性随时间的变化（模型 3）

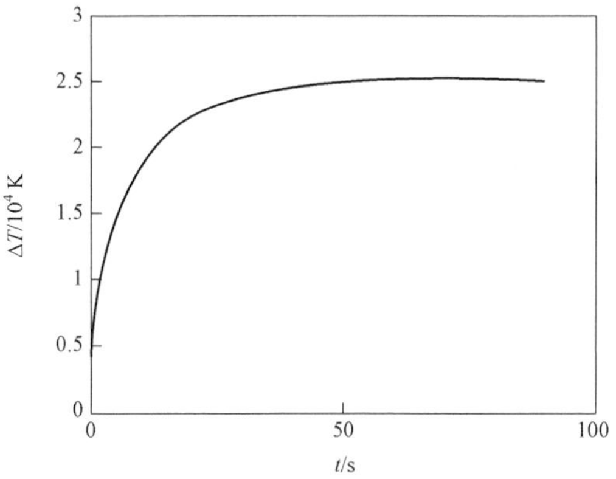

图 5.2.15　引入大阶跃反应性 $\rho_0 = 2\beta$ 时，反应堆温升随时间的变化（模型 3）

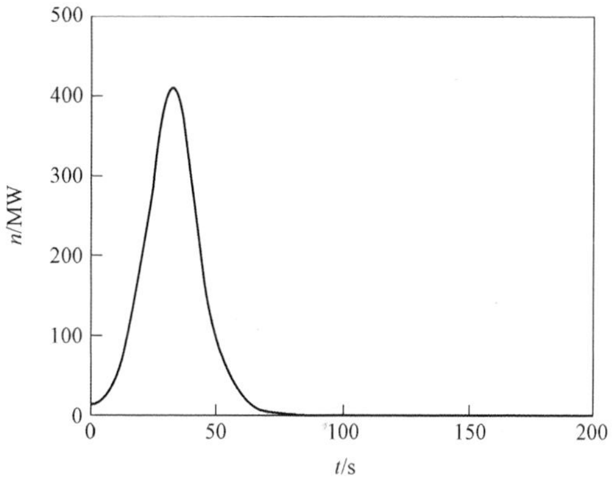

图 5.2.16　引入大阶跃反应性为 $\rho_0 = 2\beta$ 时，反应堆功率随时间的变化（模型 4）

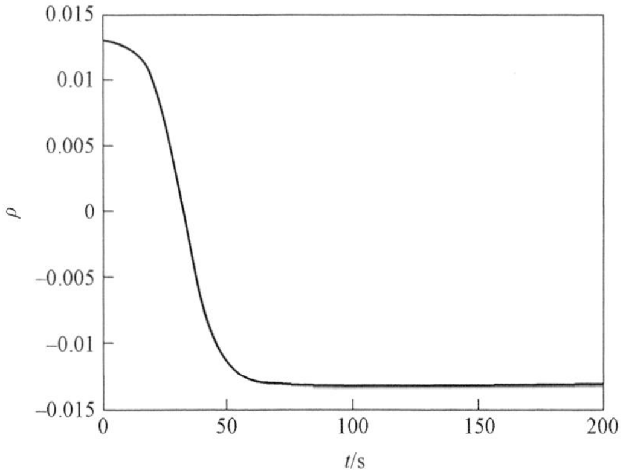

图 5.2.17　引入大阶跃反应性 $\rho_0 = 2\beta$ 时，反应堆总反应性随时间的变化（模型 4）

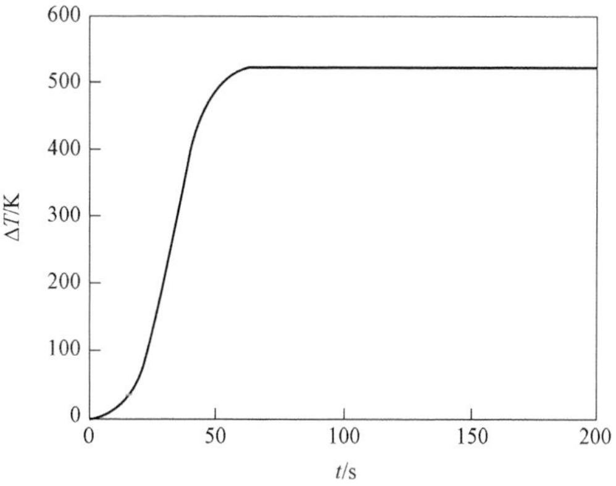

图 5.2.18　引入大阶跃反应性 $\rho_0 = 2\beta$ 时，反应堆温升随时间的变化（模型 4）

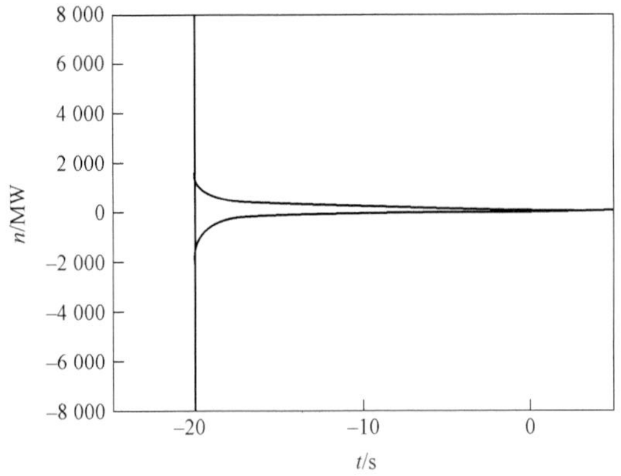

图 5.2.19　引入大阶跃反应性为 $\rho_0 = 2\beta$ 时，反应堆功率随时间的变化（模型 5）

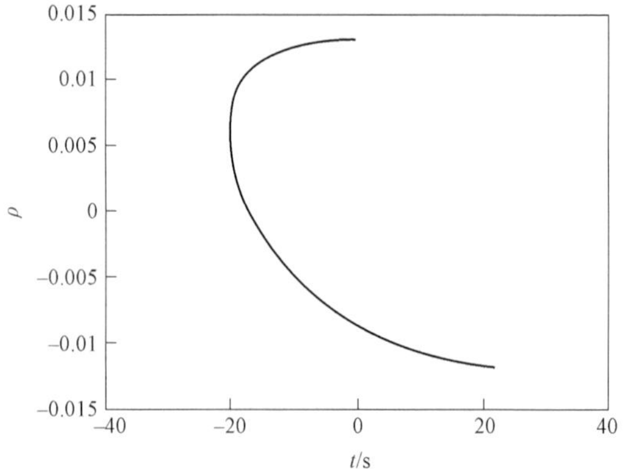

图 5.2.20　引入大阶跃反应性 $\rho_0 = 2\beta$ 时，反应堆总反应性随时间的变化（模型 5）

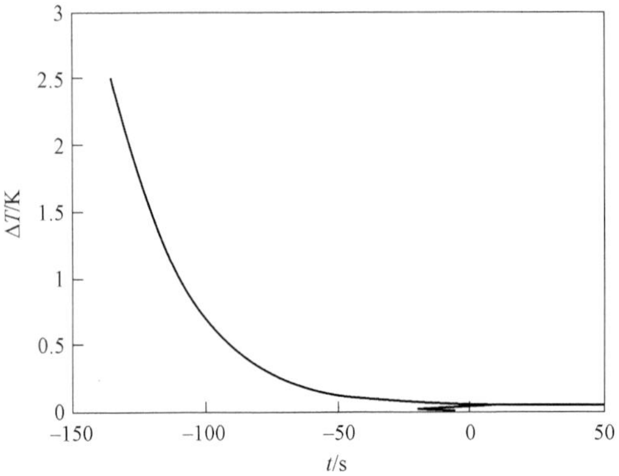

图 5.2.21　引入大阶跃反应性 $\rho_0 = 2\beta$ 时，反应堆温升随时间的变化（模型 5）

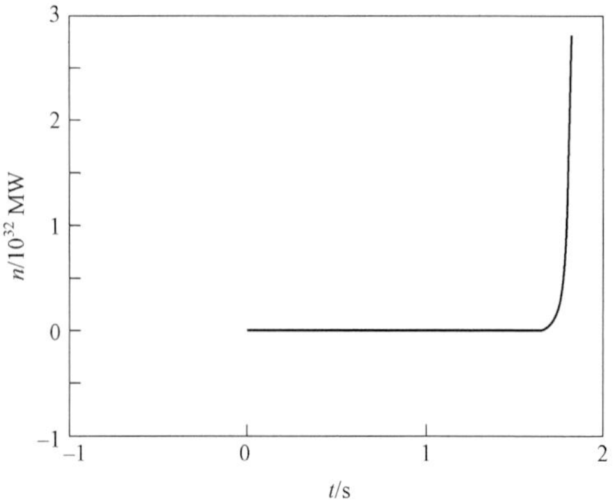

图 5.2.22　引入大阶跃反应性为 $\rho_0 = 2\beta$ 时，反应堆功率随时间的变化（模型 6）

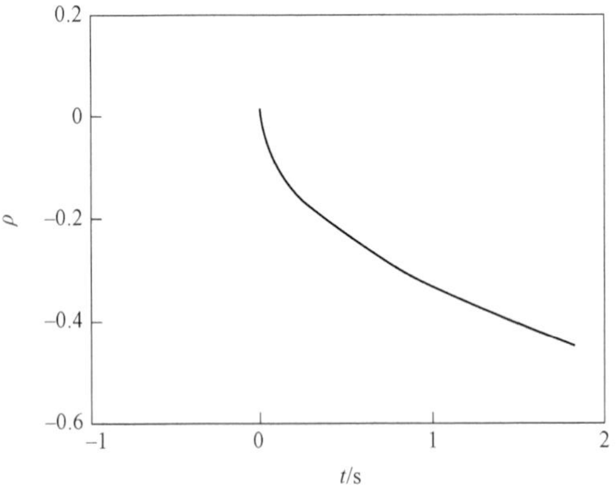

图 5.2.23　引入大阶跃反应性 $\rho_0 = 2\beta$ 时，反应堆总反应性随时间的变化（模型 6）

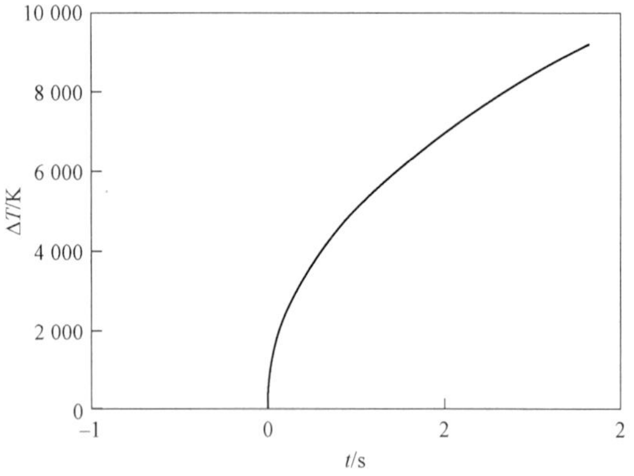

图 5.2.24　引入大阶跃反应性 $\rho_0 = 2\beta$ 时，反应堆温升随时间的变化（模型 6）

2. 缓发超临界模型分析

当引入反应性小于 $\rho_0 < \beta$ 时，反应堆为缓发超临界过程[1,25]。设反应堆以稳定功率运

行时，突然引入反应性为 $\rho_0=\beta/4$ 与 $\rho_0=\beta/1.2$，反应堆缓发超临界。在 $n_0=10$、1、0.01 MW 条件下，由模型 3、模型 4、模型 5 与模型 6 求得功率随时间，反应性随时间，反应堆温升随时间以及功率随反应性的变化，见图 5.2.25～图 5.2.32（每组曲线从左到右功率为 10、1、0.01 MW；图中实线为直接数值计算结果；点划线为模型 3 的计算结果；虚线为模型 4 的计算结果）；图 5.2.33 则给出模型 3～模型 6 得到的缓发先驱核随时间的变化。在图 5.2.25～图 5.2.33 中由于本节提出的模型 5 和模型 6 计算得到的结果与数值计算结果几乎完全吻合，很难分别，因此图 5.2.25～图 5.2.33 中实线也表示了模型 5 和 6 所得结果）。为了更好地区分模型 5 与模型 6 的差别，利用模型 5 与模型 6 求得了在 $n_0=1$ MW 条件下，引入反应性为 $\rho_0=\beta/1.005$ 和 $\rho_0=\beta/1.002$ 时，反应性随时间，功率随时间，反应堆温升随时间以及功率随反应性的变化规律，见图 5.2.34～图 5.2.42。

从图 5.2.25～图 5.2.33 中可以看出，模型 3 与模型 4 所得的变化规律与数值计算结果基本一致，但响应的时间向后延长一些。而模型 5 和模型 6 计算结果与数值结果吻合，可见模型 5 和模型 6 优于模型 3 和模型 4。

由图 5.2.26 和图 5.2.29 可见，反应堆在引入阶跃反应性 ρ_0 后，总反应性 ρ 随时间呈类似双曲正切曲线单调下降。在相同 ρ_0 的条件下，初始功率越大，缓发超临界瞬变越快，ρ 变化曲线越靠左，即达到稳定的时间越短。从图 5.2.28 和图 5.2.32 可以看到，反应堆功率 n 随 ρ 的变化与初始功率条件和引入阶跃反应性 ρ_0 有关。另外，计算表明当初始功率很小（例如 $n_0\leqslant 0.1$ MW）时，n 随 ρ 变化关系曲线几乎重合在一起，不受初始功率的影响。

对比图 5.2.25～图 5.2.33 中利用模型 4 和利用模型 3 所得结果，可以发现，初始功率对其变化规律和响应值偏离数值计算结果的程度有一定的影响。当反应堆初始功率较低时，利用先驱核的瞬跳近似模型 4 所得结果好于模型 3；而当反应堆初始功率较高时，却刚好相反。初始功率较大时两种模型都有较大的误差，这表明中子瞬跳是以初始功率为基础的，初始功率越大，瞬跳越明显。从简单的分析来看，利用模型 4 时在推导过程中忽略了先驱核浓度的二阶导数，当初始功率越大时，缓发中子效应影响越小；但当初始功率比较小时缓发中子效应影响相对较大，从而反应堆初始功率大时所得结果相对于小功率时准确。而利用模型 3 时在推导过程中忽略了功率的二阶导数，从实际物理过程来看，初始功率越大功率变化越快，反之越慢。所以功率的二阶导数对初始功率高时的影响比低的初始功率要大，造成在高的初始功率时计算结果较差。

图 5.2.25～图 5.2.33 还表明，引入的反应性对模型 3 与 4 所得的变化规律和响应值偏离数值计算结果的程度也有一定的影响。当引入的反应性减小时，模型 3 与 4 所得结果的误差也减小，而模型 3 较模型 4 更接近数值计算结果。例如从图 5.2.29～图 5.2.33 可以看出，当阶跃引入的反应性接近瞬发临界时，模型 3 和模型 4 都不能获得精度较高的计算结果。同时，还必须注意无论是利用模型 4 还是利用模型 3，所得功率都比数值计算所得功率要小，而且功率越大误差越大，这对反应堆的安全分析极为不利。

对于超瞬发临界附近的计算，模型 1～模型 4 都不能得到较好的计算结果。利用模型 5

和模型 6 所得结果如图 5.2.34～图 5.2.42 所示。从图 5.2.34～图 5.2.42 可以看出除了阶跃瞬变开始阶段，模型 5 和模型 6 能够得到较为准确的计算结果，而且模型 6 比模型 5 更加精确。模型 6 的主要问题是阶跃瞬变开始阶段所得计算结果略微小于数值计算结果。另外，输入较大阶跃反应性对模型 5 求得的反应堆功率变化曲线的形状产生明显影响，如图 5.2.39 和图 5.2.40 所示。模型 5 求得的反应堆功率变化曲线将变为单调下降，同时模型 5 的计算误差也不断增加。因此运用模型 5 进行缓发临界计算时，应当注意超瞬发临界附近计算误差较大。

最后，利用模型 1 与模型 2 对缓发临界进行计算。图 5.2.43～图 5.2.50 分别为模型 1 与模型 2 在 $\rho_0 = \beta / 5$，$n_0 = 10$ MW 所得的结果。与图 5.2.25～图 5.2.33 所得结果比较不难发现，虽然模型 1 的计算结果在变化规律上有些类似，但响应值与响应时间有非常大的误差。模型 2 则完全得不到缓发超临界过程的变化规律。因此，这两种忽略先驱核缓发中子源的近似模型及其所得结果不能用于缓发超临界过程的分析。实际上这个结论也好理解，因为缓发超临界过程瞬变过程相对较长，先驱核缓发中子源的贡献要表现出来，自然不能忽略。

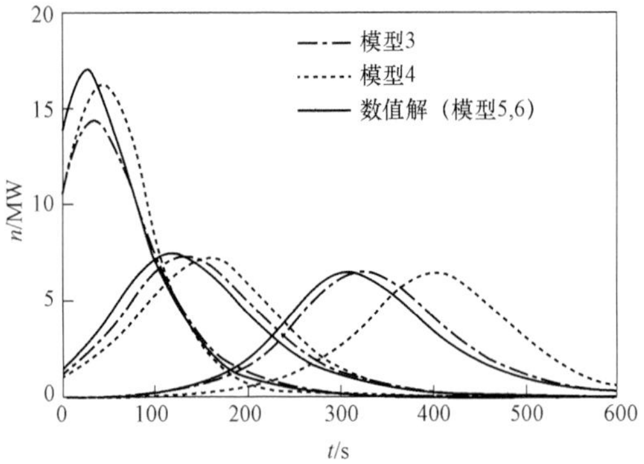

图 5.2.25　引入阶跃反应性为 $\beta / 4$ 时，反应堆功率随时间的变化

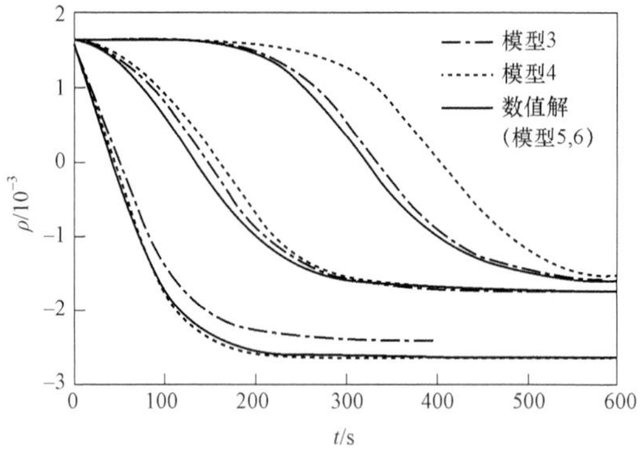

图 5.2.26　引入阶跃反应性 $\beta / 4$ 时，反应堆总反应性随时间的变化

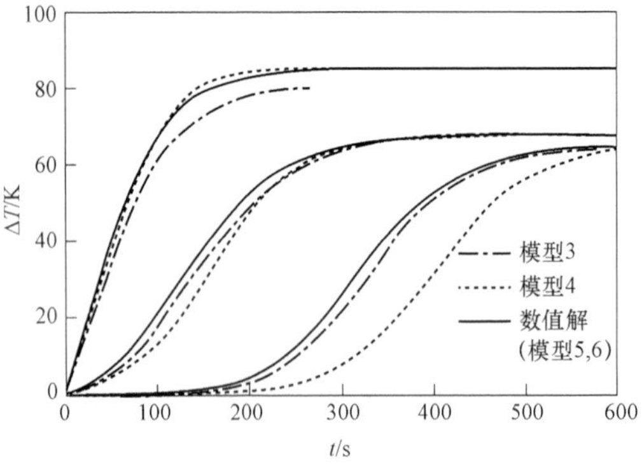

图 5.2.27　引入阶跃反应性 $\beta / 4$ 时，反应堆温升随时间的变化

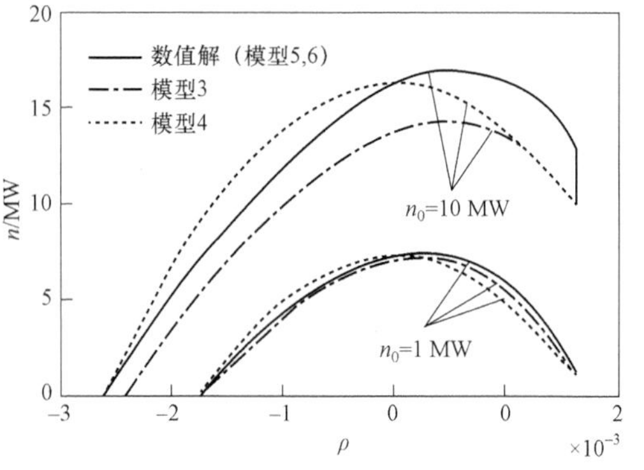

图 5.2.28　引入阶跃反应性 $\beta / 4$ 时，反应堆功率随总反应性的变化

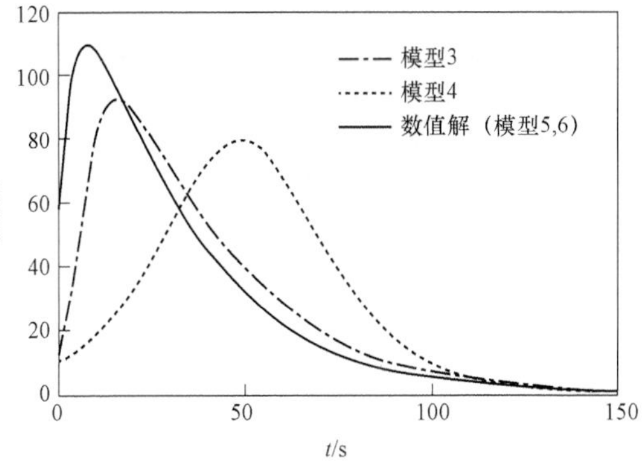

图 5.2.29　引入阶跃反应性为 $\beta/1.2$，$n_0=10$ MW 时，反应堆功率随时间的变化

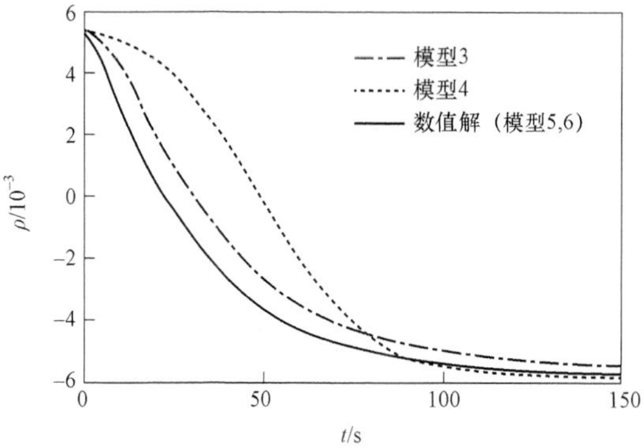

图 5.2.30　引入阶跃反应性 $\beta/1.2$，$n_0=10$ MW 时，反应堆总反应性随时间的变化

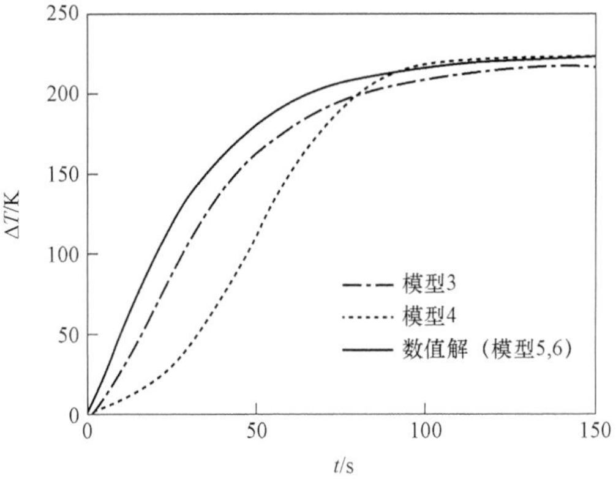

图 5.2.31　引入阶跃反应性 $\beta/1.2$，$n_0=10$ MW 时，反应堆温升随时间的变化

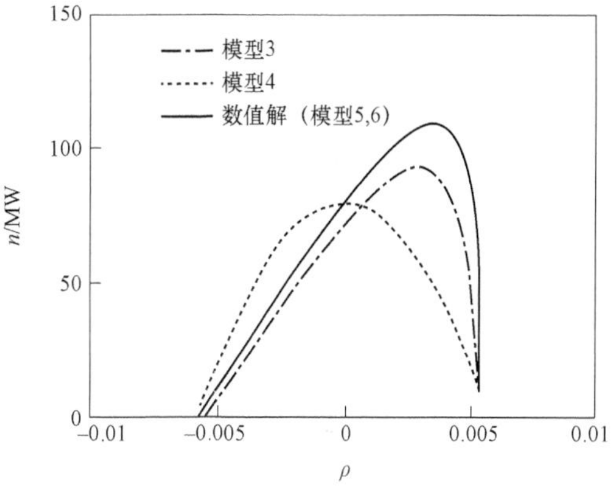

图 5.2.32　引入阶跃反应性 $\beta/1.2$，$n_0=10$ MW 时，反应堆功率随总反应性的变化

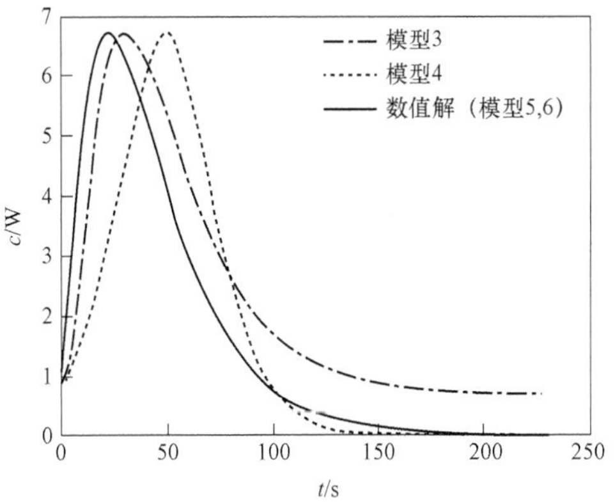

图 5.2.33　引入阶跃反应性为 $\beta/1.2$，$n_0=10$ MW 时，缓发先驱核功率随时间的变化

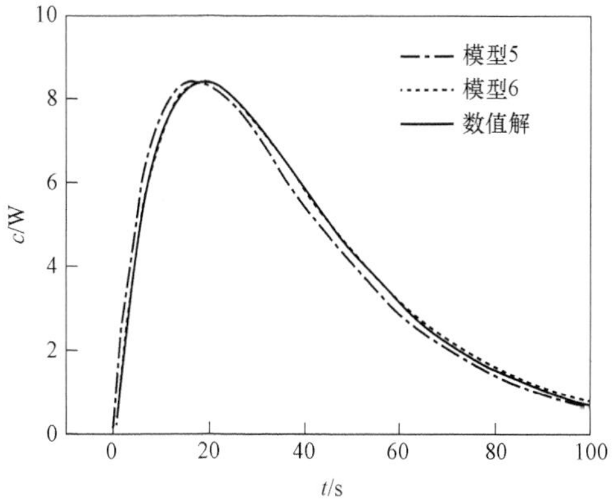

图 5.2.34　引入阶跃反应性为 $\beta/1.005$，$n_0=1$ MW 时，缓发先驱核功率随时间的变化

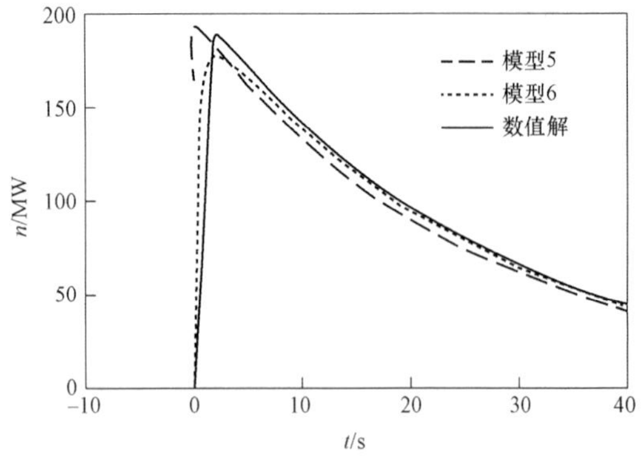

图 5.2.35 引入阶跃反应性为 $\beta/1.005$，$n_0=1$ MW 时，反应堆功率随时间的变化

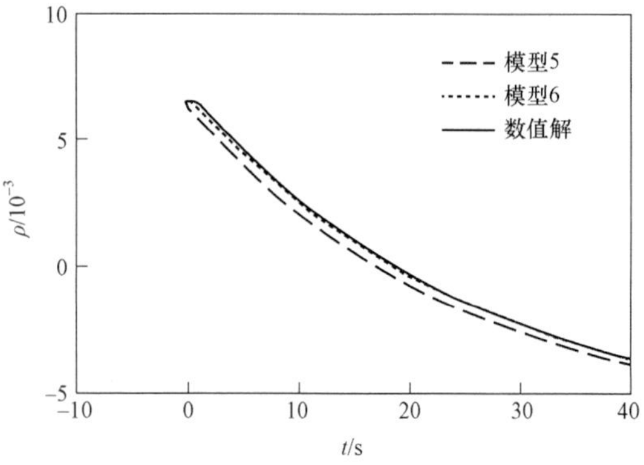

图 5.2.36 引入阶跃反应性 $\beta/1.005$，$n_0=1$ MW 时，反应堆总反应性随时间的变化

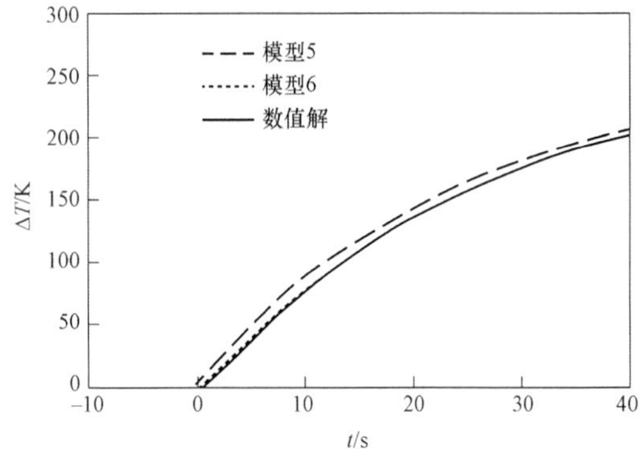

图 5.2.37 引入阶跃反应性 $\beta/1.005$，$n_0=1$ MW 时，反应堆温升随时间的变化

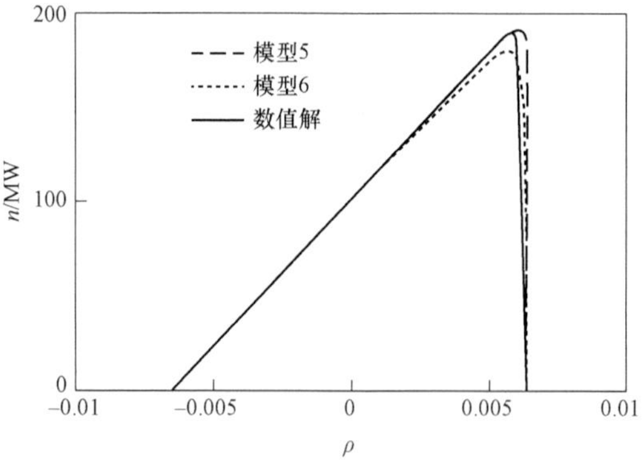

图 5.2.38 引入阶跃反应性 $\beta/1.005$，$n_0=1$ MW 时，反应堆功率随总反应性的变化

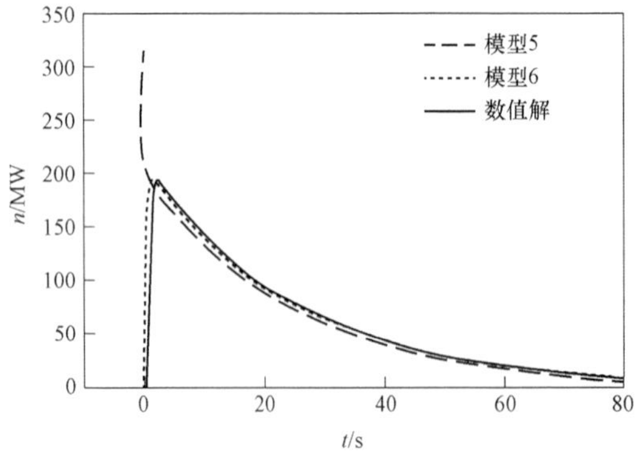

图 5.2.39 引入阶跃反应性为 $\beta/1.002$，$n_0=1$ MW 时，反应堆功率随时间的变化

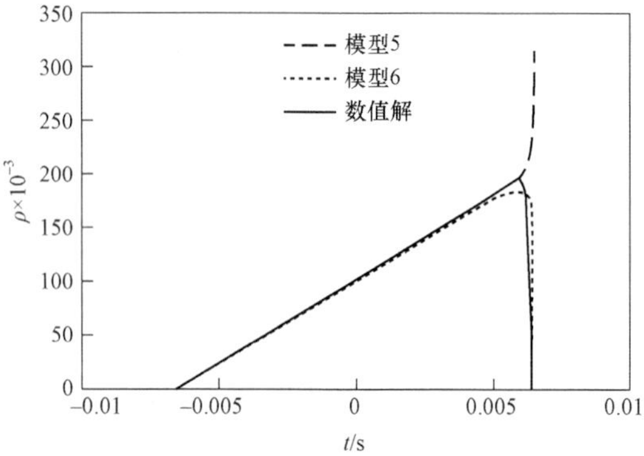

图 5.2.40 引入阶跃反应性 $\beta/1.002$，$n_0=1$ MW 时，反应堆总反应性随时间的变化

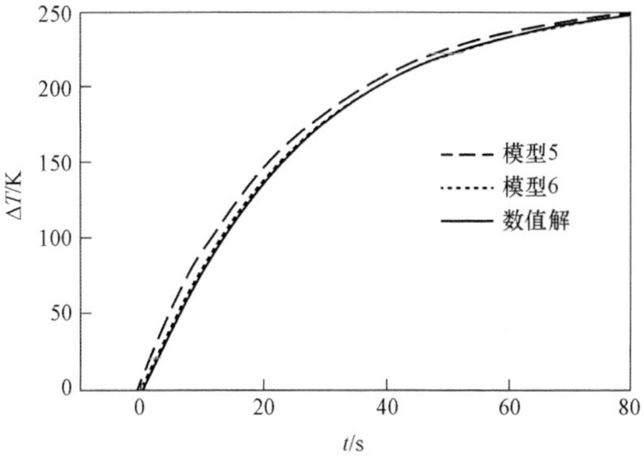

图 5.2.41　引入阶跃反应性 $\beta/1.002$， $n_0=1$ MW 时，反应堆温升随时间的变化

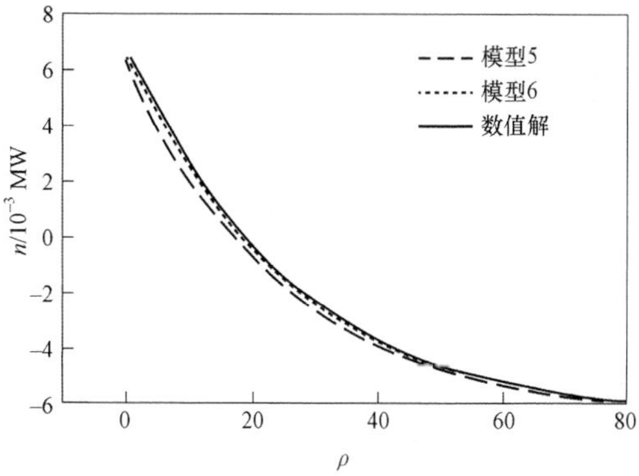

图 5.2.42　引入阶跃反应性 $\beta/1.002$， $n_0=1$ MW 时，反应堆功率随总反应性的变化

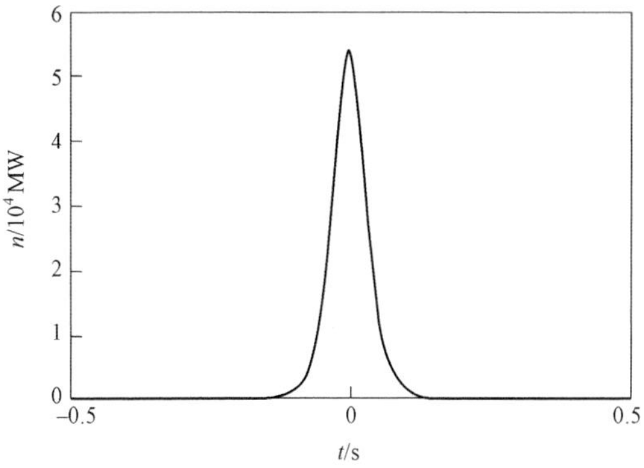

图 5.2.43　引入阶跃反应性为 $\rho_0=\beta/5$ 时，反应堆功率随时间的变化（模型 1）

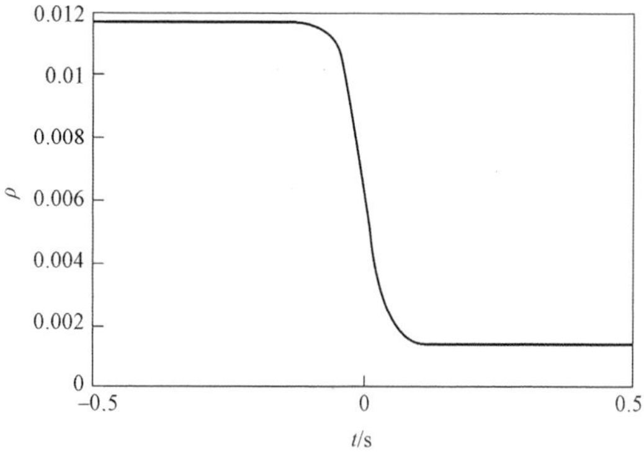

图 5.2.44　引入阶跃反应性为 $\rho_0=\beta/5$ 时，反应堆总反应性随时间的变化（模型 1）

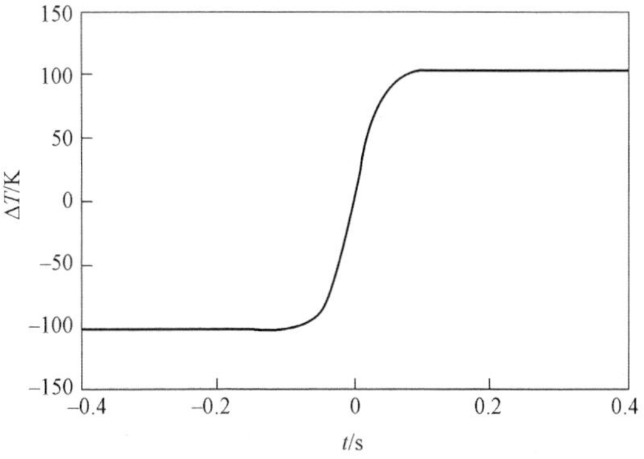

图 5.2.45　引入阶跃反应性 $\rho_0=\beta/5$ 时，反应堆温升随时间的变化（模型 1）

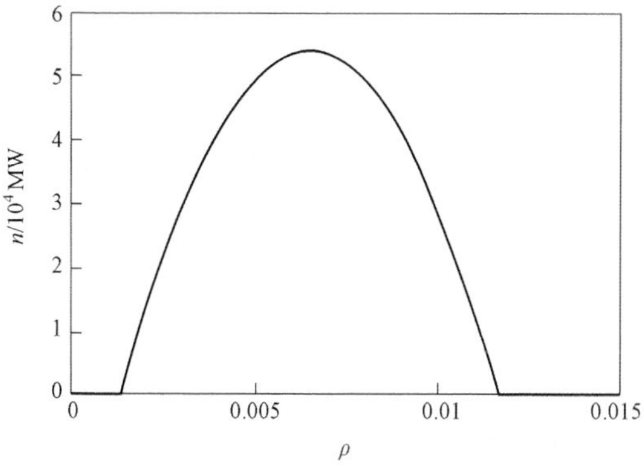

图 5.2.46　引入阶跃反应性为 $\rho_0=\beta/5$ 时，反应堆功率随总反应性的变化（模型 1）

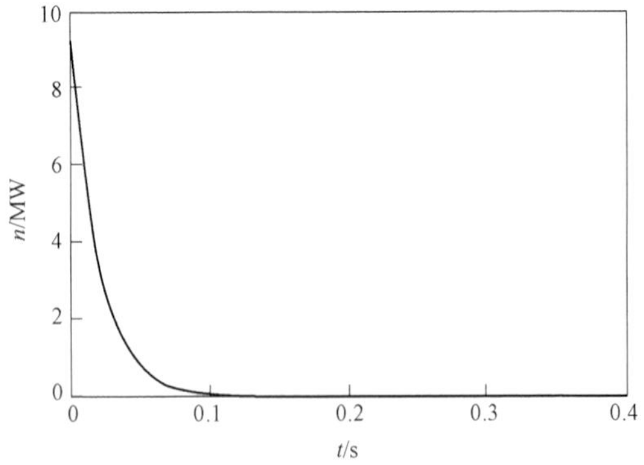

图 5.2.47　引入阶跃反应性为 $\rho_0 = \beta / 5$ 时，反应堆功率随时间的变化（模型 2）

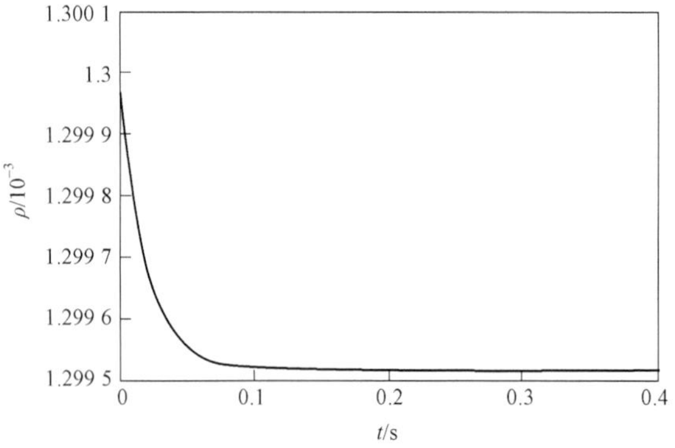

图 5.2.48　引入阶跃反应性为 $\rho_0 = \beta / 5$ 时，反应堆总反应性随时间的变化（模型 2）

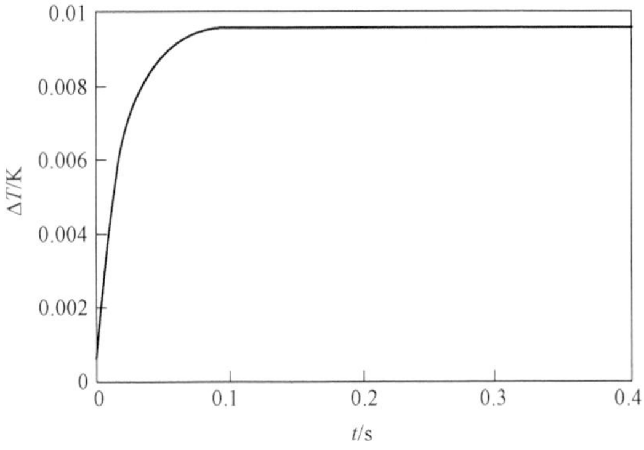

图 5.2.49　引入阶跃反应性为 $\rho_0 = \beta / 5$ 时，反应堆温升随时间的变化（模型 2）

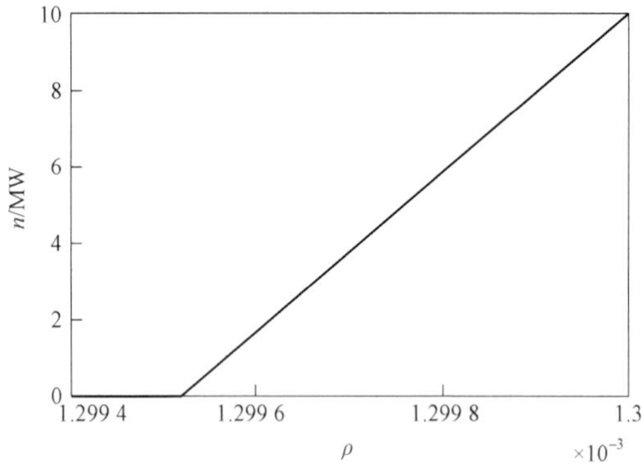

图 5.2.50　引入阶跃反应性为 $\rho_0 = \beta / 5$ 时，反应堆功率随总反应性的变化（模型 2）

3. 阶跃引入负反应性瞬变

以上提出的一些分析模型和方法，主要是针对正阶跃反应性引入反应堆后有温度反馈时中子增殖的求解，包括从次临界启动到临界、缓发临界到缓发、瞬发超临界整个过程中子增殖的问题。本节主要介绍反应堆输入负阶跃反应性有温度反馈时[26]，点堆中子动力学方程的求解与变化规律。通过对正阶跃反应性各种模型进行分析与比较，确定能够用于阶跃引入负反应性过程的变化规律分析的模型和方法。

同样对 ^{235}U 为燃料的压水堆进行分析，取 $\beta = 0.006\,5$，$l = 0.000\,1$ s，$\lambda = 0.077$（1/s），$K_c = 0.05$ [K/(MW·s)]，$\alpha = 5\times10^{-5}$（1/K）。设反应堆以稳定功率运行时，在 $n_0 = 100$ MW 和 $n_0 = 0.1$ MW 条件下，突然引入负反应性为 $\rho_0 = -2\beta$、$-\beta$ 与 -0.1β，反应堆功率下降。模型 2 至 6 求得功率随时间、反应性随时间的变化见图 5.2.51～图 5.2.63。

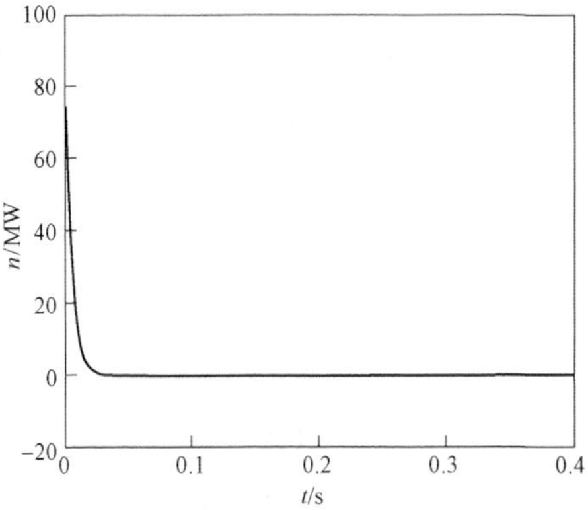

图 5.2.51　$n_0=100$ MW，$\rho_0=-2\beta$ 时，反应堆功率随时间的变化（模型 2）

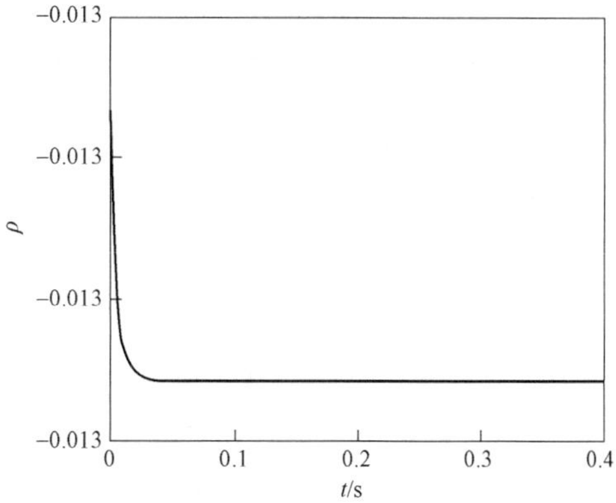

图 5.2.52　$n_0=100$ MW，$\rho_0=-2\beta$ 时，反应堆总反应性随时间的变化（模型 2）

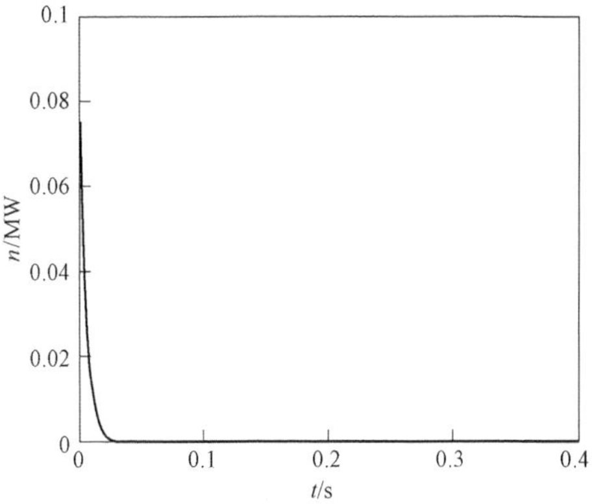

图 5.2.53　$n_0=0.1$ MW，$\rho_0=-2\beta$ 时，反应堆功率随时间的变化（模型 2）

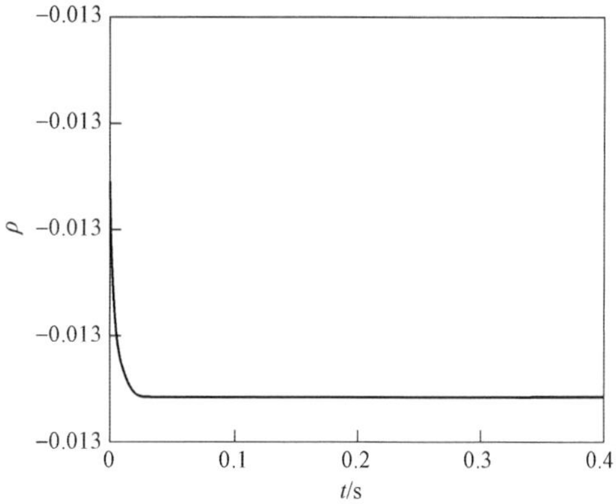

图 5.2.54　$n_0=0.1$ MW，$\rho_0=-2\beta$ 时，反应堆总反应性随时间的变化（模型 2）

由图 5.2.51～图 5.2.54 可见，无论初始功率大或小，反应堆在阶跃引入负反应性过程，模型 2 所得的功率与反应性变化在极短的时间内均下降到稳定值。这个规律与实际情况不符，与数值计算结果也相差巨大，即模型 2 完全得不到反应堆在引入阶跃负反应性后的变化规律。因此应用于瞬发超临界过程（$\rho_0>\beta$）的模型结果，并不能用于引入大的负反应性过程的分析，尽管这两个过程引入阶跃反应性在形式上只是差一个符号。

由图 5.2.55～图 5.2.58 可见，在初始功率较小时，引入负反应性 ρ_0 比较小时（如 $\rho_0=-0.1\beta$），模型 3、模型 4、模型 5 和模型 6 所得结果与数值计算吻合较好，均可以用于负反应性过程的分析。但引入负反应性 ρ_0 比较大时（如 $\rho_0=-\beta$），模型 3 和模型 4 所得结果有较大的偏差。其中模型 3 的结果偏差最大，而模型 5 和模型 6 的结果与数值计算几乎相同，如图 5.2.55～图 5.2.58 所示。

图 5.2.59～图 5.2.63 为在初始功率较大时，模型 3、模型 4、模型 5 和模型 6 所得的结

果。其规律与初始功率较小时的类似，但可以看出引入的负反应性大小对模型 3 和模型 4 有较大的影响。当引入的反应性较小时，模型 3 与模型 4 所得结果的误差将会减小，而模型 5 和模型 6 仍然有很好的结果。同时，由图 5.2.55 与图 5.2.59 以及图 5.2.57 与图 5.2.61 对比可见，引入相同的负反应性，初始功率的大小对模型 3 的计算结果影响不大，但可以比较明显地看出对模型 4 的影响。

图 5.2.63 为阶跃引入负反应性后瞬变开始阶段模型 3～模型 6 所得计算结果。从图 5.2.63 可知，阶跃引入负反应性后，模型 3 和模型 4 所得结果均缓慢变化，明显与实际情况不符；模型 5 所得功率急剧变化，这与模型本身功率瞬跳假设相吻合；而模型 6 与数值计算结果最为接近，在阶跃引入负反应性后，功率迅速下降至一定水平，然后缓慢变化。

因此根据以上分析可知本节提出的模型 6 为计算阶跃引入负反应性瞬变的最佳方法。

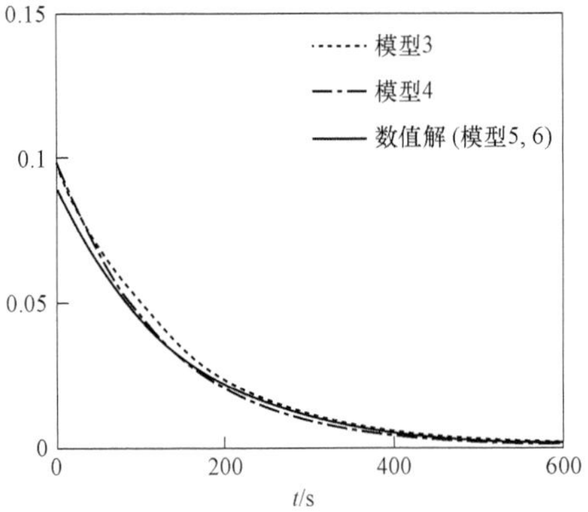

图 5.2.55　$n_0 = 0.1\ \text{MW}$，$\rho_0 = -0.1\beta$ 时，反应堆功率随时间的变化

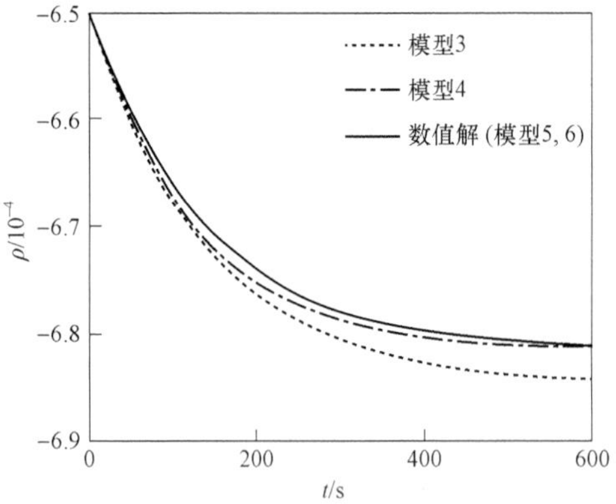

图 5.2.56　$n_0 = 0.1\ \text{MW}$，$\rho_0 = -0.1\beta$ 时，反应堆总反应性随时间的变化

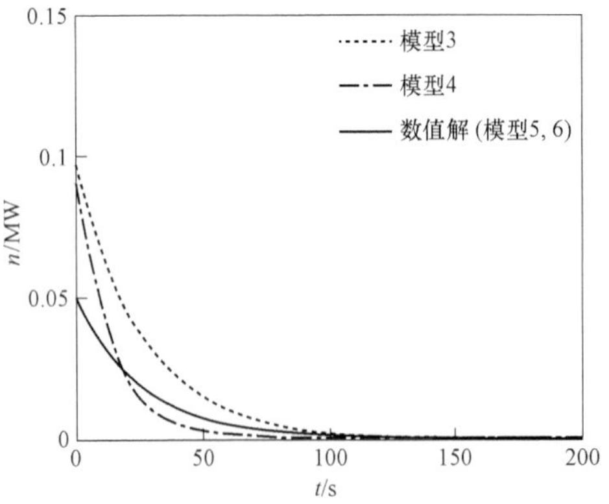

图 5.2.57　$n_0 = 0.1\ \text{MW}$，$\rho_0 = -\beta$ 时，反应堆功率随时间的变化

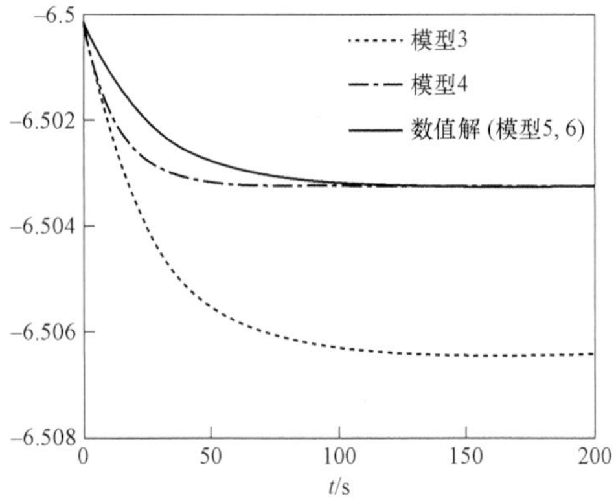

图 5.2.58　$n_0 = 0.1\ \text{MW}$，$\rho_0 = -\beta$ 时，反应堆总反应性随时间的变化

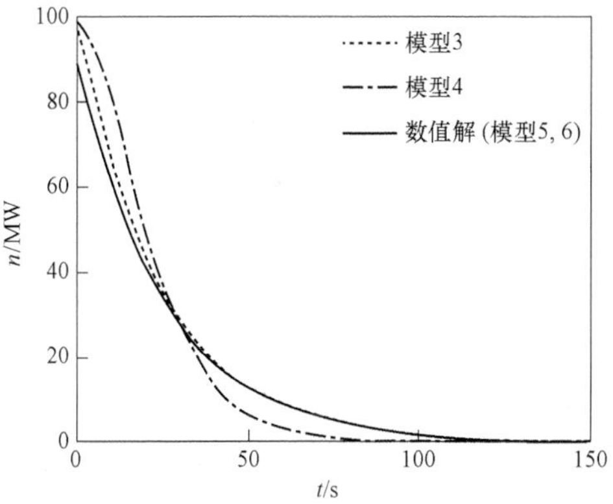

图 5.2.59　$n_0 = 100$ MW， $\rho_0 = -0.1\beta$ 时，
反应堆功率随时间的变化

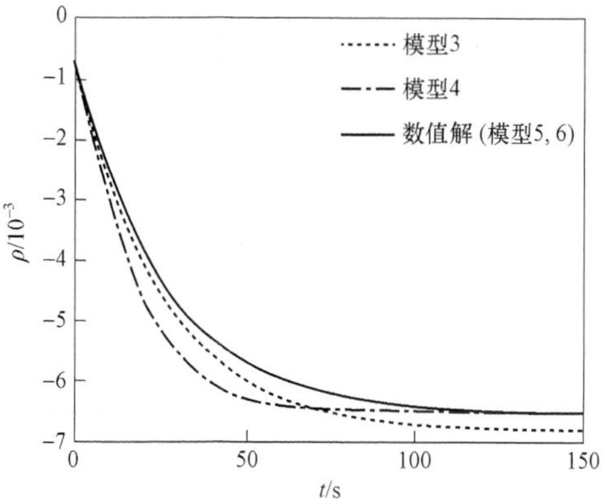

图 5.2.60　$n_0 = 100$ MW， $\rho_0 = -0.1\beta$ 时，
反应堆总反应性随时间的变化

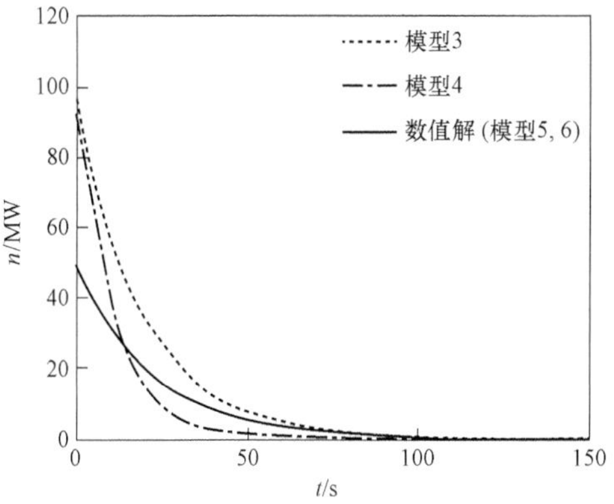

图 5.2.61　$n_0 = 100$ MW， $\rho_0 = -\beta$ 时，
反应堆功率随时间的变化

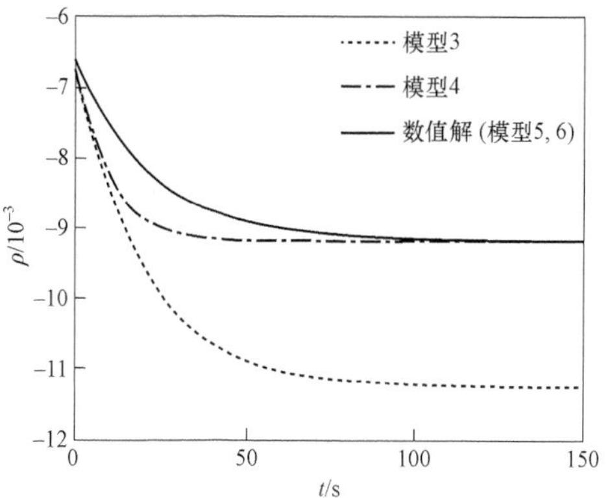

图 5.2.62　$n_0 = 100$ MW， $\rho_0 = -\beta$ 时，
反应堆总反应性随时间的变化

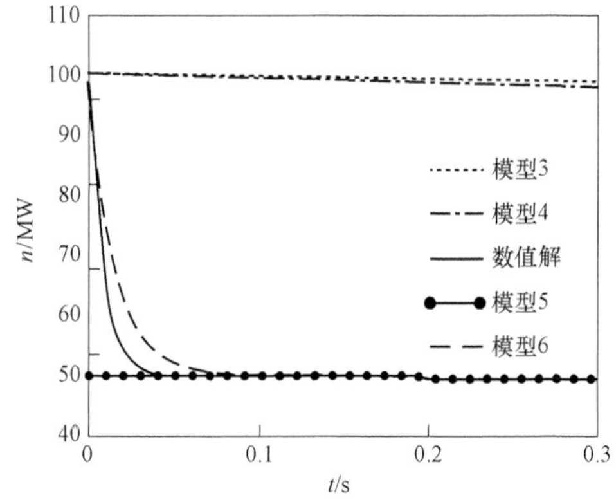

图 5.2.63　$n_0 = 100$ MW， $\rho_0 = -\beta$ 时，
反应堆功率瞬变开始阶段的比较

5.2.4 考虑热传递时有温度反馈的缓发超临界过程

一些文献对阶跃反应性输入且有温度反馈时反应堆超临界裂变过程采用绝热模型的研究结果表明，反应堆大阶跃反应性输入时，中子在很短的时间内瞬变，绝热假设可以成立[16,17]。另外，绝热模型中温度的变化通常被认为完全是由瞬变功率产生的，在反应堆初始功率很低或为零时也有较好的近似。但在某些情况下，如当反应堆初始功率较大以及小阶跃反应性输入时，中子增殖通常在较长的时间内完成。如文献［1］给出的中子密度响应（达最大值）时间超过 100 s，反应堆有足够的时间将热量传递出去，此时绝热模型不能准确描述。针对这种情形，为了更好地接近实际情况，本节介绍在考虑热传递的情形下建立物理模型和数学描述，以及求解过程[27]。

1. 物理模型的建立

对处在稳定功率（中子密度）运行的核反应堆，可忽略外中子源的作用，单组点堆中子动力学方程为

$$\frac{\mathrm{d}n(t)}{\mathrm{d}t}=\frac{\rho(t)-\beta}{l}n(t)+\lambda c(t) \tag{5.2.81}$$

$$\frac{\mathrm{d}c(t)}{\mathrm{d}t}=\frac{\beta}{l}n(t)-\lambda c(t) \tag{5.2.82}$$

假设反应堆有负的反应性温度系数 $-\alpha$（$\alpha>0$），当小阶跃引入反应性 ρ_0（$\rho_0<\beta$），考虑温度反馈时，反应堆实际反应性为

$$\rho=\rho_0-\alpha[T(t)-T_0] \tag{5.2.83}$$

反应堆引入小反应性 ρ_0 后，功率与温度变化关系考虑初始功率的影响后，为

$$\frac{\mathrm{d}T}{\mathrm{d}t}=K_c[n(t)-n_0] \tag{5.2.84}$$

式中，n_0 为反应堆初始功率。由式（5.2.83）对 t 求导，再利用式（5.2.84）可得

$$\frac{\mathrm{d}\rho}{\mathrm{d}t}=-\alpha K_c(n-n_0) \tag{5.2.85}$$

或有

$$\frac{\mathrm{d}^2\rho}{\mathrm{d}t^2}=-\alpha K_c\frac{\mathrm{d}n}{\mathrm{d}t} \tag{5.2.86}$$

由式（5.2.81）与（5.2.82）可得

$$\frac{\mathrm{d}^2c}{\mathrm{d}t^2}+\frac{(\beta-\rho+\lambda l)}{l}\frac{\beta}{l}n=\frac{(\beta+\lambda l)}{l}\lambda c \tag{5.2.87}$$

上式中，$\frac{\mathrm{d}^2c}{\mathrm{d}t^2}$ 项与其余两项相比可忽略，再利用式（5.2.81）消去 c 可得

$$\frac{\mathrm{d}n}{\mathrm{d}t}=\frac{\lambda\rho n}{(\beta+\lambda l)} \tag{5.2.88}$$

由式（5.2.85）与（5.2.86）求得 n、$\mathrm{d}n/\mathrm{d}t$ 后代入式（5.2.88）得关于反应性的二阶微分方程为

$$\frac{\mathrm{d}^2\rho}{\mathrm{d}t^2}-\frac{\lambda\rho}{\beta+\lambda l}\left(\frac{\mathrm{d}\rho}{\mathrm{d}t}-\alpha K_c n_0\right)=0 \tag{5.2.89}$$

式（5.2.89）即为考虑初始功率影响时反应性随时间变化所应满足的微分方程式，但没有解析解，需由数值计算求解。求得 ρ 后，再代入式（5.2.85）求解 n，即可获得考虑初始功率和温度反馈时缓发超临界过程裂变中子的变化特性。

此外，式（5.2.88）除以式（5.2.85）得

$$\frac{\mathrm{d}n}{\mathrm{d}\rho}=-\frac{\lambda\rho}{(\beta+\lambda l)\alpha K_c}\frac{n}{n-n_0} \tag{5.2.90}$$

由初始条件 $n=n_0$，$\rho=\rho_0$ 求解式（5.2.90）还可得功率随反应性变化：

$$n-n_0\ln(n/n_0)=\frac{\lambda}{2(\beta+\lambda l)\alpha K_c}(\rho_0^2-\rho^2)+n_0 \tag{5.2.91}$$

由式（5.2.91）可知当 $\rho_{\mathrm{m}}=0$ 时有最大值功率 n_{m} 满足：

$$n_{\mathrm{m}}-n_0\ln\left(\frac{n_{\mathrm{m}}}{n_0}\right)=\frac{\lambda\rho_0^2}{2\alpha K_c(\beta+\lambda l)}+n_0 \tag{5.2.92}$$

2. 模型分析

（1）当初始功率很低，即 $n_0\approx 0$ 时，式（5.2.89）、（5.2.91）与（5.2.92）分别为

$$\frac{\mathrm{d}^2\rho}{\mathrm{d}t^2}-\frac{\lambda\rho}{\beta+\lambda l}\frac{\mathrm{d}\rho}{\mathrm{d}t}=0 \tag{5.2.93}$$

$$n=\frac{\lambda}{2(\beta+\lambda l)\alpha K_c}(\rho_0^2-\rho^2) \tag{5.2.94}$$

$$n_{\mathrm{m}}=\frac{\lambda\rho_0^2}{2\alpha K_c(\beta+\lambda l)} \tag{5.2.95}$$

利用条件，$\rho=\rho_0$ 时，$\mathrm{d}\rho/\mathrm{d}t=0$ 以及功率最大值时（$t=\tau$），$\rho=0$，求解式（5.2.93）得

$$\rho=-\rho_0\,\mathrm{th}\left[\frac{\lambda\rho_0(t-\tau)}{2(\beta+\lambda l)}\right] \tag{5.2.96}$$

式中，$\mathrm{th}(x)$ 为双曲正切函数。将式（5.2.96）代入式（5.2.94）得

$$n=\frac{\lambda\rho_0^2}{2\alpha K_c(\beta+\lambda l)}\mathrm{sech}^2\left[\frac{\lambda\rho_0(t-\tau)}{2(\beta+\lambda l)}\right] \tag{5.2.97}$$

功率最大值时间 τ 由条件 $t=0$ 时，$n=n_0$ 代入式（5.2.97）可求得。

（2）以 ^{235}U 为燃料的热中子堆为实例进行分析计算，取 $\beta=0.006\ 5$，$l=0.000\ 1$ s，$\lambda=0.077\ 41$（1/s），$K_C=0.05$［K/（MW·s）］，$\alpha=5\times10^{-5}$（1/K）。求解式（5.2.89）与（5.2.85）的初始条件为：$t=0$ 时，$n=n_0$，$\rho=\rho_0$ 以及 $\mathrm{d}\rho/\mathrm{d}t=0$。当引入阶跃反应性为 $\rho_0=\beta/2$、$\beta/3$ 时，由式(5.2.89)与(5.2.85)求得不同初始功率条件 $n_0=0.01$ MW、0.1 MW、1 MW 下，反应性与功率随时间变化、反应堆温升随时间变化以及功率随反应性变化的曲线分别见图 5.2.64～图 5.2.67，其中实线表示 $\rho_0=\beta/3$，虚线表示 $\rho_0=\beta/2$。另外，图 5.2.64～图 5.2.66 中每组曲线从左到右初始功率依次为 1、0.1、0.01 MW，图 5.2.67 中每组曲线从上到下初始功率依次为 1、0.1、0.01 MW。

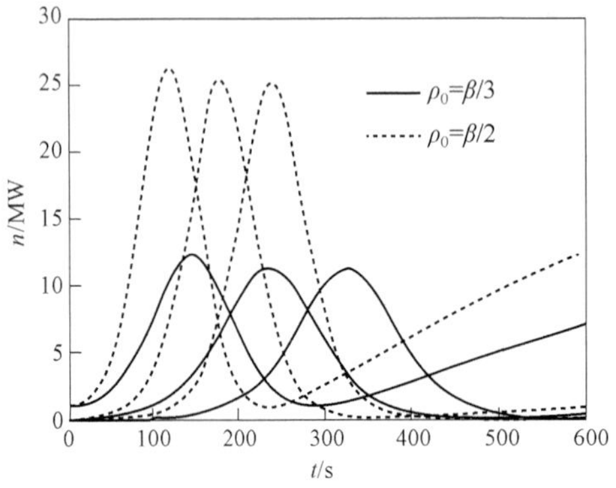

图 5.2.64　引入阶跃反应性时，反应堆功率随时间的变化

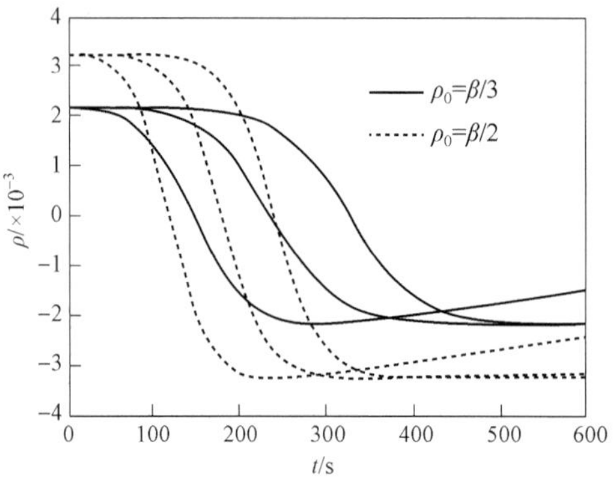

图 5.2.65　引入阶跃反应性时，反应堆总反应性随时间的变化

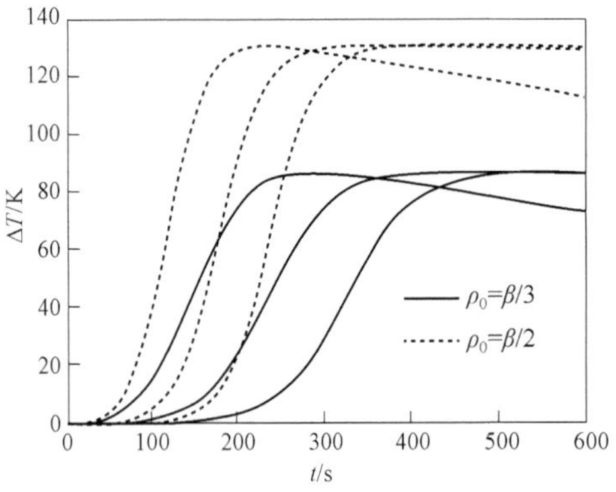

图 5.2.66　引入阶跃反应性时，反应堆温升随时间的变化

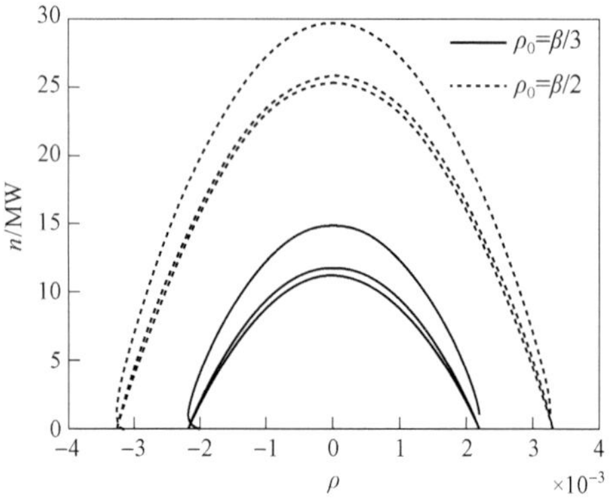

图 5.2.67　引入阶跃反应性时，反应堆功率随总反应性的变化

由图 5.2.65 不难发现，初始功率对缓发超临界过程反应性的影响是明显的，反应堆在引入小阶跃反应性 ρ_0 后，初始功率越大反应性的响应就越快。同时，初始功率较小时，ρ 变化规律与绝热模型的情况基本相同。但是在初始功率较大时，ρ 在变化后期会出现明显的上升趋势，这是一些绝热模型中[1,4]所没有的现象；同样从图 5.2.64 可以看到，反应堆功率 n 随时间的变化与初始功率有关，初始功率越大，超临界最大功率 n_m 越大（但不是很明显），

到达 n_m 与功率增殖时间越短（参见式（5.2.92））。而图 5.2.67 表明，较大的初始功率在超临界过程始终有较大的变化功率。因此在引入小阶跃反应性（$\rho_0 < \beta$）的缓发超临界过程中需要考虑初始功率的影响，忽略初始功率会带来一定的误差，特别是初始功率较大时比较明显，必须引起注意[28]。

5.3　毒物反馈对中子增殖特性影响

反应堆在碘坑下启动时反应性的变化复杂，研究碘坑内启动，须首先研究中毒碘坑曲线[3]。研究方法除了解析方法，主要还是采用数值计算方法，如解析节块[4]等。虽然数值法在某些计算方面比解析法适用范围更大，但一般很难透过数值法从物理意义上得到比较清晰的理解[4]。为了对碘坑内启动问题有一个清晰的了解，本节介绍利用点堆模型，根据动力堆运行的特点和要求，分析在碘坑下启堆时，碘和氙浓度及氙毒反应性随时间变化规律，以及对中子响应规律的影响[6,7]。

5.3.1　碘坑特性

裂变反应堆内 ^{135}I 和 ^{135}Xe 浓度随时间变化动力学方程为[1,2]

$$\frac{dN_I(t)}{dt} = \gamma_I \Sigma_f \phi - \lambda_I N_I(t) \tag{5.3.1}$$

$$\frac{dN_{Xe}(t)}{dt} = \gamma_{Xe}\Sigma_f \phi + \lambda_I N_I(t) - (\lambda_{Xe} + \sigma_a^{Xe}\phi) N_{Xe}(t) \tag{5.3.2}$$

式中，$N_I(t)$、$N_{Xe}(t)$ 分别为 ^{135}I 和 ^{135}Xe 的浓度；γ_I、γ_{Xe} 分别为 ^{135}I 和 ^{135}Xe 的裂变产额；Σ_f 为堆内燃料物质的热中子平均宏观裂变截面；ϕ 为堆内平均热中子通量密度；λ_I、λ_{Xe} 分别为 ^{135}I 和 ^{135}Xe 的衰变常数；σ_a^{Xe} 为 ^{135}Xe 的热中子平均微观吸收截面。

设反应堆在稳定功率运行超过 50 h 之后，即 ^{135}I 和 ^{135}Xe 浓度都接近或达到它们的平衡浓度之后，突然停闭反应堆，停堆后 t_0 时刻堆内 ^{135}I 和 ^{135}Xe 的浓度应为[2]

$$N_I(t_0) = \frac{\gamma_I \Sigma_f \phi_0 \exp(-\lambda_I t_0)}{\lambda_I} \tag{5.3.3}$$

$$N_{Xe}(t_0) = \Sigma_f \phi_0 \left(\frac{(\gamma_I + \gamma_{Xe})\exp(-\lambda_{Xe} t_0)}{\lambda_{Xe} + \sigma_a^{Xe}\phi_0} + \frac{\gamma_I [\exp(-\lambda_{Xe} t_0) - \exp(-\lambda_I t_0)]}{\lambda_I - \lambda_{Xe}} \right) \tag{5.3.4}$$

式中，ϕ_0 为反应堆停堆前稳定运行时的热中子通量密度。

设处于碘坑下的反应堆重新启动后，中子通量密度由 0 变为 ϕ，并且保持不变，则由式（5.3.1）及初始条件式（5.3.3）可得

$$N_I(t) = \frac{\gamma_I \Sigma_f}{\lambda_I}\{\phi - \phi\exp(-\lambda_I t) + \phi_0 \exp[-\lambda_I (t_0 + t)]\} \tag{5.3.5}$$

求解式（5.3.2）得

$$N_{Xe}(t)=\mathrm{e}^{-(\lambda_{Xe}+\sigma_a^{Xe}\phi)t}N_{Xe}(t_0)+\int_0^t \mathrm{e}^{-(\lambda_{Xe}+\sigma_a^{Xe}\phi)(t-\tau)}\left[\gamma_{Xe}\Sigma_f\phi+\lambda_I N_I(\tau)\right]\mathrm{d}\tau \tag{5.3.6}$$

将式（5.3.4）与（5.3.5）代入式（5.3.6）可得 ^{135}Xe 的浓度随时间的变化关系：

$$\begin{aligned}N_{Xe}(t)=&\left(\frac{\gamma\Sigma_f\phi_0}{\lambda_{Xe}+\sigma_a^{Xe}\phi_0}+\frac{\gamma_1\Sigma_f\phi_0}{\lambda_I-\lambda_{Xe}}\right)\exp(-\lambda_{Xe}t_0-\lambda_{Xe}^*t)-\frac{\gamma_1\Sigma_f\phi_0\exp(-\lambda_I t_0-\lambda_{Xe}^*t)}{\lambda_I-\lambda_{Xe}}\\&+\frac{\gamma\Sigma_f\phi}{\lambda_{Xe}^*}[1-\exp(-\lambda_{Xe}^*t)]+\frac{\gamma_I\Sigma_f}{\lambda_{Xe}^*-\lambda_I}[-\phi+\phi_0\exp(-\lambda_I t_0)][\exp(-\lambda_I t)-\exp(-\lambda_{Xe}^*t)]\end{aligned} \tag{5.3.7}$$

其中，$\gamma=\gamma_{Xe}+\gamma_I$，$\lambda_{Xe}^*=\lambda_{Xe}+\sigma_a^{Xe}\phi$。

令 Σ_{aP} 为毒物宏观吸收截面，Σ_{aF} 为燃料宏观吸收截面，f 为无毒物时反应堆的热中子利用系数。将式（5.3.7）代入 $q_P=\dfrac{\Sigma_{aP}}{\Sigma_{aF}}$ 和 $\rho_q\approx -fq_P$（见式（5.1.13）与（5.1.14）），即可得碘坑内启动时氙毒反应性随时间变化的计算式

$$\begin{aligned}\rho_{Xe}(t)=-\frac{f\eta\sigma_a^{Xe}}{v}\times\Bigg\{&\left(\frac{\gamma\phi_0}{\lambda_{Xe}+\sigma_a^{Xe}\phi_0}+\frac{\gamma_1\phi_0}{\lambda_I-\lambda_{Xe}}\right)\exp(-\lambda_{Xe}t_0-\lambda_{Xe}^*t)-\frac{\gamma_1\phi_0\exp(-\lambda_I t_0-\lambda_{Xe}^*t)}{\lambda_I-\lambda_{Xe}}+\\&\frac{\gamma\phi}{\lambda_{Xe}^*}[1-\exp(-\lambda_{Xe}^*t)]+\frac{\gamma_I}{\lambda_{Xe}^*-\lambda_I}[-\phi+\phi_0\exp(-\lambda_I t_0)][\exp(-\lambda_I t)-\exp(-\lambda_{Xe}^*t)]\Bigg\}\end{aligned} \tag{5.3.8}$$

假设 $t_0=0$ 时，$\phi=0$，由式（5.3.8）可得停堆后氙毒反应性随时间变化的计算式

$$\rho_{Xe}(t)=-\frac{f\eta\sigma_a^{Xe}}{v}\times\left\{\left[\frac{\gamma\phi_0}{(\lambda_{Xe}+\sigma_a^{Xe}\phi_0)}\exp(-\lambda_{Xe}t)\right]+\frac{\gamma_I\phi_0}{\lambda_I-\lambda_{Xe}}[\exp(-\lambda_{Xe}t)-\exp(-\lambda_I t)]\right\} \tag{5.3.9}$$

如果 $t_0=0$ 时，反应堆没有停堆，只是功率发生变化，则式（5.3.8）可以简化为功率变化后氙毒反应性随时间变化的计算式

$$\begin{aligned}\rho_{Xe}(t)=&-\frac{f\eta\sigma_a^{Xe}}{v}\times\\&\left\{\frac{\gamma}{\lambda_{Xe}^*}\left[\phi-\frac{\lambda_{Xe}(\phi-\phi_0)}{\lambda_{Xe}+\sigma_a^{Xe}\phi_0}\exp(-\lambda_{Xe}^*t)\right]+\frac{\gamma_I(\phi-\phi_0)}{\lambda_{Xe}^*-\lambda_I}[\exp(-\lambda_{Xe}^*t)-\exp(-\lambda_I t)]\right\}\end{aligned} \tag{5.3.10}$$

令 $\phi_0=0$，由式（5.3.10）即可得核反应堆启动时氙毒反应性随时间变化的计算式

$$\rho_{Xe}(t)=-\frac{f\eta\phi\sigma_a^{Xe}}{v}\times\left\{\frac{\gamma}{\lambda_{Xe}^*}[1-\exp(-\lambda_{Xe}^*t)]+\frac{\gamma_I}{\lambda_{Xe}^*-\lambda_I}[\exp(-\lambda_{Xe}^*t)-\exp(-\lambda_I t)]\right\} \tag{5.3.11}$$

式（5.3.9）～（5.3.11）即为反应堆停堆、功率变化和新反应堆启动后氙毒反应性随时间变化的计算式[3,5]。另外，核反应堆功率水平从 n_1 降低到 n_2 时，产生碘坑，此碘坑达到最大深度的时间 t_0^{m}，即最大碘坑反应性发生的时间，可从式（5.3.10）求得

$$t_0^{\mathrm{m}}=\frac{1}{\lambda_{Xe}^*-\lambda_I}\ln\left\{\frac{\lambda_{Xe}^*}{\lambda_I}\left[1+\left(1+\frac{\gamma_{Xe}}{\gamma_I}\right)\left(\frac{\lambda_I}{\phi\sigma_a^{Xe}+\lambda_{Xe}}-1\right)\frac{\lambda_{Xe}}{\lambda_{Xe}+\phi_0\sigma_a^{Xe}}\right]\right\} \tag{5.3.12}$$

当在碘坑下启动核反应堆时，由式（5.3.10）的导数等于零，可以求得氙毒反应性到达极值的时间表达式

$$t_{\mathrm{m}}=\frac{\ln\left[\frac{\left(\frac{\gamma(\lambda_I-\lambda_{Xe}^*)}{\lambda_{Xe}+\sigma_a^{Xe}\phi_0}+\frac{\gamma_{\mathrm{I}}(\lambda_I-\lambda_{Xe}^*)}{\lambda_I-\lambda_{Xe}}\right)\lambda_{Xe}^*\exp(-\lambda_{Xe}t_0)+\frac{\sigma_a^{Xe}\lambda_{Xe}^*\gamma_{\mathrm{I}}\phi\exp(-\lambda_I t_0)}{\lambda_I-\lambda_{Xe}}+\frac{(\gamma_{Xe}\lambda_{Xe}^*-\gamma\lambda_I)\phi}{\phi_0}}{\lambda_I\gamma_I\left(\exp(-\lambda_I t_0)-\phi/\phi_0\right)}\right]}{\lambda_{Xe}^*-\lambda_I}$$

（5.3.13）

5.3.2　中子响应规律

以 ^{235}U 为燃料的压水堆为实例进行分析计算[1,2]，取 $\nu=2.43$，$\eta=1.813\,4$（压水堆运行时的 η 值），$f=0.85$，$\phi_0=1\times10^{18}$ [1/（cm^2 • s)]，$\Sigma_f=20\ m^{-1}$，$\lambda_I=2.87\times10^{-5}$（1/s），$\lambda_{Xe}=2.09\times10^{-5}$（1/s），$\gamma_I=0.063\,86$，$\gamma_{Xe}=0.002\,28$。

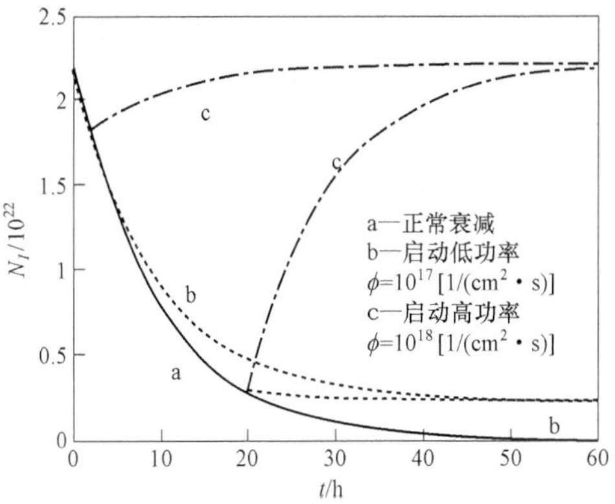

图 5.3.1　不同条件下碘浓度随时间的变化

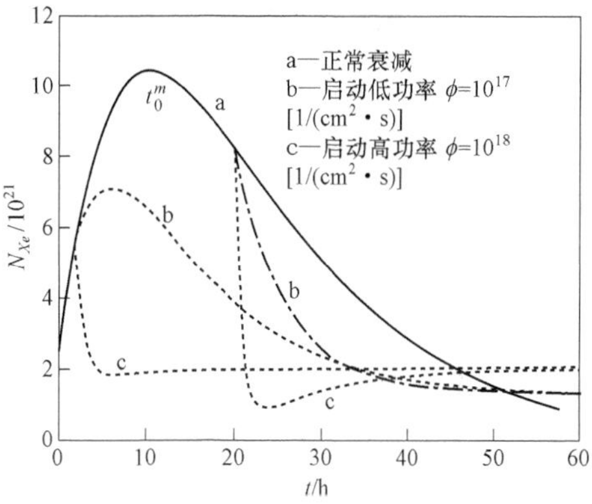

图 5.3.2　碘坑前期启动时氙浓度的变化

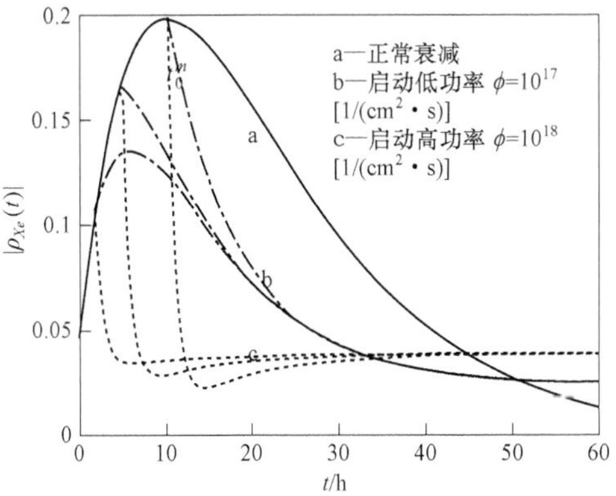

图 5.3.3　t_m^0 前启堆不同条件下氙毒反应性随时间的变化

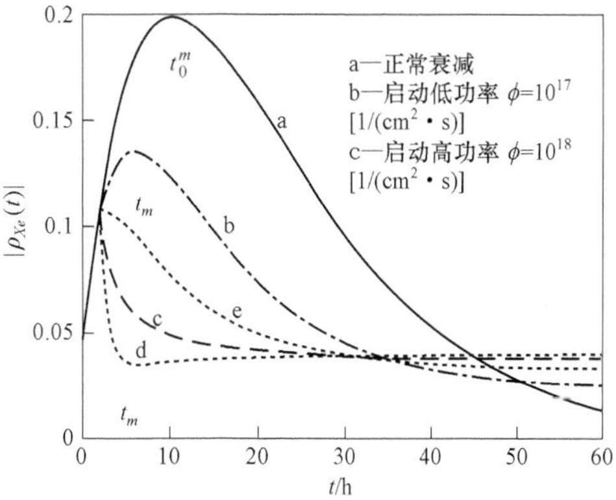

图 5.3.4　碘坑前期启动时氙毒反应性变化

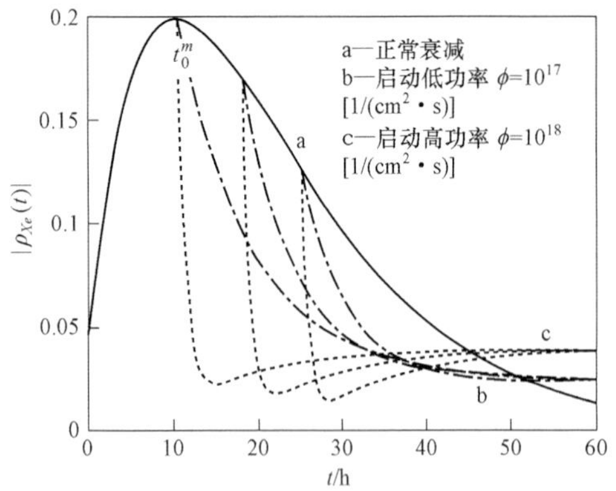

图 5.3.5 碘坑后期启动时氙毒反应性变化

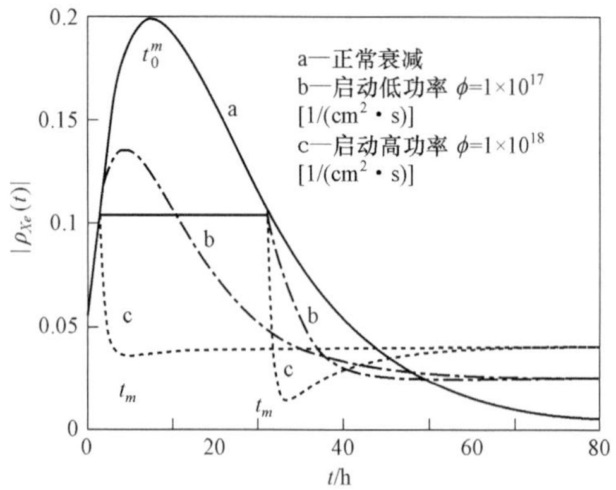

图 5.3.6 t_m^0 后启堆不同条件下氙毒反应性随时间的变化

计算结果如图 5.3.1～图 5.3.6 所示，图 5.3.1 和图 5.3.2 分别表示碘坑内启堆时碘和氙浓度的变化规律，其中停堆后启动时间分别取 $t_0=2\text{ h}$、$t_0=20\text{ h}$。图 5.3.3 表示在最大碘坑反应性发生的时间 t_0^{m} 前启堆，在不同时间以及不同的启堆功率的条件下氙毒反应性随时间的变化规律。对计算结果分析如下：

（1）停堆后碘浓度会不断下降直至为零。当在碘坑内启堆时，碘浓度的变化规律始终是单调的向上或单调的向下。如果 $\phi>\phi_0\exp(-\lambda_I t_0)$，碘浓度会不断上升，直至达到新的平衡；如果 $\phi\leqslant\phi_0\exp(-\lambda_I t_0)$，碘浓度会不断下降，但下降速度慢于停堆后碘浓度自然下降速度，最终趋于一个稳定值，如图 5.3.1 所示。氙浓度变化规律与氙毒反应性随时间的变化规律完全相同。

（2）当 $t\geqslant t_0^{\text{m}}$，如果 $\phi>\phi_0\exp(-\lambda_I t_0)$，$t_{\text{m}}>0$，则将式（5.3.13）代入式（5.3.8）可得核反应堆放出的最大正反应性。此正反应性大于相应功率下氙毒反应性的平衡值，而且启动功率越大此正反应性越大，如图 5.3.4 所示；如果 $\phi\leqslant\phi_0\exp(-\lambda_I t_0)$ 时，$t_{\text{m}}\leqslant 0$，没有物理意义，也不存在极值的出现。此这种情况下氙毒相对缓慢地释放正反应性，直至趋于相应功率下氙毒反应性的平衡值。

（3）当 $t<t_0^{\text{m}}$，如果 $\phi>\phi_0\exp(-\lambda_I t_0)$，$t_{\text{m}}>0$，则 $t=t_{\text{m}}$ 时核反应堆释放出最大正反应性。此正反应性大于相应功率下氙毒反应性的平衡值，而且启动功率越大此正反应性越大，如图 5.3.5 所示；如果 $\dfrac{-B-\sqrt{B^2-4AC}}{2A}\leqslant\phi\leqslant\phi_0\exp(-\lambda_I t_0)$ 时，$t_{\text{m}}\leqslant 0$，没有明确的物理意义，也不存在极值的出现。氙毒将相对缓慢地释放正反应性，直至趋于相应功率下氙毒反应性的平衡值，不存在极值的出现，其中

$$A=\left(\frac{\gamma_{\text{I}}(\exp(-\lambda_I t_0)-\exp(-\lambda_{Xe}t_0))}{\lambda_I-\lambda_{Xe}}-\frac{\gamma\exp(-\lambda_{Xe}t_0)}{\lambda_{Xe}+\sigma_a^{Xe}\phi_0}+\frac{\gamma_{Xe}}{\sigma_a^{Xe}\phi_0}\right)\sigma_a^{Xe2},$$

$$B=\left(\frac{(\gamma\lambda_I-2\gamma\lambda_{Xe})\exp(-\lambda_{Xe}t_0)}{\lambda_{Xe}+\sigma_a^{Xe}\phi_0}+\frac{\gamma_{\text{I}}((\lambda_I-2\lambda_{Xe})\exp(-\lambda_{Xe}t_0)+\lambda_{Xe}\exp(-\lambda_I t_0))}{\lambda_I-\lambda_{Xe}}+\frac{\gamma_{Xe}(\lambda_{Xe}-\lambda_I)}{\sigma_a^{Xe}\phi_0}\right)\sigma_a^{Xe},$$

$$C=\left(\frac{(\lambda_I\gamma-\gamma\lambda_{Xe})}{\lambda_{Xe}+\sigma_a^{Xe}\phi_0}+\gamma_{\mathrm{I}}\right)\lambda_{Xe}\exp(-\lambda_{Xe}t_0)-\lambda_I\gamma_I\exp(-\lambda_I t_0)\text{。}$$

如果$\phi<\dfrac{-B-\sqrt{B^2-4AC}}{2A}$时，$t_{\mathrm{m}}>0$，将式（5.3.13）代入式（5.3.8）可得氙毒反应性最大值，与$\phi>\phi_0\exp(-\lambda_I t_0)$时的极值性质刚好相反。其氙毒反应性变化规律与反应堆停堆后正常衰减规律相似，氙毒反应性首先上升到最大值，然后逐渐衰减到相应功率下的氙毒反应性平衡值。另外。不难发现其碘坑深度小于正常碘坑深度，而且启动时中子通量密度愈大即功率越高，碘坑深度愈浅。因此核反应堆同时满足$t<t_0^{\mathrm{m}}$和$\phi<\dfrac{-B-\sqrt{B^2-4AC}}{2A}$这两个条件时，即使在碘坑内启动核反应堆时，也不会出现反应堆极短时间内放出很大的正反应性这种现象。

由图 5.3.3 和图 5.3.5 还可以看出，无论是在最大碘坑反应性发生的时间t_0^{m}前还是后，当以相同的功率启堆时，启堆时所处的碘坑位置越深，反应堆释放出的正反应性越大，而且氙毒释放反应性的速度越快，因此对反应堆安全的威胁越严重。

众所周知，当反应堆在碘坑下启动时，提升的功率愈高，氙毒下降就愈快，极短时间内释放的正反应性也愈大。在对式（5.3.8）的分析中，不难发现另外一些值得重视和思考的现象，如图 5.3.6 所示。反应堆停堆后，在最大碘坑反应性发生的时间t_0^{m}前后，如果氙中毒的情况相同并且以相同功率在碘坑下进行启堆，那么在t_0^{m}后启堆时反应堆极短时间内放出的正反应性将比t_0^{m}前启堆时放出的正反应性大得多，正反应性释放速率也明显高过t_0^{m}前启堆，并且无论启动时功率有多低也不可能出现像t_0^{m}前低功率启堆一样的类似正常衰减的规律。这说明碘坑下，在t_0^{m}后启堆比在t_0^{m}前启堆的条件要更为恶劣，需要更加小心谨慎，并采取必要的措施。

参考文献

［1］张法邦. 核反应堆运行物理［M］. 北京：原子能出版社，2000.

［2］陈文振，张黎明，肖红光. 核反应堆工程原理（上）［M］. 北京：中国原子能出版社，2019.

［3］张帆，朱波，蔡章生，等. 舰船用反应堆停堆氙毒特性仿真研究［J］. 原子能科学技术，2006，40（1）：67-71.

［4］蔡章生. 核动力反应堆中子动力学［M］. 北京：国防工业出版社，2005.

［5］黎浩峰，许国军，陈文振，等. 碘坑内启堆氙毒反应性研究［J］. 原子能科学技术，2009，43（3）：198-202.

［6］王乔，黎浩峰，陈文振，等. 基于 Simulink 输入阶跃反应性时有温度和毒物反馈

的反应堆动态响应仿真［J］. 原子能科学技术，2009，43（9）：823-827.

［7］郝建立，陈文振，王少明. 中子倍增理论应用于碘坑仿真研究［J］. 原子能科学技术，2011，45（7）：842-846.

［8］陈文振，商学利，张帆. 温度反馈阶跃反应性输入下的燃料元件温度场分析［J］. 原子能科学技术，2008，42（增刊）：158-161.

［9］Nahla A A. An efficient technique for the point reactor kinetics equations with Newtonian temperature feedback effects［J］. Annals of Nuclear Energy, 2011, 38(12): 2810-2817.

［10］Sathiyasheela T. Power series solution method for solving point kinetics equations with lumped model temperature and feedback［J］. Annals of Nuclear Energy, 2009, 36: 246-250.

［11］Espinosa-Paredes G, Gallegos E D, Nunez-Carrera A, et al. Fractional neutron point kinetics equation with Newtonian temperature feedback effects［J］. Progress in Nuclear Energy, 2014, 73: 96-101.

［12］Polo-Labarrios M A, Quezada-Garcia S, Espinosa-Paredes G, et al. Assessment of the fractional neutron point kinetic equation to simulate core transients with Newtonian temperature feedback［J］. Annals of Nuclear Energy, 2020, 138: 107197.

［13］蔡章生，蔡志明，陈力生. 有温度反馈时中子动力学方程的新解法［J］. 海军工程大学学报，2000，12（3）：25-27.

［14］Hamieh S D, Saidinezhad M. Analytical solution of the point reactor kinetics equations with temperature feedback［J］. Annals of Nuclear Energy, 2012, 42: 148-152.

［15］Khoshahval F, Akbari M. A new method for the solution of the point kinetics equations in the presence of Newtonian temperature feedback［J］. Progress in Nuclear Energy, 2020, 119: 103165.

［16］Nahla A A. An analytical solution for the point reactor kinetics equations with one group of delayed neutrons and the adiabatic feedback model［J］. Progress in Nuclear Energy, 2009, 51: 124-128.

［17］Chen Wenzhen, Guo Lifeng, Zhu Bo, et al. Accuracy of analytical methods for obtaining supercritical transients with temperature feedback［J］. Progress in Nuclear Energy, 2007: 49(4): 290-302.

［18］Chen Wenzhen, Kuang Bo, Guo Lifeng, et al. New analysis of prompt supercritical process with temperature feedback［J］. Nuclear Engineering and Design, 2006, 236: 1326-1329.

［19］Li Haofeng, Chen Wenzhen, Zhang Fan, et al. Approximate solutions of point kinetics equations with one delayed neutron group and temperature feedback during delayed supercritical process［J］. Annals of Nuclear Energy, 2007, 34(6): 521-526.

［20］黎浩峰. 反应堆运行中物理参数快速计算方法［D］. 武汉：海军工程大学，2009.

[21] Chen Wenzhen, Hao Jianli, Chen Ling, et al. Solution of point reactor neutron kinetics equations with temperature feedback by singularly perturbed method [J]. Science and Technology of Nuclear Installations, 2013, Volume 2013, Article ID 261327, 6 pages.

[22] Tashakor S, Jahanfarnia G, Hashemi-Tilehnoee M. Numerical solution of the point reactor kinetics equations with fuel burn-up and temperature feedback [J]. Annals of Nuclear Energy, 2010, 37(2): 265-269.

[23] El Tokhy M S, Mahmoud I I. Parameter analysis of the neutron point kinetics equations with feedback temperature effects [J]. Annals of Nuclear Energy, 2014, 68: 228-233.

[24] Yanagisawa H, Ohno A. Evaluation of power history during power burst experiments in TRACY by combination of gamma-ray and thermal neutron detectors [J]. Journal of Nuclear Science and Technology, 2002, 39(6): 597-602.

[25] Leite S Q B, de Vilhena M T, Bodmann B E J. Solution of the point reactor kinetics equations with temperature feedback by the ITS2 method [J]. Progress in Nuclear Energy, 2016, 91: 240-249.

[26] 黎浩峰，陈文振，张帆，等. 有温度反馈阶跃引入负反应性瞬变的解 [J]. 物理学报，2010，59（4）：2375-2380.

[27] 陈文振，郭立峰，朱波，等. 考虑热传递时有温度反馈的缓发超临界过程分析 [J]. 原子核物理评论，2006，23（3）：339-342.

[28] 商学利，张帆，陈文振. 反应堆输入线性正反应性时考虑温度反馈的仿真计算 [J]. 核动力工程，2008，29（6）：17-20.

第六章

中子动力学方程数值解法

反应堆动力学和安全分析都需要利用中子动力学方程进行中子增殖规律计算。前面三章我们介绍了许多解析方法，由这些解得到了一些结论，对反应堆的安全分析和反应堆的控制有重要的意义。但由于中子动力学方程组复杂，加上不同反应性的输入形式以及反馈效应的影响，多数情况下无法求得方程组的解析解，只能利用数值方法进行计算分析[1]。然而，中子动力学方程组是一个刚性常微分方程组，这主要是由于瞬发中子的寿命与缓发中子的寿命有若干个数量级之差，导致解的快变化成分与慢变化成分的时间常数也有数量级之差。因此，数值计算难度比较大，给反应堆运行现场的实时计算和安全分析等带来了困难。实际上，除了中子动力学方程，刚性问题还存在于很多物理数学方程中。一直以来很多学者致力于刚性微分方程的求解，并提出了很多针对刚性微分方程求解的方法。例如，Gear 方法是求解刚性微分方程普遍使用的数学方法[2]，但所需的计算量较大，用于求解点堆中子动学方程并不是很理想。其他的一些方法，比如有限差分法[3]、Runge-Kutta 法[4]、帕德近似法[5]、有限元法[6]、幂级数法[7-8]、泰勒展开法[9-10]、Hermite 插值多项式法[11]、端点浮动法[12]、刚性限制法（SCM）[13]以及精细时程积分法等[14-15]对某些方面的问题求解效果较为显著，但仍均存在着某些不足。本章主要介绍较为适用于点堆中子动力学方程的数值解法。

6.1 高阶泰勒多项式积分方法

6.1.1 三阶泰勒多项式积分方法

具有 M 组缓发中子的点堆中子动力学方程组：

$$\frac{\mathrm{d}n(t)}{\mathrm{d}t}=\frac{\rho(t)-\beta}{l}n(t)+\sum_{i=1}^{M}\lambda_i c_i(t)+q \tag{6.1.1}$$

$$\frac{\mathrm{d}c_i(t)}{\mathrm{d}t}=\frac{\beta_i}{l}n(t)-\lambda_i c_i(t) \quad (i=1,2,\cdots,M) \tag{6.1.2}$$

式中，$n(t)$ 为中子密度，$1/\mathrm{cm}^3$，代表了核反应堆功率水平；t 为时间，s；$\rho(t)$ 为反应性；β 为缓发中子总份额；β_i 为第 i 组缓发中子份额；l 为瞬发中子一代寿命，s；λ_i 为第 i 组缓发中子先驱核衰变常数，1/s；$c_i(t)$ 为第 i 组缓发中子先驱核平均浓度，$1/\mathrm{cm}^3$；q 为外加中子源源强，$1/(\mathrm{cm}^3\cdot\mathrm{s})$；$M$ 为缓发中子先驱核组数。

将式（6.1.2）代入式（6.1.1）并沿区间 $[t_n, t_{n+1}]$ 两边积分，可得

$$n(t_{n+1})-n(t_n)=\int_{t_n}^{t_{n+1}}\frac{\rho(\tau)n(\tau)}{l}\mathrm{d}\tau-\sum_{j=1}^{M}[c_j(t_{n+1})-c_j(t_n)]+qh \tag{6.1.3}$$

由式（6.1.2）可推导出 $c_i(t)$ 在 $t=t_{n+1}$ 处的解析表达式：

$$c_i(t_{n+1})=\exp(-\lambda_i h)\left\{c_j(t_n)+\frac{\beta_i}{l}\int_{t_n}^{t_{n+1}}N(\tau)\exp[\lambda_i(\tau-t_n)]\mathrm{d}\tau\right\} \quad i=1,2\cdots,M \tag{6.1.4}$$

式中，$h=t_{n+1}-t_n\ (n=0,1,\cdots)$。

不难看出，式（6.1.3）和（6.1.4）均依赖于积分区间 $[t_n,t_{n+1}]$ 上 $n(t)$ 的值，为此在该区间上将 $n(t)$ 在 t_{n+1} 处用泰勒多项式展开，并取三阶近似[16]：

$$n(\tau)=n(t_{n+1})+n'(t_{n+1})(\tau-t_{n+1})+\frac{n''(t_{n+1})}{2}(\tau-t_{n+1})^2+\frac{n'''(t_{n+1})}{6}(\tau-t_{n+1})^3 \tag{6.1.5}$$

式中，

$$n'(t_{n+1})=\left.\frac{\mathrm{d}n(t)}{\mathrm{d}t}\right|_{t=t_{n+1}}=\frac{\rho(t_{n+1})-\beta}{l}n(t_{n+1})+\sum_{i=1}^{M}\lambda_i c_i(t_{n+1})+q \tag{6.1.6}$$

$$\begin{aligned}n''(t_{n+1})&=\left.\frac{\mathrm{d}^2n(t)}{\mathrm{d}t^2}\right|_{t=t_{n+1}}\\&=n(t_{n+1})B+\sum_{i=1}^{M}\left(\frac{\rho(t_{n+1})-\beta}{l}-\lambda_i\right)\lambda_i c_i(t_{n+1})+\frac{\rho(t_{n+1})-\beta}{l}q\end{aligned} \tag{6.1.7}$$

$$\begin{aligned}n'''(t_{n+1})=&\sum_{i=1}^{M}A_i\lambda_i c_i(t_{n+1})+\frac{2\rho'(t_{n+1})q}{l}+\frac{[\rho(t_{n+1})-\beta]^2}{l^2}q+\sum_{i=1}^{M}\frac{\lambda_i\beta_i q}{l}\\&+n(t_{n+1})\left\{\frac{[2\rho'(t_{n+1})+Bl][\rho(t_{n+1})-\beta]+l\rho''(t_{n+1})}{l^2}+\sum_{i=1}^{M}\frac{[\rho(t_{n+1})-\beta]\lambda_i\beta_i-\lambda_i^2\beta_i l}{l^2}\right\}\end{aligned} \tag{6.1.8}$$

其中，$A_i=\lambda_i^2+\frac{2\rho'(t_{n+1})}{l}+\frac{\rho(t_{n+1})-\beta}{l^2}[\rho(t_{n+1})-\beta-l\lambda_i]+\sum_{i=1}^{M}\frac{\lambda_i\beta_i}{l}$，$B=\frac{[\rho(t_{n+1})-\beta]^2}{l^2}+\frac{\rho'(t_{n+1})}{l}+\sum_{i=1}^{M}\frac{\lambda_i\beta_i}{l}$。

将式（6.1.5）代入式（6.1.3）和（6.1.4），便有

$$n(t_{n+1})-n(t_n)=\sum_{j=1}^{4}F_j n^{(j-1)}(t_{n+1})-\sum_{j=1}^{M}[c_j(t_{n+1})-c_j(t_n)]+qh \tag{6.1.9}$$

$$c_i(t_{n+1}) = \exp(-\lambda_i h)c_i(t_n) + \frac{\beta_i}{l}\left[\sum_{j=1}^{4} G_{j,i} n^{(j-1)}(t_{n+1})\right] \tag{6.1.10}$$

式中，$F_j = \int_{t_n}^{t_{n+1}} \frac{j\rho(\tau')}{lj!}(\tau' - t_{n+1})^{j-1} \mathrm{d}\tau'$；$G_{j,i} = \exp(-\lambda_i h)\int_{t_n}^{t_{n+1}} \frac{j(\tau' - t_{n+1})^{j-1}}{j!} \exp[\lambda_i(\tau' - t_n)]\mathrm{d}\tau'$，$i = 1, 2, \cdots, M$。

将式（6.1.10）代入式（6.1.6）、（6.1.7）、（6.1.8）和（6.1.9），然后将 $c_i(t_{n+1})$ 消去，经整理后得到一个关于 $n(t_{n+1})$、$n'(t_{n+1})$、$n''(t_{n+1})$ 和 $n'''(t_{n+1})$ 的方程组：

$$\sum_{j=1}^{4} n^{(j-1)}(t_{n+1}) \sum_{i=1}^{M} \frac{\lambda_i \beta_i G_{j,i}}{l} + n(t_{n+1})\frac{\rho(t_{n+1}) - \beta}{l} - n'(t_{n+1}) = -q - \sum_{i=1}^{M} \lambda_i \exp(-\lambda_i h) c_j(t_n) \tag{6.1.11}$$

$$\sum_{j=1}^{4} n^{(j-1)}(t_{n+1}) \sum_{i=1}^{M} \left[\frac{\rho(t_{n+1}) - \beta}{l} - \lambda_i\right] \frac{\lambda_i \beta_i G_{j,i}}{l} + \left\{\frac{[\rho(t_{n+1}) - \beta]^2}{l^2} + \frac{\rho'(t_{n+1})}{l} + \sum_{i=1}^{M} \frac{\lambda_i \beta_i}{l}\right\} n(t_{n+1}) - n''(t_{n+1})$$
$$= -\frac{\rho(t_{n+1}) - \beta}{l} q - \sum_{i=1}^{M} \left[\frac{\rho(t_{n+1}) - \beta}{l} - \lambda_i\right] \exp(-\lambda_i h) \lambda_i c_j(t_n) \tag{6.1.12}$$

$$n(t_{n+1})\left\{\frac{[2\rho'(t_{n+1}) + lB][\rho(t_{n+1}) - \beta]}{l^2} + \frac{\rho''(t_{n+1})}{l} + \sum_{i=1}^{M} \frac{[\rho(t_{n+1}) - \beta]\lambda_i \beta_i - \lambda_i^2 \beta_i l}{l^2}\right\} - n'''(t_{n+1})$$
$$\sum_{j=1}^{4} n^{(j-1)}(t_{n+1}) \sum_{i=1}^{M} \frac{A_i \lambda_i \beta_i G_{j,i}}{l} = \left\{-2\rho'(t_{n+1}) - \frac{[\rho(t_{n+1}) - \beta]^2}{l} - \sum_{i=1}^{M} \lambda_i \beta_i\right\} \frac{q}{l} - \sum_{i=1}^{M} A_i \lambda_i \exp(-\lambda_i h) c_j(t_n) \tag{6.1.13}$$

$$\sum_{j=1}^{4} n^{(j-1)}(t_{n+1}) \left(F_j - \sum_{j=1}^{M} \frac{\beta_i G_{j,i}}{l}\right) - n(t_{n+1}) = -qh - n(t_n) + \sum_{j=1}^{M} \{[\exp(-\lambda_i h) - 1] c_j(t_n)\} \tag{6.1.14}$$

以上方程组的解法取决于反应性 $\rho(t)$ 的类型：若 $\rho(t)$ 与 $n(t)$ 无关，方程组便是线性代数方程组，可用直接法。如 Gauss 主元消去法在一个步长内由 t_n 时刻 $n(t_n)$、$n'(t_n)$ 及 $n''(t_n)$ 的值，直接解出 t_{n+1} 时刻 $n(t_{n+1})$、$n'(t_{n+1})$ 及 $n''(t_{n+1})$ 的值。若 $\rho(t)$ 与 $n(t)$ 有关，如反馈问题，方程组便是非线性方程组，将用迭代法求解。当反馈为负时，迭代过程的收敛很快。解出 $n(t_{n+1})$、$n'(t_{n+1})$ 及 $n''(t_{n+1})$ 值后，将它们的值代回式（6.1.10），便可算出 $c_i(t_{n+1})$ 值（$i = 1, 2, \cdots, M$）。例如，已知 $\rho(t)$ 且与 $n(t)$ 无关，可用 $\rho(t)$ 函数及其各阶导数 $\mathrm{d}^n\rho(t)/\mathrm{d}t^n$ 进行展开来处理：

$$\rho(\tau) = \rho(t_n) + \rho'(t_n)(\tau - t_n) + \rho''(t_n)\frac{(\tau - t_n)^2}{2!} + \cdots \tag{6.1.15}$$

一般近似可取前三项。

6.1.2 修正泰勒多项式积分方法

因为式（6.1.5）只取泰勒展开的三阶近似，将四阶以后的部分进行省略，因此使得 $n(\tau)$

产生了一定的误差。为了减少误差而又不增加计算难度，我们将三阶泰勒多项式积分方法进行必要的修正。即将式(6.1.5)中最后一项中的 $n'''(t_{n+1})$ 改为 $W(t_{n+1})=n'''(\zeta)$，通过对 $n'''(t_{n+1})$ 的修正使 $n(\tau)$ 的误差减小，并利用另外的途径获得有关 $n'''(\zeta)$ 的方程。

假设取 $\tau=t_n+0.5h$ 时，修正后的式（6.1.5）仍然成立，于是有

$$n\left(t_n+\frac{h}{2}\right)=n(t_{n+1})-n'(t_{n+1})\frac{h}{2}+\frac{n''(t_{n+1})}{8}h^2-W(t_{n+1})\frac{h^3}{48} \tag{6.1.16}$$

为了将式（6.1.16）中的 $n(t_n+0.5h)$ 消去，利用式（6.1.2）代入式（6.1.1）并沿区间 $[t_n, t_n+0.5h]$ 两边积分，并将式（6.1.5）代入可得 $n(t_n+0.5h)$ 的表达式：

$$n\left(t_n+\frac{h}{2}\right)-n(t_n)=\sum_{j=1}^{3}E_j n^{(j-1)}(t_{n+1})+E_4W(t_{n+1})-\sum_{j=1}^{M}\left[c_j\left(t_n+\frac{h}{2}\right)-c_j(t_n)\right]+\frac{qh}{2} \tag{6.1.17}$$

其中，$E_j=\int_{t_n}^{t_n+0.5h}\frac{j\rho(\tau')}{lj!}(\tau'-t_{n+1})^{j-1}\mathrm{d}\tau'$。又为了将式（6.1.17）中的 $c_j(t_n+0.5h)$ 消去，利用式（6.1.2）可推导出 $c_j(t)$ 在 $t=t_n+0.5h$ 处的解析表达式：

$$c_i\left(t_n+\frac{h}{2}\right)=\exp\left(-\lambda_i\frac{h}{2}\right)\left[c_i(t_n)+\frac{\beta_i}{l}\sum_{j=1}^{3}K_{j,i}n^{(j-1)}(t_{n+1})+\frac{\beta_i}{l}K_{4,i}W(t_{n+1})\right] \tag{6.1.18}$$

其中，$K_{j,i}=\exp(-\lambda_i h)\int_{t_n}^{t_n+0.5h}\frac{j(\tau'-t_{n+1})^{j-1}}{j!}\exp[\lambda_i(\tau'-t_n)]\mathrm{d}\tau'$，$i=1,2,\cdots,M$。

由式（6.1.16）～（6.1.18）即可得到有关 $W(t_{n+1})=n'''(\zeta)$ 的方程：

$$\begin{aligned}&n(t_{n+1})\left(E_1-1-\sum_{j=1}^{M}\frac{\beta_iK_{1,i}}{l}\right)+n'(t_{n+1})\left(E_2+\frac{h}{2}-\sum_{j=1}^{M}\frac{\beta_iK_{2,i}}{l}\right)+n''(t_{n+1})\left(E_3-\frac{h^2}{8}-\sum_{j=1}^{M}\frac{\beta_iK_{3,i}}{l}\right)\\&+W(t_{n+1})\left(E_4+\frac{h^3}{48}-\sum_{j=1}^{M}\frac{\beta_iK_{4,i}}{l}\right)=\sum_{j=1}^{M}\left[\exp\left(-\lambda_i\frac{h}{2}\right)c_j(t_n)\right]-n(t_n)-\sum_{j=1}^{M}c_j(t_n)-q\frac{h}{2}\end{aligned} \tag{6.1.19}$$

另外，将式（6.1.18）分别代入式（6.1.6）、（6.1.7）和（6.1.17），消去 $c_i(t_{n+1})$，经整理后得到三个关于 $n(t_{n+1})$、$n'(t_{n+1})$、$n''(t_{n+1})$ 和 $W(t_{n+1})$ 的方程：

$$\begin{aligned}&n(t_{n+1})\left[\frac{\rho(t_{n+1})-\beta}{l}+\sum_{i=1}^{M}\frac{\lambda_i\beta_iG_{1,i}}{l}\right]+n'(t_{n+1})\left(-1+\sum_{i=1}^{M}\frac{\lambda_i\beta_iG_{2,i}}{l}\right)+n''(t_{n+1})\sum_{i=1}^{M}\frac{\lambda_i\beta_iG_{3,i}}{l}\\&+W(t_{n+1})\sum_{i=1}^{M}\frac{\lambda_i\beta_iG_{4,i}}{l}=-q-\sum_{i=1}^{M}\lambda_i\exp(-\lambda_ih)c_j(t_n)\end{aligned} \tag{6.1.20}$$

$$\begin{aligned}&n(t_{n+1})\left\{\frac{[\rho(t_{n+1})-\beta]^2}{l^2}+\frac{\rho'(t_{n+1})}{l}+\sum_{i=1}^{M}\left[\frac{\rho(t_{n+1})-\beta}{l}-\lambda_i\right]\frac{\lambda_i\beta_iG_{1,i}}{l}+\sum_{i=1}^{M}\frac{\lambda_i\beta_i}{l}\right\}\\&+n'(t_{n+1})\sum_{i-1}^{M}\left[\frac{\rho(t_{n+1})-\beta}{l}-\lambda_i\right]\frac{\lambda_i\beta_iG_{2,i}}{l}+n''(t_{n+1})\left\{-1+\sum_{i=1}^{M}\left[\frac{\rho(t_{n+1})-\beta}{l}-\lambda_i\right]\frac{\lambda_i\beta_iG_{3,i}}{l}\right\}\\&+W(t_{n+1})\sum_{i=1}^{M}\left[\frac{\rho(t_{n+1})-\beta}{l}-\lambda_i\right]\frac{\lambda_i\beta_iG_{4,i}}{l}\\&=-\frac{\rho(t_{n+1})-\beta}{l}q-\sum_{i=1}^{M}\left[\frac{\rho(t_{n+1})-\beta}{l}-\lambda_i\right]\exp(-\lambda_ih)\lambda_ic_j(t_n)\end{aligned} \tag{6.1.21}$$

$$n(t_{n+1})\left(F_1-1-\sum_{j=1}^{M}\frac{\beta_i G_{1,i}}{l}\right)+n'(t_{n+1})\left(F_2-\sum_{j=1}^{M}\frac{\beta_i G_{2,i}}{l}\right)+n''(t_{n+1})\left(F_3-\sum_{j=1}^{M}\frac{\beta_i G_{3,i}}{l}\right)$$
$$+W(t_{n+1})\left(F_4-\sum_{j=1}^{M}\frac{\beta_i G_{4,i}}{l}\right)=-qh-n(t_n)+\sum_{j=1}^{M}\{[\exp(-\lambda_i h)-1]c_j(t_n)\} \tag{6.1.22}$$

以上方程的计算方法以及反应性 $\rho(t)$ 的处理，可以同样按照三阶泰勒多项式积分方法进行计算[16]。

6.2 最佳基函数法

6.2.1 基本原理

众所周知，实函数可以利用不同的基函数进行表示[17-18]。例如，考虑一个微分方程初始值问题，假设

$$u'(t)+u^2(t)=1,\quad u(0)=0 \tag{6.2.1}$$

式（6.2.1）的解为

$$u(t)=\tan h(t) \tag{6.2.2}$$

利用多项式作为基函数，则 $\tan h(t)$ 可表示为

$$\tan h(t)\approx t-\frac{t^3}{3}+\frac{2t^5}{15}-\frac{17t^7}{315}+\cdots \tag{6.2.3}$$

式(6.2.3)在相当小的区域 $0\leqslant t<3/2$ 内收敛，见图 6.2.1。然而如果利用指数函数作为基函数则可得[19]

$$\tan h(t)\approx 1+\lim_{m\to+\infty}\left[2\sum_{n=1}^{m}(-1)^n e^{-2nt}+(-1)^{m+1}e^{-(2m+1)t}\right] \tag{6.2.4}$$

式（6.2.4）在整个区域 $0\leqslant t<+\infty$ 内收敛至精确解。甚至其 2 阶近似解

$$u(t)=1-2e^{-2t}+2e^{-4t}-e^{-5t} \tag{6.2.5}$$

也与精确解吻合得很好，如图 6.2.1 所示，其中：圆点表示 $u=\tan h(t)$，实线表示 $u=1-2e^{-2t}+2e^{-4t}-e^{-5t}$，虚线表示 $u=t-\frac{t^3}{3}+\frac{2t^5}{5}$，点划线表示 $u=t-\frac{t^3}{3}+\frac{2t^5}{5}-\frac{17t^7}{315}$。

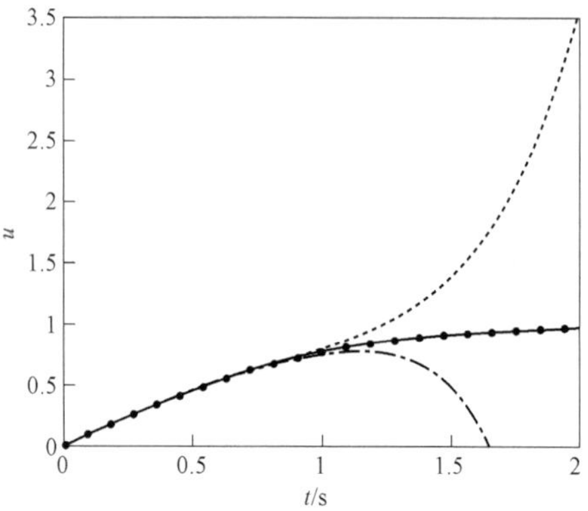

图 6.2.1　$u(t)=\tan h(t)$ 的各种近似解和精确解比较图

另外，为了证明采用恰当的基函数进行数值计算将会提高计算效率，对上述实例进行了数值计算，结果如表 6.2.1 所示。当计算步长 h 为 0.000 01 时，采用指数基函数近似时求得区域[0,3/2]内的 $u(t)$ 值共花费 0.094 s 的计算时间。然而采用不同阶数的多项式近似时，计算机耗时分别为 0.203 s 和 0.297 s，为采用指数基函数近似时的 2 到 3 倍[10]。

表 6.2.1　$u(t)=\tan h(t)$ 的近似解计算比较

式（6.2.1）的近似解	计算间隔	步长	计算时间/s
$u(t)=t-\dfrac{t^3}{3}+\dfrac{2t^5}{5}-\dfrac{17t^7}{315}$	$0\leqslant t<3/2$	$h=0.000\ 01$	0.297
$u(t)=t-\dfrac{t^3}{3}+\dfrac{2t^5}{5}$	$0\leqslant t<3/2$	$h=0.000\ 01$	0.203
$u(t)=1-2\mathrm{e}^{-2t}+2\mathrm{e}^{-4t}-\mathrm{e}^{-5t}$	$0\leqslant t<3/2$	$h=0.000\ 01$	0.094

因此，对于不同的计算问题，可以采用合适的基函数来代替多项式进行计算，以达到最佳的计算效果。例如，对于周期问题可以利用周期函数代替多项式作为基函数，计算效率和精度将会大大提高。根据这一思想，我们提出了一些新的数值计算方法，其计算精度和效率比以往数值计算方法都有一定提高。

6.2.2　隐式最佳基函数法

重写 M 组缓发中子点堆方程如下：

$$\frac{\mathrm{d}n(t)}{\mathrm{d}t}=\frac{\rho(t)-\beta}{l}n(t)+\sum_{i=1}^{M}\lambda_i c_i(t)+q \tag{6.2.6}$$

$$\frac{\mathrm{d}c_i(t)}{\mathrm{d}t}=\frac{\beta_i}{l}n(t)-\lambda_i c_i(t)\qquad (i=1,2,\cdots,M) \tag{6.2.7}$$

将式（6.2.7）代入式（6.2.6）并在$[t_n,\tau](t_n<\tau\leqslant t_{n+1})$区间内积分可得

$$n(\tau)-n(t_n)=\int_{t_n}^{\tau}\frac{\rho(\tau')n(\tau')}{l}\mathrm{d}\tau'-\sum_{j=1}^{M}[c_j(\tau)-c_j(t_n)]+q(\tau-t_n) \tag{6.2.8}$$

根据式（6.2.7），能够得到 $c_i(\tau)$ 在区间$[t_n,t_{n+1}]$内的解析表达式为

$$c_i(\tau)=\exp[-\lambda_i(\tau-t_n)]\left\{c_i(t_n)+\frac{\beta_i}{l}\int_{t_n}^{\tau}n(\tau')\exp[\lambda_i(\tau'-t_n)]\mathrm{d}\tau'\right\}\quad i=1,2,\cdots,M \tag{6.2.9}$$

如果要对式（6.2.9）进行计算，必须知道 $n(t)$ 在区间$[t_n,t_{n+1}]$内的表达式。以往的数值计算方法大都是利用多项式根据已知条件将 $n(t)$ 近似表达。例如，Yeh 曾利用三阶 Hermite 多项式插值表达 $n(t)$ 和 $c_i(\tau)$ 在 t_n 和 t_{n+1} 之间的值，多项式的系数由区间$[t_n,t_{n+1}]$两端点的信息决定，即 $n(t_n)$，$n'(t_n)$，$n(t_{n+1})$，$n'(t_{n+1})$，$c_i(t_n)$，$c_i'(t_n)$，$c(t_{n+1})$ 和 $c_i'(t_{n+1})$[16]；另外一些学者则介绍了端点浮动法，该方法同样利用三阶多项式方法进行近似。多项式的系数并不

是由区间$[t_n, t_{n+1}]$两端点的信息决定，而是区间$[t_n, t_{n+1}]$内τ_j（$t_n < \tau_j \leqslant t_{n+1}$）时刻的信息决定，即$n(\tau_j)$和$n'(\tau_j)$，$n(\tau_j)$和$n'(\tau_j)$分别满足式（6.2.6）和（6.2.8），通过得到多项式的系数即可得到t_{n+1}时刻的中子密度；上节中介绍的泰勒多项式近似技术则是利用区间$[t_n, t_{n+1}]$右端的信息得到多项式的系数，如$n(t_{n+1})$，$n'(t_{n+1})$，$n''(t_{n+1})$等[20,21]。

Hermite 多项式法、端点浮动法和泰勒多项式积分法都是采用基函数$\sum_{j=0}^{\infty}(\tau - t_n)^j$近似表达区间$[t_n, t_{n+1}]$内的$n(t)$。它们的主要差别是求解系数时采用的信息不同，也就是说 Hermite 多项式法采用t_n和t_{n+1}的信息，端点浮动法采用τ_j ($t_n < \tau_j \leqslant t_{n+1}$) 的信息，而泰勒多项式积分法采用的是$t_{n+1}$信息。这里，我们采用最佳基函数方法的思想[20]，根据点堆方程性质，选取$\sum_{j=0}^{\infty}\exp[2j(\tau - t_n)]$作为基函数，可得

$$n(\tau) = \sum_{j=0}^{k} a_j \exp[2j(\tau - t_n)] \tag{6.2.10}$$

式中：a_k为未知系数。

根据式(6.2.10)可知，需用$(k+1)$个方程求得a_k。因此，选取$\tau = \tau_1, \tau_2, \cdots, \tau_{(k+\delta)/2}$（$t_n < \tau_1 < \tau_2 < \cdots < \tau_{(k+\delta)/2} \leqslant t_{n+1}$）（这里取$\tau_1 = t_n + 0.5h$，$\tau_2 = t_{n+1}$）。当$k$为奇数时，$\delta = 1$；当$k$为偶数时，$\delta = 0$。相应的$n(\tau)$与$\mathrm{d}n(\tau)/\mathrm{d}\tau$应满足式（6.2.6）与（6.2.8）。当$k$为奇数时，另外还需加一点$\tau = \tau_{k/2+1}$，令其只满足式（6.2.8），这样可由上面（$k+1$）个已知条件建立（$k+1$）个方程，以确定待定系数$a_j (j = 0, 1, \cdots, k)$。

将式（6.2.10）代入式（6.2.6）与（6.2.8），经整理后，可得下列方程组：

$$\begin{aligned}&\sum_{j=0}^{k}\left\{\exp[2j(\tau - t_n)] - F_j(\tau) + \sum_{l=1}^{M} G_{l,j}(\tau)\right\} a_j \\ &= n(t_n) + q(\tau - t_n) - \sum_{l=1}^{M}\{\exp[-\lambda_j(\tau - t_n)] - 1\} c_j(t_n)\end{aligned} \tag{6.2.11}$$

$$\begin{aligned}&\sum_{j=0}^{k}\left\{[2j - D(\tau)]\exp[2j(\tau - t_n)] - \sum_{i=1}^{M}\lambda_i G_{i,j}(\tau)\right\} a_j \\ &= \sum_{i=1}^{M}\{\lambda_i \exp[-\lambda_i(\tau - t_n)] c_i(t_n)\} + q\end{aligned} \tag{6.2.12}$$

式中：

$$F_j(\tau) = \int_{t_n}^{\tau} \frac{\rho(\tau')\exp[2j(\tau' - t_n)]}{l}\mathrm{d}\tau' \tag{6.2.13}$$

$$D(\tau) = \frac{\rho(\tau) - \beta}{l} \tag{6.2.14}$$

$$G_{i,j}(\tau) = \exp[-\lambda_i(\tau - t_n)]\frac{\beta_i}{l}\int_{t_n}^{\tau}\exp[(\lambda_i + 2j)(\tau' - t_n)]\mathrm{d}\tau' \tag{6.2.15}$$

联立解相应于不同 τ_i 值的式（6.2.11）与（6.2.12），共（$k+1$）个方程组，即可求得待定系数 $a_j\ (j=0,1,\cdots,k)$。这样，在一个时间步长内，由前端 t_n 时刻的值解得后端点 t_{n+1} 时刻的值为

$$n(t_{n+1})=\sum_{j=0}^{k}a_j\exp(2jh) \tag{6.2.16}$$

$$c_i(t_{n+1})=\exp(-\lambda_i h)c_i(t_n)+\sum_{j=0}^{k}a_jG_{i,j}\quad i=1,2,\cdots,M \tag{6.2.17}$$

由此递推，可求得后续任何时刻 t 的数值解。

6.2.3　显式最佳基函数法

把式（6.1.1）和式（6.1.2）表示成矩阵形式，即

$$\frac{\mathrm{d}Y}{\mathrm{d}t}=\boldsymbol{H}(t)\boldsymbol{Y}(t)+\boldsymbol{F}(t) \tag{6.2.18}$$

$$\boldsymbol{Y}(t)\big|_{t=0}=\boldsymbol{Y}_0 \tag{6.2.19}$$

式中：$\boldsymbol{Y}(t)$、$\boldsymbol{Y}_0$、$\boldsymbol{F}(t)$ 均为 $M+1$ 维列向量，$\boldsymbol{Y}(t)=[n(t),c_1(t),c_2(t),\cdots,c_M(t)]^{\mathrm{T}}$，$\boldsymbol{F}(t)=[Q,0,0,\cdots,0]^{\mathrm{T}}$，$\boldsymbol{Y}_0=[n_0,c_{10},c_{20},\cdots,c_{M0}]^{\mathrm{T}}$，$n_0$ 为初始中子密度，1/cm^3；c_{i0} 为第 i 组缓发中子先驱核初始浓度，1/cm^3。$H(t)$ 表示如下 $(M+1)\times(M+1)$ 矩阵：

$$\boldsymbol{H}(t)=\begin{bmatrix}\dfrac{\rho(t)-\beta}{l} & \lambda_1 & \lambda_2 & \cdots & \lambda_M\\ \dfrac{\beta_1}{l} & -\lambda_1 & 0 & \cdots & 0\\ \dfrac{\beta_2}{l} & 0 & -\lambda_2 & \cdots & 0\\ \vdots & \vdots & \vdots & \ddots & \vdots\\ \dfrac{\beta_M}{l} & 0 & 0 & \cdots & -\lambda_M\end{bmatrix} \tag{6.2.20}$$

如果点堆动力学方程系数矩阵 $\boldsymbol{H}(t)$ 为常系数矩阵，根据 Aboanber[22]的方法即可获得精确解。实际上 $\boldsymbol{H}(t)$ 并非常系数矩阵，为了通过解析的方法求得精确度较高的解，可以根据点堆动力学方程组的解具有指数变化规律的特点，利用指数函数作为基函数将式（6.2.18）在一个时间步长内展开为

$$\boldsymbol{Y}(t)=\sum_{i=0}^{\infty}\boldsymbol{A}_i\exp(iDt) \tag{6.2.21}$$

式中：A_i 为 $M+1$ 维列向量，D 为任意常数，这里我们取 D 为 -26。

由初始条件，根据式（6.2.21）可得

$$\left.\begin{aligned}&\boldsymbol{Y}(0)=\sum_{i=0}^{\infty}\boldsymbol{A}_i \qquad \boldsymbol{Y}'(0)=\sum_{i=0}^{\infty}\boldsymbol{A}_i iD\\&\cdots\\&\boldsymbol{Y}^{(n)}(0)=\sum_{i=0}^{\infty}\boldsymbol{A}_i(iD)^n\end{aligned}\right\} \tag{6.2.22}$$

式中：n 表示 $\boldsymbol{Y}(t)$ 的 n 阶导数。

根据式（6.2.18）可得

$$\boldsymbol{Y}^{(n)}(t)=\sum_{i=0}^{n-1}\frac{(n-1)!}{i!(n-i-1)!}\boldsymbol{H}^{(i)}(t)\boldsymbol{Y}^{(n-i-1)}(t)+\boldsymbol{F}^{(n-1)}(t) \tag{6.2.23}$$

式中，$\boldsymbol{H}^{(i)}(t)=\begin{bmatrix}\dfrac{1}{l}\dfrac{\mathrm{d}^{(i)}\rho(t)}{\mathrm{d}t^{(i)}} & 0\\ 0 & 0\end{bmatrix}$，$\boldsymbol{F}^{(i)}(t)=[Q^{(i)},0,0,\cdots,0]^{\mathrm{T}}$。

当 $t=0$ 时，根据式（6.2.22）与（6.2.23）可得

$$\sum_{i=0}^{\infty}\boldsymbol{A}_i(iD)^n=\sum_{i=0}^{n-1}\frac{(n-1)!}{i\,!(n-i-1)!}\boldsymbol{H}^{(i)}(0)\boldsymbol{Y}^{(n-i-1)}(0)+\boldsymbol{F}^{(n-1)}(0) \tag{6.2.24}$$

根据初始条件 $\boldsymbol{H}(0)$、$\boldsymbol{Y}(0)$ 和 $\boldsymbol{F}(0)$，利用迭代方法可以计算出式（6.2.24）中等号右边的结果。如果等号左边取 k 项近似（这里我们取 10 项近似），则式（6.2.24）变为

$$\sum_{i=0}^{k}\boldsymbol{A}_i i^n=\left[\sum_{i=0}^{n-1}\frac{(n-1)!}{i!(n-i-1)!}\boldsymbol{H}^{(i)}(0)\boldsymbol{Y}^{(n-i-1)}(0)+\boldsymbol{F}^{(n-1)}(0)\right]D^{-n} \tag{6.2.25}$$

根据式(6.2.25)，分别取 $n=1,2,\cdots,k$，组成一个线性方程组。求解该方程组即可得到 $\boldsymbol{A}_i$，根据式（6.2.21）即可求得该步长内点堆动力学方程组的解。将末点值作为下个时间步长的初始值重新计算，如此循环，可以得到整个时间段内的解。

6.3　不同反应性输入的求解

6.3.1　端点浮动法

后面比较中，我们用到了端点浮动法，在此，对该方法作一简单介绍。对中子动力学方程式（6.1.1）与（6.1.2）离散化，以 $h=t_2-t_1$ 表示从时刻 t_1 到 t_2 的时间步长。令 $t=t_1+\tau h$，于是式（6.1.1）与（6.1.2）可改写为

$$\frac{1}{h}\frac{\mathrm{d}n(\tau)}{\mathrm{d}\tau}=\frac{\rho(\tau)-\beta}{l}n(\tau)+\sum_{i=1}^{6}\lambda_i c_i(\tau) \tag{6.3.1}$$

$$\frac{1}{h}\frac{\mathrm{d}c_i(\tau)}{\mathrm{d}\tau}=\frac{\beta_i}{l}n(\tau)-\lambda_i c_i(\tau) \qquad i=1,2,\cdots,6 \tag{6.3.2}$$

把式（6.3.1）代入式（6.3.2），两边方程积分后，可得

$$\frac{n(\tau)-n_1}{h}=\frac{1}{l}\int_0^{\tau}\rho(\tau')n(\tau')\mathrm{d}\tau'-\frac{1}{h}\sum_{i=1}^{6}[c_i(\tau)-c_{i1}] \tag{6.3.3}$$

$$c_i(\tau)=\exp(-\lambda_i h\tau)\left[c_{i1}+\frac{\beta_i}{l}h\int_0^{\tau}n(\tau')\exp(\lambda_i h\tau')\mathrm{d}\tau'\right] \tag{6.3.4}$$

在一个时间步长内，被积函数 $n(\tau)$ 可使用 k 次多项式近似表示为

$$n(\tau)=a_0+a_1\tau+\cdots+a_k\tau^k=\sum_{j=0}^{k}a_j\tau^j \tag{6.3.5}$$

式中，$a_0,a_1,\cdots,a_k$ 为待定系数。为了确定这些系数，必须建立 $(k+1)$ 个方程。可选取浮动的末端点与中间点的值来确定这些系数。这些值既包括该点的中子密度 $n(\tau)$，也包括该点中子密度对时间的导数 $\mathrm{d}n(\tau)/\mathrm{d}\tau$。

选取 $\tau=\tau_1,\tau_2,\cdots,\tau_{(k+\delta)/2}$，（$t_n<\tau_1<\tau_2<\cdots<\tau_{(k+\delta)/2}\leqslant t_{n+1}$）。

当 k 为奇数时，$\delta=1$。k 为偶数时，$\delta=0$。相应的 $n(\tau)$ 与 $\mathrm{d}n(\tau)/\mathrm{d}\tau$ 满足方程（6.3.3）和（6.3.1）。当 k 为奇数时，另加一点 $\tau=\tau_{k/2+1}$，令其只满足方程（6.3.3），这样可由上面 $(k+1)$ 个已知条件建立 $(k+1)$ 个方程，于是用这些方程可以确定待定系数 $a_j(j=0,1,\cdots,k)$。

这样，在一个时间步长内，由前端点 t_1 时刻的值便可求得后端点 t_1+h 时刻的值，由此推导下去，可求得后续任何时刻 t 的数值解。

6.3.2　阶跃反应性输入

以热中子堆为例，计算有外加中子源阶跃反应性输入后中子密度 $n(t)$ 和六组缓发中子先驱核密度 $c_i(t)$ 随时间 t 的变化。取热堆参数[23,24]：$l=2\times10^{-5}$ s，$q=0$，$\beta=0.007$，$\beta_1=0.000\,266$，$\beta_2=0.001\,491$，$\beta_3=0.001\,316$，$\beta_4=0.002\,849$，$\beta_5=0.000\,896$，$\beta_6=0.000\,182$；λ_1= 0.012 7 (1/s)，λ_2= 0.031 7 (1/s)，λ_3= 0.115 (1/s)，λ_4= 0.311 (1/s)，λ_5=1.40 (1/s)，λ_6= 3.87 (1/s)。另外，取 $h=0.1$ s，$n(0)=1.0\ (1/\mathrm{cm}^3)$，$c_i(0)=n(0)\beta_i/l/\lambda_i$ $(1/\mathrm{cm}^3)$。中子密度随时间变化的精确解、三阶泰勒法[16]、修正泰勒法[10]、隐式最佳基函数法[17]、显式最佳基函数法[20]、幂级数法[21]、高次端点浮动法[25]、一阶泰勒法（低次端点浮动法）[12]、Hermite 法[11]等各种的数值结果分别列于表 6.3.1 至表 6.3.2。因为六组点堆方程得不到完全解析解，而利用近似解析解法[1,26]求得的中子密度、缓发中子先驱核密度的数值结果精确度较差，仅能作为定性分析。因此，这里精确解值是利用 Hermite 法取 $h=0.000\,1$ s 求得的近似值代替。

表 6.3.1　阶跃正反应性 $\rho_0=0.003$ 输入后 1 s 内中子密度随时间的变化（$1/cm^3$）

时间/s	精确解	三阶泰勒法	修正泰勒法	隐式最佳基函数法	显式最佳基函数法	
	$h=0.000\,1$ s	$h=0.1$ s	$h=0.1$ s	$h=0.1$ s	$h=0.01$ s	$h=0.1$ s
0.0	1.000 000	1.000 000	1.000 000	1.000 000	1.000 000	1.000 000
0.2	1.851 268	1.851 246	1.851 252	1.851 250	1.851 268	−3.940 7E14
0.4	1.947 593	1.947 581	1.947 584	1.947 585	1.947 593	−2.086 4E29
0.6	2.037 922	2.037 915	2.037 916	2.037 917	2.037 922	−1.104 7E44
0.8	2.124 832	2.124 827	2.124 828	2.124 829	2.124 832	−5.848 7E58
1.0	2.209 841	2.209 838	2.209 838	2.209 839	2.209 841	−3.096 6E73

时间/s	幂级数法		高次端点浮动法	一阶泰勒法（低次端点浮动法）	Hermite 法
	$h=0.01$ s	$h=0.1$ s	$h=0.1$ s	$h=0.1$ s	$h=0.1$ s
0.0	1.000 000	1.000 000	1.000 000	1.000 000	1.000 000
0.2	1.851 268	8.050 5E13	1.851 252	1.851 170	1.626 018
0.4	1.947 593	2.374 4E27	1.947 586	1.947 546	1.879 423
0.6	2.037 922	7.003 2E40	2.037 918	2.037 894	2.017 291
0.8	2.124 832	2.065 6E54	2.124 829	2.124 816	2.118 588
1.0	2.209 841	6.092 2E67	2.209 839	2.209 832	2.207 950

表 6.3.2　阶跃负反应性 $\rho_0=-0.007$ 输入后 1 s 内中子密度随时间的变化（$1/cm^3$）

时间/s	精确解	三阶泰勒法	修正泰勒法	隐式最佳基函数法	显式最佳基函数法	
	$h=0.000\,1$ s	$h=0.1$ s	$h=0.1$ s	$h=0.1$ s	$h=0.01$ s	$h=0.001$ s
0.0	1.000 000	1.000 000	1.000 000	1.000 000	1.000 000	1.000 000
0.2	0.480 973	0.480 976	0.480 975	0.480 975	0.480 973	0.480 973
0.4	0.465 289	0.465 291	0.465 291	0.465 290	0.465 289	0.465 289
0.6	0.451 964	0.451 965	0.451 965	0.451 965	0.451 964	0.451 964
0.8	0.440 272	0.440 273	0.440 273	0.440 273	0.440 272	0.440 272
1.0	0.429 782	0.429 783	0.429 783	0.429 783	0.429 782	0.429 782

时间/s	幂级数法		高次端点浮动法	一阶泰勒法（低次端点浮动法）	Hermite 法
	$h=0.01$ s	$h=0.001$ s	$h=0.1$ s	$h=0.1$ s	$h=0.1$ s
0.0	1.000 000	1.000 000	1.000 000	1.000 000	1.000 000
0.2	3.431 7e+029	0.480 973	0.480 975	0.480 982	0.835 660
0.4	2.356 8e+059	0.465 289	0.465 290	0.465 295	0.717 051
0.6	1.618 6e+089	0.451 964	0.451 965	0.451 968	0.630 668
0.8	1.111 6e+119	0.440 272	0.440 273	0.440 275	0.567 119
1.0	7.634 2e+148	0.429 782	0.429 782	0.429 784	0.519 820

表 6.3.3　大正反应性 $\rho_0=\beta=0.007$ 输入后 1 s 内中子密度随时间的变化（$1/cm^3$）

时间/s	精确解	三阶泰勒法	修正泰勒法	隐式最佳基函数法	显式最佳基函数法	
	$h=0.0001$ s	$h=0.1$ s	$h=0.1$ s	$h=0.1$ s	$h=0.01$ s	$h=0.1$ s
0.0	1.000 000	1.000 000	1.000 000	1.000 000	1.000 000	1.000 000
0.2	0.159 725E3	0.154 193E3	0.157 888E3	0.159 786E3	0.159 725E3	0.941 024E2
0.4	0.166 728E4	0.154 732E4	0.162 560E4	0.166 585E4	0.166 728E4	0.596 206E3
0.6	0.171 319E5	0.152 675E5	0.164 649E5	0.170 954E5	0.171 318E5	0.367 333E4
0.8	0.175 890E6	0.150 540E6	0.166 790E6	0.175 292E6	0.175 890E6	0.225 809E5
1.0	0.180 572E7	0.148 382E7	0.168 911E7	0.179 729E7	0.180 572E7	0.138 771E6

时间/s	幂级数法	高次端点浮动法	一阶泰勒法（低次端点浮动法）	Hermite 法	
	$h=0.01$ s	$h=0.1$ s	$h=0.1$ s	$h=0.1$ s	$h=0.1$ s
0.0	1.000 000	1.000 000	1.000 000	1.000 000	1.000 000
0.2	0.159 725 8E3	0.159 725 8E3	0.159 014 3E3	0.109 464 4E3	0.158 674 4E3
0.4	0.166 728 8E4	0.166 728 7E4	0.165 074 8E4	0.725 586 2E3	0.164 598 9E4
0.6	0.171 319 3E5	0.171 319 3E5	0.168 674 7E5	0.469 402 2E4	0.168 050 2E5
0.8	0.175 891 0E6	0.175 890 9E6	0.172 209 4E6	0.303 128 5E5	0.171 430 4E6
1.0	0.180 573 2E7	0.180 573 1E7	0.175 806 9E7	0.195 712 0E6	0.174 867 3E7

表 6.3.1 和表 6.3.2 表明，在刚性显著的情况下，即使采用较大的时间步长，无论低阶或高阶泰勒多项式方法还是隐式最佳基函数法，都能取得满意的结果。但 Hermite 法的计算结果，在瞬变的初期（<1 s 内），误差较大，尤其是在负阶跃反应性输入的情况下。如果时间步长取得比较大，计算结果有较大的误差。对于负阶跃反应性输入，隐式最佳基函数法、高阶泰勒多项式方法及其修正方法的计算结果比其他方法更为精确。相对于几种积分方法，利用显式方法计算时需要采用的步长要求高。其中对于正的阶跃反应性输入，显式最佳基函数法和幂级数法对步长要求相当。但对于负的阶跃反应性输入，幂级数法对步长的要求比显式最佳基函数法更高。

从表 6.3.1 和表 6.3.2 中我们很难分别出高阶泰勒方法与修正后的泰勒方法的优劣。但从表 6.3.3 中可看出，修正后的泰勒方法比高阶泰勒方法的计算精度有较大的提高。从表 6.3.3 中还可看出，在较大正反应性瞬发临界的情况下，方程的刚性已不显著，截断误差已成为主要矛盾。隐式最佳基函数法、高次端点浮动法和 Hermite 法则显示它的优越性，它们的计算结果误差最小。其中前面介绍的隐式最佳基函数法计算精度最高，而一阶泰勒方法和低次端点浮动法误差较大。三阶泰勒多项式法及其修正法误差较大，精确度低于隐式最佳基函数法、高次端点浮动法和 Hermite 法，但仍然优于一阶泰勒方法和低次端点浮动法。计算表明减小步长将使三阶泰勒多项式法及其修正法精度将会迅速的提高，而且随着多项式次数的增加，截断误差将随之减小，计算的精度将进一步的提高。

Hermite 插值多项式法、端点浮动法、泰勒多项式法与隐式最佳基函数法都属于数值积分方法。Hermite 插值多项式法、端点浮动法都将时间间隔变换为约化时间间隔，而泰勒多项式法和隐式最佳基函数法是直接进行推导计算。但这不是它们主要的区别，泰勒多项式法和隐式最佳基函数法也同样可以进行变换。由分析可知其主要的差别在于对步长时间内 $n(t)$ 的内插式不同。Hermite 插值多项式法利用两端点的 $n(t)$ 值及其导数进行插值计算，该方法一般情况下较为精确。但在反应性发生阶跃变化的情况下，尤其是在负反应性的情况下，如果时间步长取得比较大，在未达到稳定周期时的一个短时间内，有较大的误差。因此为取得一定的精度必须将时间步长限定在某较小范围之内；低次端点浮动法利用后端点的中子密度值及其导数进行插值计算，即采用的是向后差分全隐格式。该方法克服点堆动力学方程刚性有一定的效果，但在刚性不是主要矛盾的大正反应性情况下，精度不高；高次端点浮动法是利用后端点与中间点的中子密度值及其导数进行插值计算，有较好的稳定性。高次端点浮动法主要缺点是在确定待定系数时过程较为烦琐。在解算由这些端点值所确定的方程组时需要浪费大量的计算时间，并影响算法的精度。另外，如果将一阶泰勒多项式法进行约化时间变换后，可以发现其与低次端点浮动法完全相同。所以，一阶泰勒多项式法与低次端点浮动法具有同样的不足，即因为采用的近似多项式次数较低，在刚性不是主要矛盾的大正反应性输入情况下，精度不高。高阶泰勒多项式法及其修正法则克服了一阶泰勒多项式法的这一不足。而隐式最佳基函数法则根据方程性质采用合适的基函数对步长时间内 $n(t)$ 的内插式进行近似，能够更加准确地描述步长时间内的 $n(t)$，提高计算精度。

6.3.3 线性反应性输入

为了进一步对各种数值计算方法进行比较，这里也对线性反应性 $\rho=\gamma t$ 输入的结果进行了计算。反应堆的参数同前，取 $\gamma=0.000\,7\ (1/\mathrm{s})$，$h=0.1\ \mathrm{s}$，$n(0)=1.0\ (1/\mathrm{cm}^3)$，$c_i(0)=n(0)\beta_i/l/\lambda_i\ (1/\mathrm{cm}^3)$。计算 10 s 内中子密度随时间的变化，计算结果见图 6.3.1 和表 6.3.4。表 6.3.4 中以 $h=0.000\,1$ s 的 Hermite 法的计算值为标准参考值，以 $h=0.1$ s 为步长的 Hermite 法、一阶泰勒多项式法（低次端点浮动法）和高次端点浮动法的近似计算值也列入表中，以供比较。

表 6.3.4　线性反应性输入后中子密度随时间的变化（$1/\mathrm{cm}^3$）

时间/s	精确解	三阶泰勒法	修正泰勒法	隐式最佳基函数法	显式最佳基函数法		
	$h=0.000\,1$ s	$h=0.1$ s	$h=0.1$ s	$h=0.1$ s	$h=0.01$ s	$h=0.02$ s	$h=0.1$ s
0	1.000 000	1.000 000	1.000 000	1.000 000	1.000 000	1.000 000	1.000 000
2	1.338 200	1.338 200	1.338 200	1.338 200	1.338 200	1.338 200	1.321 447
4	2.228 442	2.228 442	2.228 442	2.228 442	2.228 442	2.228 419	2.129 452
6	5.582 052	5.582 052	5.582 052	5.582 052	5.582 052	5.581 891	4.925 635
8	42.786 30	42.786 33	42.786 29	42.786 29	42.786 29	42.782 60	29.896 33
10	451 163.6	433 553.2	450 412.1	450 412.1	451 162.5	450 864.6	0.590 69E5
CPU 时间/s	81.156 0	0.422 000	0.412 000	0.063 125	1.734 00	0.882 00	0.258 90

续表

时间/s	幂级数法			高次端点浮动法	一阶泰勒法（低次端点浮动法）	Hermite 法
	$h=0.01$ s	$h=0.02$ s	$h=0.1$ s	$h=0.1$ s	$h=0.1$ s	$h=0.1$ s
0	1.000 000	1.000 000	1.000 000	1.000 000	1.000 000	1.000 000
2	1.338 200	8.173E97	1.157E163	1.338 200	1.338 212	1.338 200
4	2.228 442	1.524E104	INF	2.228 442	2.228 505	2.228 440
6	5.582 052	3.141E104	INF	5.582 052	5.582 764	5.582 047
8	42.786 30	2.300E105	INF	42.786 33	42.838 10	42.786 29
10	4.511 63E5	2.414E109	INF	4.488 642E5	3.209 862E5	447 385.5
CPU 时间/s	1.577 999 9	0.782 00	0.202 999	0.182 979	0.091 99	0.140 999

从表 6.3.4 中可以看出，在 8 s 以前三种方法的计算结果都比较接近。但在 8 s 后，因已接近瞬发临界，方程的刚性已不显著，低次端点浮动法已不适用，而隐式最佳基函数法、修正高阶泰勒多项式方法仍然可以适用，其计算结果的精度超过 Hermite 法。修正高阶泰勒多项式方法计算时间比隐式最佳基函数法和 Hermite 法长，而隐式最佳基函数法无论是从计算时间还是计算精度与其他计算方法比较都具有优势。

对于显式方法，幂级数法和显式最佳基函数法对计算步长仍然要求较高，因此影响了计算速度。但与其他方法比较，显式方法同样具有一定优势。比如，显式最佳基函数法计算过程简洁明了，易于编程。另外，从两种显式方法的比较中可以看出，显式最佳基函数法继承了幂级数法的优点，可以适当加大计算步长，节约计算工作量，并保证较高的计算精度，克服了刚性常微分方程组带来的不利因素。为了更好地理解显式最佳基函数法和幂级数法以及造成两种方法之间差别的原因，取出这两种方法对 $\gamma=0.000\,7\ (1/\text{s})$ 的反应性线性输入时第一步的计算结果，如图 6.3.2 所示。从图 6.3.2 中可以看出，幂级数法取 10 项近似时，只能精确计算到 0.01 s 附近，因此，幂级数法在 $h=0.02$ s 会发生计算发散的现象。显式最佳基函数法取 10 项近似时可以比较精确地模拟到 0.06 s 附近，即使时间步长取 0.06 s，仍然能获得一定精度的计算结果，因此可以适当加大计算步长。

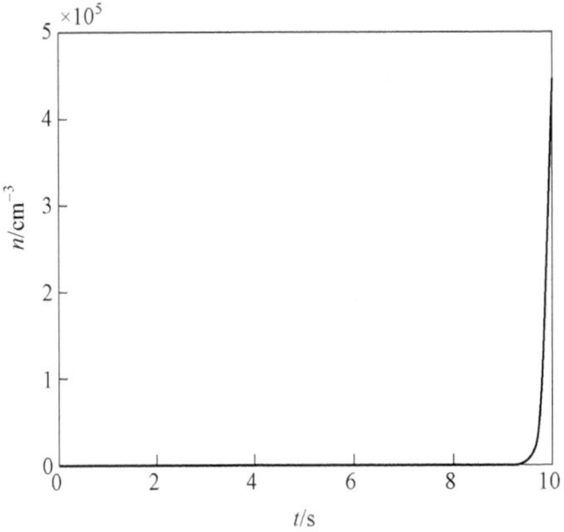

图 6.3.1　线性反应性输入后中子密度随时间的变化

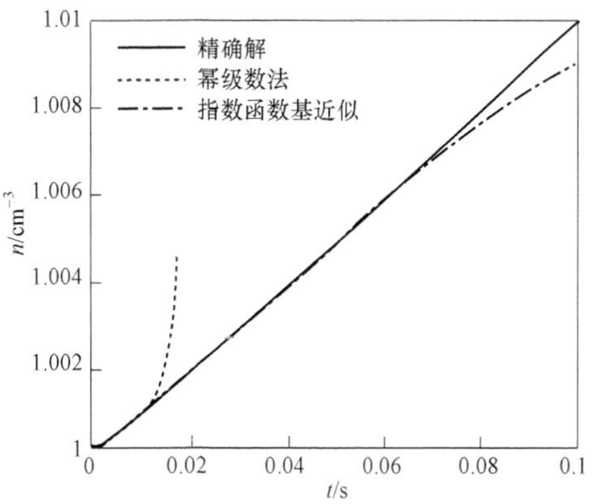

图 6.3.2　线性反应性输入计算结果对比

6.3.4 误差分析

通过数学推导很难得出最佳基函数法的误差。但是可以利用 Kinard 等人[27]提供的 PCA 方法进行估算。利用最佳基函数法求解一个简单的线性输入问题：$M=1$，$\lambda=1.0\ (1/\mathrm{s})$，$l=1\ \mathrm{s}$，$\beta=1$，$q=0$，$n(0)=1.0\ (1/\mathrm{cm}^3)$，$c(0)=\dfrac{n(0)\beta}{l\lambda}=1.0\ (1/\mathrm{cm}^3)$，反应性函数为 $\rho(t)=t$。计算结果如表 6.3.5 所示。很明显，同样条件下隐式最佳基函数法远精确于 PCA 法[16]。PCA 法误差呈 4 的倍数下降，然而隐式最佳基函数法误差呈 16 的倍数下降。我们知道 PCA 法误差正比于 h^2，因此隐式最佳基函数法误差正比于 $h^{2\sim4}$。从表 6.3.5 中可知，当步长较大时，显式基函数法在相同的步长下计算精度低于隐式最佳基函数法和 PCA 法。但显式最佳基函数法随步长的减小误差迅速减小，其误差减小的速度远高于隐式最佳基函数法和 PCA 法。因此在步长较小的情形下其计算精度远高于 PCA 法，同时也优于隐式最佳基函数法。

表 6.3.5 最佳基函数法和 PCA 方法的误差比较

h/s	隐式最佳基函数法		显式最佳基函数法		PCA 法	
	$n(2)$	误差	$n(2)$	误差	$n(2)$	误差
0.2	4.527 942 488	0.000 031 178	4.522 370 258	0.005 541 052 30	—	—
0.1	4.527 913 409	0.000 002 099	4.527 880 049	0.000 031 260 80	4.525 25	0.000 166
0.05	4.527 911 445	0.000 000 135	4.527 911 232	0.000 000 077 48	4.527 49	0.000 042
0.025	4.527 911 318	0.000 000 008 5	4.527 911 309	0.000 000 000 74	4.527 88	0.000 010

6.4 有温度反馈问题的最佳基函数法求解

通过上节的计算和分析，可知最佳基函数法中无论是隐式还是显式方法，在计算精度和效率方面都是具有代表性的计算方法。本节将进一步检验最佳基函数法求解带温度反馈的中子动力学方程的有效性。

带温度反馈的 M 组缓发中子的点堆中子动力学方程组为

$$\frac{\mathrm{d}n(t)}{\mathrm{d}t}=\frac{\rho(t)-\beta}{l}n(t)+\sum_{i=1}^{M}\lambda_i c_i(t)+q \tag{6.4.1}$$

$$\frac{\mathrm{d}c_i(t)}{\mathrm{d}t}=\frac{\beta_i}{l}n(t)-\lambda_i c_i(t)\quad (i=1,2,\cdots,M) \tag{6.4.2}$$

$$\frac{\mathrm{d}T(t)}{\mathrm{d}t}=K_c n(t)-\gamma T(t) \tag{6.4.3}$$

$$\rho(t,T)=\rho_0 I(t)-\alpha[T(t)-T_0] \tag{6.4.4}$$

式中：$n(t)$ 为中子密度，$1/\mathrm{cm}^3$；t 为时间，s；$\rho(t)$ 为反应性；β 为缓发中子总份额；β_i 为第 i 组缓发中子份额；λ_i 为第 i 组缓发中子先驱核衰变常数，1/s；l 为瞬发中子一代寿命，s；$c_i(t)$ 为第 i 组缓发中子先驱核平均浓度，$1/\mathrm{cm}^3$；q 为外加中子源源强，$1/(\mathrm{s}\cdot\mathrm{cm}^3)$；M 为缓发中子先驱核组数；$T(t)$ 为反应堆瞬时温度，K；T_0 为反应堆初始温度，K；$1/\gamma$ 为热量由燃料传给冷却剂的平均时间（1×10^3 s 数量级）；K_c 为反应堆热容量的倒数，K/(MW•s)；α 为燃料温度反馈系数，1/K；$\rho_0 I(t)$ 表示外加反应性。

6.4.1　隐式最佳基函数法

将式（6.4.2）代入式（6.4.1）并沿区间 $[t_n, t_{n+1}]$ 两边积分，可得

$$n(\tau)-n(t_n)=\int_{t_n}^{\tau}\frac{\rho(\tau')n(\tau')}{l}\mathrm{d}\tau'-\sum_{j=1}^{M}[c_j(\tau)-c_j(t_n)]+q(\tau-t_n) \tag{6.4.5}$$

由式（6.4.2）和（6.4.3）可推导出 $c_i(t)$ 和 $T(t)$ 在 $t=t_{n+1}$ 处的解析表达式

$$c_i(\tau)=\exp[-\lambda_i(\tau-t_n)]\left\{c_i(t_n)+\frac{\beta_i}{l}\int_{t_n}^{\tau}n(\tau')\exp[\lambda_i(\tau'-t_n)]\mathrm{d}\tau'\right\}\quad i=1,2,\cdots,M \tag{6.4.6}$$

$$T(\tau)=\exp[-\gamma(\tau-t_n)]\left\{T(t_n)+K_c\int_{t_n}^{\tau}n(\tau')\exp[\gamma(\tau'-t_n)]\mathrm{d}\tau'\right\} \tag{6.4.7}$$

由此假设

$$n(\tau)=n(t_n)+\sum_{j=0}^{k}a_j\exp[\kappa j(\tau-t_n)] \tag{6.4.8}$$

式中：a_j 为未知系数；k 为基函数阶数，这里取 $k=3$；κ 为任意实数，这里取 $\kappa=26$。根据式（6.4.8）可知，需用（$k+1$）个方程求得 a_j。因此，选取 $\tau=\tau_1,\tau_2,\cdots,\tau_{(k+\delta)/2}$（$t_n<\tau_1<\tau_2<\cdots<\tau_{(k+\delta)/2}\leqslant t_{n+1}$）（这里取 $\tau_1=t_n+0.5h$，$\tau_2=t_{n+1}$）。当 k 为奇数时，$\delta=1$；当 k 为偶数时，$\delta=0$。相应的 $n(\tau)$ 与 $\mathrm{d}n(\tau)/\mathrm{d}\tau$ 应满足式（6.2.6）与（6.2.8）。当 k 为奇数时，另外还需加一点 $\tau=\tau_{k/2+1}$，令其只满足式（6.2.8），这样可由上面（$k+1$）个已知条件建立（$k+1$）个方程，以确定待定系数 $a_j(j=0,1,\cdots,k)$。

将式（6.4.8）代入式（6.4.6）和（6.4.7）得

$$c_i(\tau)=\exp[-\lambda_i(\tau-t_n)]c_i(t_n)+\frac{\beta_i}{l\lambda_i}n(t_n)\{1-\exp[-\lambda_i(\tau-t_n)]\}+\sum_{j=0}^{k}a_jG_{i,j} \tag{6.4.9}$$

$$T(\tau)=\exp[-\gamma(\tau-t_n)]\left[T(t_n)+\frac{K_c}{\gamma}n(t_n)\{\exp[\gamma(\tau-t_n)]-1\}+\sum_{j=0}^{k}a_jK_c\frac{\exp[(\kappa j+\gamma)(\tau-t_n)]-1}{\kappa j+\gamma}\right] \tag{6.4.10}$$

将式（6.4.8）代入式（6.4.1）和（6.4.5）得

$$\sum_{j=0}^{k}\left\{[\kappa j-D(\tau)]\exp[\kappa j(\tau-t_n)]-\sum_{i=1}^{M}\lambda_i G_{i,j}(\tau)\right\}a_j$$
$$=\sum_{i=1}^{M}\{\lambda_i\exp[-\lambda_i(\tau-t_n)]c_i(t_n)\}+\sum_{i=1}^{M}\frac{\beta_i}{l}n(t_n)\{1-\exp[-\lambda_i(\tau-t_n)]\}+q+D(\tau)n(t_n) \tag{6.4.11}$$

$$\sum_{j=0}^{k}\left\{\exp[\kappa j(\tau-t_n)]-F_j+\sum_{l=1}^{M}G_{l,j}(\tau)+\frac{\alpha K_c n(t_n)}{l}\int_{t_n}^{\tau}\frac{\exp[\kappa j(\tau'-t_n)]-\exp[-\gamma(\tau'-t_n)]}{\kappa j+\gamma}\mathrm{d}\tau'\right\}a_j$$
$$=\int_{t_n}^{\tau}\frac{n(t_n)\left\{\rho_0 I(\tau')-\alpha\left[T(t_n)-\frac{H}{\gamma}n(t_n)\right]\exp[-\gamma(\tau'-t_n)]\right\}}{l}\mathrm{d}\tau'-\frac{\alpha n(t_n)}{l}\left[\frac{K_c}{\gamma}n(t_n)-T_0\right](\tau-t_n)$$
$$-\sum_{j=1}^{M}\left[\{\exp[-\lambda_j(\tau-t_n)]-1\}c_j(t_n)\right]-\sum_{j=1}^{M}\left[\frac{\beta_i}{l\lambda_i}n(t_n)\{1-\exp[-\lambda_i(\tau-t_n)]\}\right]+q(\tau-t_n) \tag{6.4.12}$$

式中：

$$G_{i,j}=\exp[-\lambda_i(\tau-t_n)]\frac{\beta_i}{l}\int_{t_n}^{\tau}\exp[(\lambda_i+\kappa j)(\tau'-t_n)]\mathrm{d}\tau' \tag{6.4.13}$$

$$D(\tau)=\frac{\rho_0 I(\tau)-\alpha\left[\begin{array}{l}\exp[-\gamma(\tau-t_n)]T(t_n)+\dfrac{K_c}{\gamma}n(t_n)\{1-\exp[-\gamma(\tau-t_n)]\}\\+\displaystyle\sum_{p=0}^{k}a_pK_c\frac{\exp[\kappa p(\tau-t_n)]-\exp[-\gamma(\tau-t_n)]}{\kappa p+\gamma}-T_0\end{array}\right]-\beta}{l} \tag{6.4.14}$$

$$F_j=\int_{t_n}^{\tau}\frac{\rho_0 I(\tau')+\alpha T_0}{l}\exp[\kappa j(\tau'-t_n)]\,\mathrm{d}\tau'-\frac{\alpha T(t_n)}{l}\int_{t_n}^{\tau}\exp[(\kappa j-\gamma)(\tau'-t_n)]\,\mathrm{d}\tau'$$
$$-\int_{t_n}^{\tau}\sum_{p=0}^{k}a_p\frac{\alpha H}{l(\kappa p+\gamma)}\{\exp[\kappa(p+j)(\tau'-t_n)]-\exp[(\kappa j-\gamma)(\tau'-t_n)]\}\,\mathrm{d}\tau' \tag{6.4.15}$$

将不同的τ_i代入式（6.4.11）和（6.4.12）可以得到a_j $(j=0,1,\cdots,k)$。因此，得到$n(t_{n+1})$，$c_i(t_{n+1})$，$T(t_{n+1})$和$\rho(t_{n+1})$在区间$[t_n,t_{n+1}>t_n]$的表达式为

$$n(t_{n+1})=n(t_n)+\sum_{j=0}^{k}a_j\exp[\kappa jh] \tag{6.4.16}$$

$$c_i(t_{n+1})=\exp(-\lambda_i h)c_i(t_n)+\frac{\beta_i}{l\lambda_i}n(t_n)[1-\exp(-\lambda_i h)]$$
$$+\sum_{j=0}^{k}a_jG_{i,j}(t_{n+1})\qquad i=1,2,\cdots,M \tag{6.4.17}$$

$$T(t_{n+1})=\exp(-\gamma h)T(t_n)+\frac{K_c}{\gamma}n(t_n)[1-\exp(-\gamma h)]+\sum_{p=0}^{k}a_pK_c\frac{\exp(\kappa ph)-\exp(-\gamma h)}{\kappa p+\gamma} \tag{6.4.18}$$

$$\rho(t,T)=\rho_0 I(t)-\alpha[T(t)-T_0] \tag{6.4.19}$$

由此递推，可求得后续任何时刻t的数值解。

6.4.2　显式最佳基函数法

将式（6.4.1）～（6.4.4）表示成矩阵形式，即

$$\frac{\mathrm{d}Y}{\mathrm{d}t}=H(t)Y(t)+F(t) \tag{6.4.20}$$

$$Y(t)\big|_{t=0}=Y_0 \tag{6.4.21}$$

式中：$Y(t)$、Y_0、$F(t)$ 均为 $M+2$ 维列向量，$Y(t)=[n(t),c_1(t),c_2(t),\cdots,c_M(t),T(t)]^T$，$Y_0=[n_0,c_{10},c_{20},\cdots,c_{M0},T_0]^{\mathrm{T}}$，$F(t)=[q,0,0,\cdots,0]^{\mathrm{T}}$；$n_0$ 为初始中子密度，$1/\mathrm{cm}^3$；c_{i0} 为第 i 组缓发中子先驱核初始浓度，$1/\mathrm{cm}^3$。$H(t)$ 表示如下 $(M+2)(M+2)$ 矩阵：

$$H(t)=\begin{bmatrix} \dfrac{\rho(t)-\beta}{l} & \lambda_1 & \lambda_2 & \cdots & \lambda_m & -\alpha n(t) \\ \dfrac{\beta_1}{l} & \lambda_1 & & \cdots & 0 & 0 \\ \dfrac{\beta_2}{l} & & \lambda_1 & \cdots & 0 & 0 \\ \vdots & \vdots & \vdots & \ddots & \vdots & \vdots \\ \dfrac{\beta_m}{l} & 0 & 0 & \cdots & \lambda_1 & 0 \\ K_c & 0 & 0 & \cdots & 0 & -\gamma \end{bmatrix} \tag{6.4.22}$$

根据点堆动力学方程组具有指数变化规律的特点，将式（6.4.20）在一个时间步长内按照以下基函数进行展开：

$$Y(t)=\sum_{i=0}^{\infty}A_i t^i \exp(iDt) \tag{6.4.23}$$

式中，A_0、A_1、A_2、…均为 $M+2$ 维列向量，D 为任意常数，这里取 $D=20$。

由初始条件，根据式（6.4.23）可得

$$\left.\begin{aligned} &Y(0)=A_0 \qquad Y'(0)=A_1 \qquad Y''(0)=2A_1D+2A_2 \\ &\cdots \\ &Y^{(n)}(0)=\sum_{i=0}^{n}A_i\frac{n!}{(n-i)!}(iD)^{n-i} \end{aligned}\right\} \tag{6.4.24}$$

另外，根据式（6.4.20）可得

$$Y^{(n)}(t)=\sum_{k=0}^{n-1}\frac{(n-1)!}{k!(n-k-1)!}H^{(k)}(t)Y^{(n-k-1)}(t)+F^{(n-1)}(t) \tag{6.4.25}$$

式中，$H^{(i)}(t)=\begin{bmatrix}\dfrac{1}{l}\dfrac{\mathrm{d}^{(i)}\rho(t)}{\mathrm{d}t^{(i)}} & 0 \\ 0 & 0\end{bmatrix}$，$F^{(i)}(t)=[q^{(i)},0,0,\cdots,0]^{\mathrm{T}}$。

当取 $t=0$ 时，根据式（6.4.24）与（6.4.25）可知

$$Y^{(n)}(0)=\sum_{k=0}^{n-1}\frac{(n-1)!}{k!(n-k-1)!}H^{(k)}(0)\left[\sum_{i=0}^{n-k-1}A_i\frac{(n-k-1)!}{(n-k-i-1)!}(iD)^{n-k-1-i}\right]+F^{(n-1)}(0) \quad (6.4.26)$$

由式（6.4.24）与（6.4.26）可得

$$A_n=\left\{\sum_{k=0}^{n-1}\frac{(n-1)!}{k!(n-k-1)!}H^{(k)}(0)\left[\sum_{i=0}^{n-k-1}A_i\frac{(n-k-1)!}{(n-k-i-1)!}(iD)^{n-k-1-i}\right]+F^{(n-1)}(0)\right.$$
$$\left.-\sum_{i=0}^{n-1}A_i\frac{n!}{(n-i)!}(iD)^{n-i}\right\}\Big/ n! \quad (6.4.27)$$

根据初始条件 $H(0)$，$Y(0)$，$F(0)$ 等，利用迭代方法可以计算出式（6.4.25）的结果。如果式（6.4.23）左边取 z 项近似，则迭代 $z-1$ 次求得 A_1、A_2、…、A_{z-1} 后，利用式（6.4.23）即可得到该步长内点堆动力学方程组的解，然后将末点值作为下个时间步长的初始值重新计算，如此循环可以得到整个时间段内的解。

另外，当取 $D=0$ 时，有

$$A_n=\frac{1}{n}\sum_{i=0}^{n}\frac{1}{(i-1)!}H^{(i-1)}(0)A_{n-i} \quad (6.4.28)$$

上式即为传统的幂级数方法[7-8]。

6.4.3 几种方法的计算比较

现在来分析有温度反馈，线性反应性输入后中子密度 $n(t)$ 和六组缓发中子先驱核密度 $c_i(t)$ 随时间 t 的变化。采用热中子反应堆参数：$l=5\times10^{-5}$ s，$\beta=0.007$，$\beta_1=0.000\,266$，$\beta_2=0.001\,491$，$\beta_3=0.001\,316$，$\beta_4=0.002\,849$，$\beta_5=0.000\,896$，$\beta_6=0.000\,182$，$q=0$，$\lambda_1=0.012\,7$ (1/s)，$\lambda_2=0.031\,7$ (1/s)，$\lambda_3=0.115$ (1/s)，$\lambda_4=0.311$ (1/s)，$\lambda_5=1.40$ (1/s)，$\lambda_6=3.87$ (1/s)。另外取 $h=0.1$ s，$n(0)=1.0$ (1/cm^3)，$c_i(0)=n(0)\beta_i/l/\lambda_i$ (1/cm^3)。

计算结果如图 6.4.1 所示，图中实线为最佳基函数法计算结果，圆点线为幂级数法计算结果。从图 6.4.1 中可以看出最佳基函数法计算出来的结果和幂级数法的结果重合。表 6.4.1 描述了当不同参数输入时，第一个峰值以及达到第一个峰值对应的时间。隐式最佳基函数法和显式最佳基函数法计算误差均小于千分之五，满足工程计算精度。

以上分析计算表明[10]：泰勒多项式积分方法对中子密度采用分段高阶泰勒多项式近似技术，不但能显著消除刚性方程组带来的数值计算不利因素，时间步长不受最大（绝对值）负时间常数的限制，从而可加大步长，以节约计算工作量，而且还能够给出较高精确度的数值结果。随着多项式次数的增加，截断误差将随之减小，计算的精度会进一步提高。另外通过对高阶泰勒多项式的修正，当在较大正反应性输入的瞬发临界情况下，方程的刚性已不显著时，计算精度还会进一步提高[16]；另外，无论是显式还是隐式最佳基函数法都是

通过选择一个恰当的基函数对中子密度进行近似，从而提高计算精度和计算效率。其中，显式最佳基函数法继承了幂级数法的优点，可以加大计算步长，节约计算工作量，并保证较高的计算精度，克服了刚性常微分方程组带来的不利因素，还克服了幂级数法在计算中容易出现不稳定现象的缺点；而隐式最佳基函数法继承了传统隐式方法在计算步长和计算速度方面的优点。更为重要的是该方法能够根据所求问题的特点而选用合适的基函数进行计算求解，从而进一步提高计算速度和精度，且计算过程简洁稳定，是一种精度较好、适用性较强的求解点堆中子动力学方程的方法，可应用于反应堆中子动力学控制的设计分析和仿真计算。

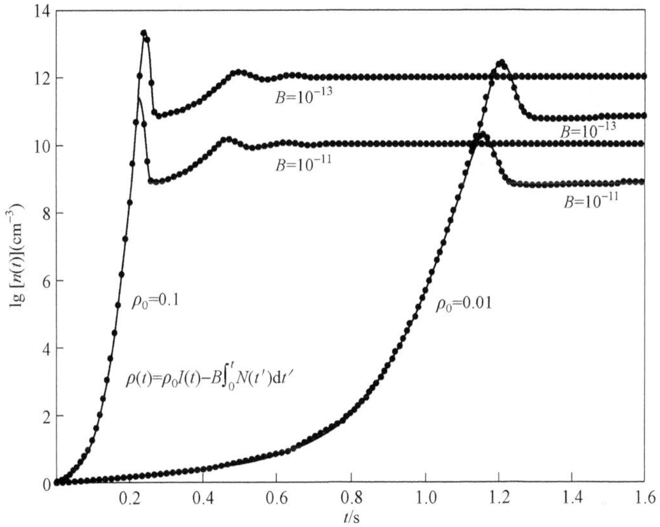

图 6.4.1　$l=5\times10^{-5}$ s，$B=10^{-11}\sim10^{-13}$ cm^3/s 时利用最佳基函数法和幂级数法得到的中子变化规律

表 6.4.1　不同计算方法计算结果对比

序号	计算使用参数				Hermite 法		幂级数法	
					第一次峰值/10^9	达到第一次峰值的时间	第一次峰值/10^9	达到第一次峰值的时间
Ⅰ	$\rho_0 I(t)$	$0.003\times t$	B	10^{-11}	5.114 2	2.906 6	5.105 9	2.910 5
Ⅱ	$\rho_0 I(t)$	$0.003\times t$	B	10^{-13}	—	—	652.222 9	3.007 5
Ⅲ	$\rho_0 I(t)$	$0.1\times t$	B	10^{-11}	242.03 79	0.224 1	239.575 9	0.224 7
Ⅳ	$\rho_0 I(t)$	$0.1\times t$	B	10^{-13}	—	—	28 666.68	0.238 9
Ⅰ	$\rho_0 I(t)$	$0.003\times t$	B	10^{-11}	5.089 0	2.911 0	5.113 7	2.911 0
Ⅱ	$\rho_0 I(t)$	$0.003\times t$	B	10^{-13}	662.826 3	3.008	653.385 3	3.008 0
Ⅲ	$\rho_0 I(t)$	$0.1\times t$	B	10^{-11}	241.248 2	0.224 9	241.403 8	0.225 0
Ⅳ	$\rho_0 I(t)$	$0.1\times t$	B	10^{-13}	28 909.15	0.239 2	28 979.73	0.239 0

6.5　曲率方法

针对核反应堆安全工程对某些数值计算结果要求只能取正的相对误差和较高的精度，以及舰船核反应堆机动性的要求，需要从数学方法上，寻找一种新的数值计算方法。以满足实际曲线向上凸或下凹时计算值总是略高于真实值，且误差不大于欧拉法[28,29]、改进欧拉法[30]和龙格—库塔法[4]。

本节介绍用圆弧代替切线的数值计算方法，以及针对其局限性提出相应的改进方法，以满足舰船核动力装置实际的运行需要。

6.5.1　曲率圆法

求解微分方程时，欧拉法采用切线段代替曲线段，当曲线向下凹时，计算值总低于实际值。而曲率圆弧段代替切线段的数值计算方法则是一种新的方法，能够使计算值在满足精度要求内略大于真实值[1]。

如图 6.5.1 所示给出了向下凹与向上凸的曲线，过 M(x,y)点作曲线的曲率圆。曲线方程表达式如下：

$$\begin{aligned} y &= f(x,y) \\ y(0) &= \mathrm{C} \end{aligned} \tag{6.5.1}$$

曲率圆方程为

$$(x-\alpha)^2+(y-\beta)^2=R^2 \tag{6.5.2}$$

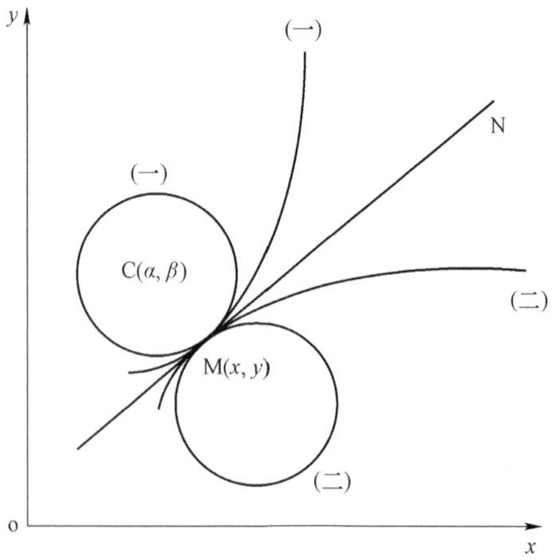

图 6.5.1　曲率圆示意图

由式（6.5.1）可得曲线方程为

$$y=\beta\pm\sqrt{R^2-(x-\alpha)^2} \tag{6.5.3}$$

其中，(α,β)为曲率圆心的坐标。当曲线为下凹时，式（6.5.3）中±取“−”，当曲线为上凸时，式（6.5.3）中±取“＋”。

曲率能够描述曲线的弯曲程度，由数学知识可以得到曲率的表达式为

$$K_M=\left|\frac{y''}{(1+y'^2)^{3/2}}\right| \tag{6.5.4}$$

故曲率圆的半径为

$$R=\frac{1}{K_M}=\frac{(1+y'^2)^{3/2}}{|y''|} \tag{6.5.5}$$

因为半径 MC 与切线 MN 垂直，故

$$y'=-\frac{x-\alpha}{y-\beta} \tag{6.5.6}$$

联立式（6.5.2）、（6.5.4）和（6.5.5），整理得

$$\alpha=x-\frac{y'(1+y'^2)}{y''} \tag{6.5.7}$$

$$\beta=y+\frac{1+y'^2}{y''} \tag{6.5.8}$$

计算步骤：

第一步，以(x_i,y_i)为起点，用微分方程式计算初始点的y'_i和y''_i；

第二步，将x_i，y_i和y''_i代入式（6.5.5）、（6.5.7）和（6.5.8），得到α_i，β_i和R_i的值；

第三步，取步长为h，将$x_{i+1}=x_i+h$，α_i，β_i和R_i的值代入式（6.5.3），得到第i个步长末的y_{i+1}值；

第四步，计算第i个步长末的y'_{i+1}和y''_{i+1}值；

第五步，将x_{i+1}，y_{i+1}，y'_{i+1}和y''_{i+1}代入α，β和R的表达式，得到α_{i+1}，β_{i+1}和R_{i+1}的值；

第六步，取步长为h_{i+2}，再将$x_{i+2}=x_{i+1}+h_{i+2}$，α_{i+1}，β_{i+1}和R_{i+1}的值代入式（6.5.3），可得第二个步长末了的y_{i+2}值；

如此循环下去，直到计算区上最后一个步长末的y值为止。这样即可获得满足在凹或凸曲线一侧要求的解。

但是在进一步研究中，发现曲率圆方法具有局限性。当曲线向上凸时，采用该方法计算得到的计算值低于真实值；增大步长时，比如步长提高到$h=0.1$时，计算精度明显下降，不能满足较高的精度要求（如千分之五）。

6.5.2 改进曲率圆法

针对曲率圆计算方法的局限性，有学者提出两种改进方法[31]，在求得 y_{i+1} 后，记作 y_{i+1}^*，把 y_{i+1}^* 代入给定方程 $y'=f(x)$求得 y_{i+1}'。一种方法是，用改进欧拉法的思想，第 i 和第 $i+1$ 个步长的导数不论大小，一律取平均值为 $y_{iav}'=(y_i'+y_{i+1}')/2$，计算 $y_{i+1}=y_i+y_{iav}'h_{i+1}$，将此 y_{i+1} 作为第 $i+1$ 个步长计算的最终值；但考虑改进欧拉法低估了两个导数对平均值的贡献，使得在核动力装置在实际运行中不能很好地反映真实情况。故有第二种新的计算方法提出，即引进权重的思想：

$$\omega_i=\frac{y_i'}{y_i'+y_{i+1}'} \tag{6.5.9}$$

$$\omega_{i+1}=\frac{y_{i+1}'}{y_i'+y_{i+1}'} \tag{6.5.10}$$

$$y_{iav}'=y_i'\omega_i+y_{i+1}'\omega_{i+1} \tag{6.5.11}$$

式中：ω_i 为第 i 步长权重因子；y_{iav}' 为第 i 步长末的平均值。

然后计算 $y_{i+1}=y_i+y_{iav}'h_{i+1}$，将此 y_{i+1} 作为第 $i+1$ 步计算的最终值。

可以通过一个具体的计算实例来说明这里提出的计算方法。在计算方程 $y^2=5x+1$ 时，初始值设为 1，即 $y(0)=1$。在计算过程中发现，当步长 $h=0.01$ 时，改进曲率圆方法能够很好地满足计算精度要求。为了进一步提高计算速度，选取步长 $h=0.1$ 来进行计算，结果如表 6.5.1 所示。

表 6.5.1　不同数值方法的计算结果

x_i	欧拉法	曲率圆法	改进曲率圆法	曲率权重法	真实解
0.1	1.250 000	1.224 052	1.227 120	1.224 753	1.224 745
0.2	1.450 000	1.413 208	1.417 269	1.414 437	1.414 214
0.3	1.622 414	1.579 972	1.584 401	1.581 645	1.581 139
0.4	1.776 505	1.730 797	1.735 348	1.732 861	1.732 05
0.5	1.917 231	1.869 528	1.874 091	1.871 949	1.870 829
0.6	2.047 627	1.998 675	2.003 198	2.001 429	2.000 000
0.7	2.169 720	2.119 986	2.124 442	2.123 055	2.121 320
0.8	2.284 942	2.234 733	2.239 111	2.238 102	2.236 068
0.9	2.394 354	2.343 878	2.348 172	2.347 537	2.345 208
1.0	2.498 766	2.448 169	2.452 378	2.452 108	2.449 490

从表 6.5.1 计算结果可以得出，曲率圆法计算值总是低于真实值，这不能满足实际计算值略高于真实值的要求；欧拉法和改进曲率圆法高于真实值，但是欧拉法的计算精度明显低于改进曲率圆法，而且欧拉法计算的相对误差远高于千分之五。

从改进曲率圆法计算数据可以看出随着时间增加，变化逐渐趋于稳定，与真实值的相对误差逐渐减小，这是由于此微分方程的曲率变化不明显。在接下来的计算中，可以发现在曲率变化较大的微分方程中，该方法误差比较大，不能满足工程计算要求。这种方法在计算向下凹的曲线时，为了保证计算精度，步长必须限制在一定范围内，这就不能满足快速计算的需要。

6.5.3　曲率权重法

1. 原理

曲率能够描述曲线的弯曲程度。前两节计算方法曲率圆和改进曲率圆法是直接用第 i 个步长的曲率作为计算第 $i+1$ 个步长的计算值，这样就增加了计算误差。在改进曲率圆法的基础上，可以提出新的处理方法来减小引入的误差，从而来增大步长，提高计算速度。

这种新的方法定义为曲率（半径）权重法[32]。由式（6.5.5）可以看出，曲线曲率的表达式有两个变化的量 y' 和 y''，通过计算可以知道，一般的权重法形式不能满足这种方法计算的需要。为满足快速、准确的需求，定义如下导数权重和曲率权重参数：

$$y'_{iav} = y'_i \frac{y'_i}{y'_i + y'_{i+1}} + y'_{i+1} \frac{y'_{i+1}}{y'_i + y'_{i+1}} \tag{6.5.12}$$

$$m_i = \frac{R'_i}{(R'_i + R^*_i)^2} \tag{6.5.13}$$

$$n_i = \frac{R^*_i}{(R'_i + R^*_i)^2} \tag{6.5.14}$$

$$R_i = R'_i + kh(R'_i m_i + R^*_i n_i) \tag{6.5.15}$$

其中：y'_{iav} 为利用导数权重参数计算的一阶导数值；R'_i 和 R^*_i 分别为式（6.5.5）计算的第 i、$i+1$ 步长末曲率半径；h 为计算时间步长；k 为权重系数。一般情况，上凸曲线 k 取负值，下凹曲线取正值。通过大量计算示例，k 数值范围在 0.001～0.01 区间，计算精度最高。

曲率权重法具体计算步骤如下：

第一步，以(x_i, y_i)为起点，由给定要求解的微分方程式计算初始点的 y'_i 和 y''_i；第二步，将 x_i，y_i，y'_i 和 y''_i 代入式（6.5.5）、（6.5.7）和（6.5.8），得到第 i 步长 α_i，β_i 和 R'_i 的值；第三步，取步长为 h，将 $x_{i+1} = x_i + h$，α_i，β_i 和 R'_i 的值代入式（6.5.3），得到 y^*_{i+1}；第四步，将 y^*_{i+1} 代入微分方程，计算 y'_{i+1} 值，然后将 y'_{i+1} 代入式（6.5.12），计算 y'_{iav} 值作为计算第 i 步长末 y_{i+1} 的导数值，再代入微分方程，求出 y''_{i+1}；第五步，将 x_i，y^*_{i+1}，y'_{iav} 和 y''_{i+1} 代入式（6.5.5），得到新的曲率半径 R^*_i；第六步，通过式（6.5.13）、（6.5.14）和（6.5.15），计算得到 R_i；第

七步，将 α_i， β_i 和 R_i 的值代入式（6.5.3），得到第 i 个步长末了的 y_{i+1} 值；

下面通过两个具体的计算实例来验证提出的曲率权重法是否满足要求。

算例 1 为上节中的计算方程 $y^2=5x+1$，选取 k 值为 $-0.006\,1$，步长为 0.1 进行计算，结果如表 6.5.1 所示。从表 6.5.1 中数据可以看出，曲率权重法计算值总是比真实值高，而且精度高于欧拉法、曲率圆法和改进曲率圆法，与真实值的相对误差在千分之五内，能够满足工程计算的精度要求，计算速度得到明显提高。

算例 2 则是一个表达式为 $dy/dx=2x^2+2y$ 向下凹的微分方程，初始值设为 1，k 值取为 0.007，同样选取步长为 0.1 进行计算，结果如表 6.5.2 所示。

表 6.5.2　不同数值方法的计算结果

x_i	欧拉法	曲率圆法	改进曲率圆法	曲率权重法	真实解
0.1	1.200 000	1.224 086	1.225 861	1.222 188	1.222 104
0.2	1.442 000	1.504 182	1.507 549	1.499 527	1.497 737
0.3	1.738 400	1.857 698	1.862 157	1.849 096	1.843 178
0.4	2.104 080	2.358 34	2.310 595	2.291 659	2.278 311
0.5	2.556 896	2.874 452	2.878 453	2.852 512	2.827 423
0.6	3.118 258	3.595 171	3.597 063	3.562 537	3.520 175
0.7	3.813 930	4.506 711	4.504 794	4.459 494	4.392 800
0.8	4.674 716	5.656 511	5.648 646	5.589 585	5.489 549
0.9	5.737 660	7.102 716	7.086 184	7.009 351	6.864 471
1.0	7.047 192	8.916 588	8.887 920	8.787 992	8.583 584

从表 6.5.2 中数据可以看出，曲率权重法计算值高于真实值，而且精度高于欧拉法、曲率圆法和改进曲率圆法，步长选取 $h=0.1$，计算速度得到提升。另外还可以看出欧拉法的计算结果低于真实值，曲率圆法和改进曲率圆法计算结果虽然高于真实值，但是计算精度很低，不能满足工程计算对精度的要求。同时，在计算中发现：随着计算步长的增加，精度开始下降。从计算结果可以看出，在计算步长末，与真实值的相对误差大于千分之五。故针对具体的计算情况，需要对该方法进行修正来满足工程计算精度的要求。

2. 中子动力学方程求解

为了验证曲率权重法计算点堆中子动力学方程组数值解的有效性，以 ^{235}U 作燃料的热堆中，取 $\lambda=0.077\,4$ (1/s)，$l=10^{-4}$ s，$\beta=0.006\,5$，$q=10^8$ [1/(cm^3 • s)]，$n(0)=10^5$ (1/cm^3)。根据不同的反应性引入方式，计算中子动力方程组的解，并与欧拉法和改进欧拉法计算结果进行比较。

当控制棒连续提棒时，反应堆线性引入反应性，瞬跳近似下中子动力学方程对应的微分方程为[33]

$$\frac{dn(t)}{dt}=\frac{\lambda(\rho_s+\gamma t)+\gamma}{\lambda l+\beta-(\rho_s+\gamma t)}n(t)+\frac{\lambda lq}{\lambda l+\beta-(\rho_s+\gamma t)} \tag{6.5.16}$$

曲率权重法计算曲率表达式的过程中，函数的二阶导是由一阶导求导得到，即

$$\frac{\mathrm{d}^2 n(t)}{\mathrm{d}t^2}=\frac{\lambda(\rho_s+\gamma t)+\gamma}{\lambda l+\beta-(\rho_s+\gamma t)}\frac{\mathrm{d}n(t)}{\mathrm{d}t}+\left\{\frac{\lambda\gamma}{\lambda l+\beta-(\rho_s+\gamma t)}+\frac{\lambda\gamma(\rho_s+\gamma t)+\gamma^2}{[\lambda l+\beta-(\rho_s+\gamma t)]^2}\right\}n(t)+\frac{\lambda lq\gamma}{[\lambda l+\beta-(\rho_s+\gamma t)]^2} \tag{6.5.17}$$

首先考虑反应堆连续提棒，取停堆深度$\rho_s=-0.02$，反应性引入速率$\gamma=0.000\,1$ (1/s)，计算 10 s 以内连续提棒的反应堆内中子密度变化。在计算过程中发现中子密度随时间变化曲线的曲率变化很小，所以曲率变化对微分方程组的计算精度的影响很小。采用曲率圆法计算也能满足计算要求，但是在曲率变化较大的情况下，具有局限性。故需要采用曲率权重法进行计算分析，系数 k 取值为-0.001。其中选取步长 $h=0.000\,1$ s 的四阶龙格-库塔法的计算结果作为精确解，比较各种不同的数值计算方法，计算结果如表 6.5.3 所示。

表 6.5.3　线性引入反应性时堆内中子密度变化［单位：10^5（1/cm^3）］

时间/s	精确解	曲率权重法		欧拉法		改进欧拉法	
	$h=0.000\,1$ s	$h=0.1$ s	$h=1$ s	$h=0.1$ s	$h=1$ s	$h=0.1$ s	$h=1$ s
0	1.000 000	1.000 000	1.000 000	1.000 000	1.000 000	1.000 000	1.000 000
1	1.231 589	1.231 704	1.231 864	1.232 148	1.237 365	1.231 588	1.231 488
2	1.452 070	1.452 286	1.452 588	1.453 125	1.462 976	1.452 068	1.451 878
3	1.662 077	1.662 385	1.662 810	1.663 573	1.677 523	1.662 075	1.661 807
4	1.862 212	1.862 601	1.863 132	1.864 096	1.881 657	1.862 209	1.861 871
5	2.053 039	2.053 501	2.054 123	2.055 265	2.075 991	2.053 035	2.052 637
6	2.235 093	2.235 620	2.236 319	2.237 617	2.261 102	2.235 089	2.234 638
7	2.408 879	2.409 462	2.410 227	2.411 662	2.437 533	2.408 874	2.408 378
8	2.574 871	2.575 504	2.576 323	2.577 877	2.605 797	2.574 866	2.574 331
9	2.733 520	2.734 197	2.735 058	2.736 715	2.766 377	2.733 514	2.732 946
10	2.885 249	2.885 965	2.886 860	2.888 605	2.919 729	2.885 243	2.884 648

在计算过程中发现，在取相同的计算步长时，使用曲率权重法、欧拉法和改进欧拉法的计算时间比为 1:25:27。使用曲率权重法计算速度得到很大程度上的提高，这对舰船核动力运行现场要求提高计算速度具有重要意义。

从表 6.5.3 中计算数据可以看出，欧拉法计算结果随着步长的增大，计算精度快速下降。虽然计算结果高于精确解，但是精度低，不能满足某些反应堆安全工程计算精度较高（如千分之五以内）的要求；曲率权重法增大计算步长时，精度下降较慢，而且从计算结果可以看出，计算值在满足大于精确解的情况下，计算精度在千分之五以内，满足实际计算精度要求；改进欧拉法，虽然精度高，但计算速度慢，计算值小于精确解。

表 6.5.4 还给出反应性$\rho=0.02$ 阶跃输入时，利用曲率权重法求解反应堆中子密度的结果。同样选取步长 $h=0.000\,1$ s 的四阶龙格-库塔法的计算结果作为精确解，在计算过程中

发现系数 k 取值为 -0.001 时计算结果比较好。

表 6.5.4 阶跃引入反应性时堆内中子密度变化［单位：10^5（$1/cm^3$）］

时间/s	精确解	曲率权重法		欧拉法		改进欧拉法	
	$h=0.01$ s	$h=0.1$ s	$h=1$ s	$h=0.1$ s	$h=1$ s	$h=0.1$ s	$h=1$ s
0	1.000 000	1.000 000	1.000 000	1.000 000	1.000 000	1.000 000	1.000 000
1	1.226 902	1.227 013	1.227 253	1.227 548	1.233 592	1.226 901	1.226 771
2	1.440 934	1.441 143	1.441 596	1.442 152	1.453 543	1.440 931	1.440 687
3	1.642 824	1.643 121	1.643 761	1.644 547	1.660 649	1.642 820	1.642 474
4	1.833 261	1.833 636	1.834 440	1.835 429	1.855 661	1.833 257	1.832 822
5	2.012 897	2.013 338	2.014 286	2.015 452	2.039 284	2.012 892	2.012 379
6	2.182 342	2.182 841	2.183 915	2.185 234	2.212 184	2.182 336	2.181 755
7	2.342 175	2.342 724	2.343 907	2.345 358	2.374 987	2.342 169	2.341 530
8	2.492 942	2.493 535	2.494 808	2.496 373	2.528 283	2.492 935	2.492 246
9	2.635 156	2.635 787	2.637 137	2.638 797	2.672 626	2.635 149	2.634 418
10	2.769 303	2.769 965	2.771 379	2.773 119	2.808 540	2.769 296	2.768 529

表 6.5.4 结果表明：取相同步长时，曲率权重法、欧拉法和改进欧拉法的计算时间比为 7:35:40，使用曲率权重法计算速度得到明显提高；在使用曲率权重法计算时，提高步长对结果精度影响不大，与精确解比较，相对误差在千分之五以内，能够满足反应堆工程计算精度要求；曲率权重法和欧拉法比较：曲率权重法计算精度明显高于欧拉法，而且，提高步长后，欧拉法精度快速下降，不能满足反应堆工程计算精度与正误差的要求；曲率权重法和改进欧拉法比较：曲率权重法计算值总是大于精确解，而改进欧拉法计算值小于精确解。

参考文献

［1］蔡章生. 核动力反应堆中子动力学［M］. 北京：国防工业出版社，2005.

［2］黄祖洽. 核反应堆动力学基础［M］. 北京：北京大学出版社，2007.

［3］Brown H D. A general treatment of flux transients［J］. Nuclear Science and Engineering, 1958, 2: 687.

［4］Sánchez J. On the numerical solution of the point reactor kinetics equations by generalized Runge-Kutta methods［J］. Nuclear Science and Engineering, 1989, 103(1): 94-99.

［5］Aboanber A E. On Padé Approximations to the exponential function and application to the point kinetics equations［J］. Progress in Nuclear Energy, 2004, 44(4): 347-368.

［6］Kang C M, Hansen K F. Finite element methods for reactor analysis［J］. Nuclear

Science and Engineering, 1973, 51: 456-495.

[7] Aboanber A E, Hamada Y M. Power series solution (pws) of nuclear reactor dynamics with newtonian temperature feedback [J]. Annals of Nuclear Energy, 2003, 30: 1111-1122.

[8] Aboanber A E, Hamada Y M. PWS: an efficient code system for solving space-independent nuclear reactor dynamics [J]. Annals of Nuclear Energy, 2002, 29: 2159-2172.

[9] 陈昌友. 一个求解点堆中子动力学方程组的数值积分方法 [J]. 核科学与工程，2005，25（1）：20-23.

[10] 黎浩峰，陈文振，朱倩，等. 用高阶泰勒多项式积分方法解点堆中子动力学方程 [J]. 原子能科学技术，2008，42（增刊）：162-168.

[11] Kueng Y. Polynomial approach to reactor kinetics equations [J]. Nuclear Science and Engineering, 1978, 66: 235-242.

[12] 胡大璞. 克服点堆中子动力学方程刚性的新方法——端点浮动法 [J]. 核动力工程，1993，14（2）：122-126.

[13] Chao Y, Attard A. A resolution of the stiffness problem of reactor kinetics [J]. Nuclear Science and Engineering, 1985, 90(1): 40-46.

[14] Guzel N, Bayram M. On the numerical solution of stiff systems [J]. Applied Mathematics and Computation, 2005, 170: 230-236.

[15] Amodio P, Mazzia F. Numerical solution of differential-algebraic equations and computation of consistent initial/boundary conditions [J]. Journal of Computational and Applied Mathematics, 1997, 87: 135-146.

[16] 黎浩峰. 反应堆运行中物理参数快速计算方法 [D]. 武汉：海军工程大学，2009.

[17] 黎浩峰，陈文振，朱倩，等. 点堆中子动力学方程的指数基函数法求解 [J]. 核动力工程，2009，30（4）：28-31.

[18] Chen Changyou. A new numerical method of solving the point reactor neutron kinetics equations [J]. Chinese Journal of Computational Physics, 1999, 16(1): 45-53.

[19]《数学手册》编写组. 数学手册 [M]. 北京：高等教育出版社，1984.

[20] Li Haofeng, Chen Wenzhen, Luo Lei, et al. A new integral method for solving the point reactor neutron kinetics equations [J]. Annals of Nuclear Energy, 2009, 36: 427-432.

[21] Sathiyasheela T. Power series solution method for solving point kinetics equations with lumped model temperature and feedback [J]. Annals of Nuclear Energy, 2009, 36: 246-250.

[22] Aboanber A E. An efficient analytical form for the period-reactivity relation of beryllium and heavy-water moderated reactors [J]. Nuclear Engineering and Design, 2003, 224: 279-292.

[23] 陈文振，张黎明，肖红光. 核反应堆工程原理（上）[M]. 北京：中国原子能出版社，2019.

［24］张法邦. 核反应堆运行物理［M］. 北京：原子能出版社，2000.

［25］袁红球，胡大璞. 高次端点浮动法——解点堆中子动力学方程［J］. 核动力工程，1995，16（2）：124-128.

［26］Li Haofeng, Shang Xueli, Chen Wenzhen. An accurate solution of point kinetics equations of one-group delayed neutrons and an extraneous neutron source for step reactivity insertion［J］. Chinese Science Bulletin, 2010, 55(36): 4116-4119.

［27］Kinard M, Allen E J. Efficient numerical solution of the point kinetics equations in nuclear reactor dynamics［J］. Annals of Nuclear Energy, 2004, 31(9): 1039-1051.

［28］Tasic B, Mattheij R M. An explicit method for solving flows of ODE［J］. Applied Mathematics and Computation, 2004, 156: 633-652.

［29］Butcher J C. Numerical methods for ordinary differential equations in the 20th century［J］. Journal of Computational and Applied Mathematics, 2000, 125: 1-29.

［30］Wu X, Xia J. The vector form of a sixth-order A-stable explicit one-step method for stiff problems［J］. Computers and Mathematics with Applications, 2000, 39: 247-257.

［31］李明芮. 反应堆中子动力学方程计算方法研究［D］. 武汉：海军工程大学，2015.

［32］李明芮，黎浩峰，陈文振，等. 点堆中子动力学方程组曲率权重法的解［J］. 物理学报，2015，64（22）：220201-1-6.

［33］Zhang Fan, Chen Wenzhen, Gui Xuewen. Analytic method study of point-reactor kinetic equation during cold start-up［J］. Annals of Nuclear Energy, 2008, 35(4): 746-749.

第七章

准静态时空动力学方程求解

多维时空多群中子扩散方程是一组包含 7 个自变量的微分-积分方程，在求解过程中，一般的处理方法就是用各种方式使空间、能量和时间变量离散化[1]。即先对中子速率 v 或者能量离散化，得出按能量分群的多群近似方程。然后考虑实际过程的约束条件，采用单群或少群近似（假设截面和中子能量无关的常截面近似）计算能够得到合理的结果。

对于小型核动力装置反应堆，中子通量密度随时间和空间分布的变化不是很明显，用点堆模型研究能够得到比较满意的结果。但是对于大型核动力装置反应堆，堆内运行参数发生局部波动时，堆内中子通量密度的空间分布也会随之发生十分显著的局部畸变，这样就使得计算结果产生很大误差[2]。因此，反应堆时空中子动力学的研究对反应堆的设计和运行都起到重要的理论指导作用。由于时空中子动力学方程组是由多个变量相互耦合，直接计算的话，相对复杂，而且计算时间长，很难满足现场的计算需要[3]。本章则介绍单群近似的时空中子动力学方程组的求解方法。

7.1 准静态理论模型

为方便对时空中子动力学方程组进行研究，简化计算模型，考虑外加中子源，且仅考虑一组缓发中子效应，这里采用多维单群待求解的时空中子动力学模型如下[1,4]：

$$\begin{aligned}\frac{\partial N(\boldsymbol{r},t)}{\partial t} &= Dv\nabla^2 N(\boldsymbol{r},t) - \Sigma_a vN(\boldsymbol{r},t) + (1-\beta)k_\infty \Sigma_a vN(\boldsymbol{r},t) \\ &\quad + \lambda C(\boldsymbol{r},t) + S_0(r,t)\end{aligned} \tag{7.1.1}$$

$$\frac{\partial C(\boldsymbol{r},t)}{\partial t} = \beta k_\infty \Sigma_a vN(\boldsymbol{r},t) - \lambda C(\boldsymbol{r},t) \tag{7.1.2}$$

式中：$N(\boldsymbol{r},t)$ 和 $C_i(\boldsymbol{r},t)$ 分别为均匀裸堆内 $\boldsymbol{r}$ 处 t 时刻的中子通量密度和第 i 组缓发中子先驱核通量密度，1/（$cm^2 \cdot s$）；D 为扩散常数，cm；v 为中子速率，1/s；Σ_a 为堆芯介质的宏观吸收截面，1/cm；β 为缓发中子份额；k_∞ 为无穷增殖系数；λ_i 为第 i 组先驱核衰变常数，1/s；$S_0(r,t)$ 为单位时间外加中子源通量密度，1/（$cm^2 \cdot s^2$）。

初始条件为

$$N(\boldsymbol{r},0)=N_0(\boldsymbol{r}) \tag{7.1.3}$$

假设，不计外推长度时，在反应堆边界上，中子通量密度近似为零。那么对于圆柱形堆芯可以得到边界条件为

$$N(\boldsymbol{r},t)\big|_{z=\pm\frac{H}{2}}=0 \tag{7.1.4}$$

$$N(\boldsymbol{r},t)\big|_{r=R}=0 \tag{7.1.5}$$

在求解反应堆时空中子动力学方程组时，常用的方法之一为“因子分解法”。基本思想是，把中子通量密度函数分解为只与时间有关的幅函数和与时间、空间和能量有关的形状函数的乘积[1]。处理形状函数相对复杂，而且三个变量互相耦合，相互作用。

通常人们在研究中子通量密度的形状函数时，为方便计算，应用准静态近似。考虑形状函数对时间的依赖关系比较弱，随时间的变化非常缓慢。故为满足快速计算的需要，可以完全忽略形状函数随时间的变化关系，因此在单群条件下近似假设形状函数只随空间变化[1,2]。

利用因子分解法，将中子通量密度分解为幅函数和形状函数的乘积，即

$$N(\boldsymbol{r},t)=n(t)\varphi(\boldsymbol{r}) \tag{7.1.6}$$

同理，由“因子分解法”得到先驱核通量密度 $C(\boldsymbol{r},t)$ 分解的幅函数 $c(t)$和形状函数 $g(\boldsymbol{r},t)$ 的乘积，忽略“形状”函数随时间的变化关系，得

$$C(\boldsymbol{r},t)=c(t)g(\boldsymbol{r}) \tag{7.1.7}$$

因此，中子通量密度函数 $N(\boldsymbol{r},t)$ 和先驱核通量密度 $C(\boldsymbol{r},t)$ 随时间的变化主要由 $n(t)$和 $c(t)$决定，空间分布主要由 $\varphi(\boldsymbol{r})$ 和 $g(\boldsymbol{r})$ 决定。

将式（7.1.6）、（7.1.7）代入式（7.1.1），得

$$\begin{aligned}\frac{\partial n(t)}{\partial t}\varphi(\boldsymbol{r})=&Dvn(t)\nabla^2\varphi(\boldsymbol{r})-\Sigma_a vN(\boldsymbol{r},t)\\&+(1-\beta)k_\infty\Sigma_a vN(\boldsymbol{r},t)+\lambda g(\boldsymbol{r})c(t)+S_0(r,t)\end{aligned} \tag{7.1.8}$$

两边同时除以 $N(\boldsymbol{r},t)=n(t)\varphi(\boldsymbol{r})$，得

$$\frac{1}{n(t)}\frac{\partial n(t)}{\partial t}-\lambda\frac{g(\boldsymbol{r})}{\varphi(\boldsymbol{r})}\frac{c(t)}{n(t)}-\frac{S_0(r,t)}{n(t)\varphi(\boldsymbol{r})}=Dv\frac{\nabla^2\varphi(\boldsymbol{r})}{\varphi(\boldsymbol{r})}-\Sigma_\mathrm{a}v+(1-\beta)k_\infty\Sigma_a v \tag{7.1.9}$$

求解以上方程过程可以作以下假设[1,2]：

（1）先驱核通量密度的空间分布形状与中子通量密度的空间分布形状相似，即 $g(\boldsymbol{r})/\varphi(\boldsymbol{r})$ 等于常数。为简化计算，这里令

$$\frac{g(\boldsymbol{r})}{\varphi(\boldsymbol{r})}=1 \tag{7.1.10}$$

（2）外加中子源的空间分布均匀，认为与时间的变化无关，即

$$\frac{S_0(r,t)}{\varphi(\boldsymbol{r})}=q \tag{7.1.11}$$

故式（7.1.9）可以简化为

$$\frac{1}{n(t)}\frac{\partial n(t)}{\partial t}-\lambda\frac{c(t)}{n(t)}-\frac{q}{n(t)}=Dv\frac{\nabla^2\varphi(\boldsymbol{r})}{\varphi(\boldsymbol{r})}-\Sigma_a v+(1-\beta)k_\infty\Sigma_a v=h \tag{7.1.12}$$

可以看出，式（7.1.12）左边仅是含 t 的微分形式，右边仅是含 $\boldsymbol{r}$ 的微分形式，且时间参数和空间参数是两个无关的独立变量。所以，两边必须都等于一个常数，设为 h。

方程（7.1.12）可以简化为两个只含一个变量的微分方程

$$\frac{1}{n(t)}\frac{\partial n(t)}{\partial t}-\lambda\frac{c(t)}{n(t)}-\frac{q}{n(t)}=h \tag{7.1.13}$$

$$Dv\frac{\nabla^2\varphi(\boldsymbol{r})}{\varphi(\boldsymbol{r})}-\Sigma_a v+(1-\beta)k_\infty\Sigma_a v=h \tag{7.1.14}$$

7.2　非稳态的中子通量密度求解

反应堆在运行过程中，特别是舰船核动力装置，经常需要引入反应性实现变功率运行。例如，负荷的增加或减少，通过控制棒、化学补偿或者可燃毒物来控制反应性的引入来实现的，此时，反应堆处于非稳态条件运行[5]。因此，分析该条件下中子通量密度的分布尤为重要。

7.2.1　近似解析解

当反应堆处于非稳态条件时，式（7.1.14）可以化简为

$$\nabla^2\varphi(\boldsymbol{r})-\frac{1}{D}\left(\Sigma_a-(1-\beta)k_\infty\Sigma_a+\frac{h}{v}\right)\varphi(\boldsymbol{r})=0 \tag{7.2.1}$$

令

$$w^2=-\frac{1}{D}\left(\Sigma_a-(1-\beta)k_\infty\Sigma_a+\frac{h}{v}\right) \tag{7.2.2}$$

那么式（7.2.2）可以化简为亥姆霍兹方程

$$\nabla^2\varphi(\boldsymbol{r})+w^2\varphi(\boldsymbol{r})=0 \tag{7.2.3}$$

采用柱坐标化简式（7.2.3），令原点位于棒状燃料轴线的中间位置，因此可以得到

$$\frac{1}{r}\frac{\partial}{\partial r}\left(r\frac{\partial\varphi(\boldsymbol{r})}{\partial r}\right)+\frac{1}{r^2}\frac{\partial^2\varphi(\boldsymbol{r})}{\partial\theta^2}+\frac{\partial^2\varphi(\boldsymbol{r})}{\partial z^2}+w^2\varphi(\boldsymbol{r})=0 \tag{7.2.4}$$

由对称性可知，通量密度与 θ 无关，故有

$$\frac{1}{r}\frac{\partial}{\partial r}\left(r\frac{\partial\varphi(r,z)}{\partial r}\right)+\frac{\partial^2\varphi(r,z)}{\partial z^2}+w^2\varphi(r,z)=0 \tag{7.2.5}$$

可以利用分离变量法求解式（7.2.5），令

$$\varphi(r,z)=f(r)Z(z) \tag{7.2.6}$$

可以得到反应堆中子通量密度的轴向分量为

$$Z(z)=A_m\sum_{m=1}^{\infty}\cos\left((2m-1)\frac{\pi}{H}z\right) \tag{7.2.7}$$

反应堆中子通量密度的径向分量为

$$f(r)=A_n\sum_{n=1}^{\infty}J_0\left(\frac{x_n}{R}r\right) \tag{7.2.8}$$

其中：x_n 满足零阶第一类贝塞尔函数值为零，即 $J_0(x_n)=0$。

$$w^2=\left(\frac{x_n}{R}\right)^2+\left((2m-1)\frac{\pi}{H}\right)^2 \tag{7.2.9}$$

从式（7.2.9）可以看出 w^2 在非稳态下是一组随 m、n 变化的常数，这里设为 $B_{m,n}^2$。

对于圆柱形堆芯形状函数级数解的表达式为

$$\varphi_{m,n}(\boldsymbol{r})=A_{m,n}J_0\left(\frac{x_n}{R}r\right)\cos\left((2m-1)\frac{\pi}{H}z\right) \tag{7.2.10}$$

故圆柱形堆芯形状函数的表达式为

$$\varphi(\boldsymbol{r})=\sum_{m=1}^{\infty}\sum_{n=1}^{\infty}A_{m,n}J_0\left(\frac{x_n}{R}r\right)\cos\left((2m-1)\frac{\pi}{H}z\right) \tag{7.2.11}$$

对于幅函数的求解，采用方法是将幅函数化简为点堆模型下的形式。同样，h 在非稳态下也是一组常数，设为 $h_{m,n}$，联立式（7.2.2）与（7.2.9）可以得到

$$h(m,n)=(1-\beta)k_\infty\Sigma_a v-DvB_{m,n}^2-\Sigma_a v \tag{7.2.12}$$

中子在无限介质中的平均寿命为

$$l_\infty=\frac{1}{\Sigma_a v} \tag{7.2.13}$$

根据扩散长度的定义得

$$L^2=\frac{D}{\Sigma_a} \tag{7.2.14}$$

将式（7.2.13）、（7.2.14）代入式（7.2.12）化简得

$$h(m,n)=\frac{(1-\beta)k_\infty-1-L^2B_{m,n}^2}{l_\infty} \tag{7.2.15}$$

又由于

$$k_{m,n}=\frac{k_\infty}{1+L^2B_{m,n}^2};\quad l_{m,n}=\frac{l_\infty}{k_{m,n}(1+L^2B_{m,n}^2)};\quad \rho_{m,n}=\frac{k_{m,n}-1}{k_{m,n}} \tag{7.2.16}$$

故式（7.2.15）可以整理为

$$h(m,n)=\frac{\rho_{m,n}-\beta}{l_{m,n}} \tag{7.2.17}$$

将式（7.2.17）代入式（7.1.13），可以得到

$$\frac{\mathrm{d}n_{m,n}(t)}{\mathrm{d}t}=\frac{\rho_{m,n}-\beta}{l_{m,n}}n_{m,n}(t)+\lambda c_{m,n}(t)+q \tag{7.2.18}$$

同理，将式（7.1.6）、（7.1.7）代入式（7.1.2），就可以化简得到

$$\frac{\mathrm{d}c_{m,n}(t)}{\mathrm{d}t}=\beta k_{\infty}\Sigma_a v n_{m,n}(t)-\lambda c_{m,n}(t) \tag{7.2.19}$$

根据各变量关系，可以化简得

$$\frac{\mathrm{d}c_{m,n}(t)}{\mathrm{d}t}=\frac{\beta}{l_{m,n}}n_{m,n}(t)-\lambda c_{m,n}(t) \tag{7.2.20}$$

中子通量密度非稳态条件下，反应性阶跃输入和线性输入时，幅函数的近似解分别为[6,7]：

$$n_{m,n}(t)=\left(n_0+\frac{ql_{m,n}}{\rho_{m,n}}\right)\left[\frac{\beta}{\beta-\rho_{m,n}}\exp\left(\frac{\lambda\rho_{m,n}}{\beta-\rho_{m,n}}t\right)-\frac{\rho_{m,n}}{\beta-\rho_{m,n}}\exp\left(\frac{\rho_{m,n}-\beta}{l_{m,n}}t\right)\right] \tag{7.2.21}$$

$$\begin{aligned}n_{m,n}(t)=&\left(n_0+\frac{ql_{m,n}}{|\rho_s|}\right)\left\{\left[\frac{(\beta-\rho_s)^2+\rho_s(\beta-\rho_s)+\gamma_{m,n}^2t^2}{(\beta-\rho_s-\gamma_{m,n}t)^2}\exp\left(-\frac{\gamma_{m,n}t}{\beta-\rho_s-\gamma_{m,n}t}\right)\right]\right.\\&\exp\left(\frac{\lambda\rho_s+\lambda\gamma_{m,n}t}{\beta-\rho_s-\gamma_{m,n}t}t\right)+\left[1-\frac{(\beta-\rho_s)^2+\rho_s(\beta-\rho_s)+\gamma_{m,n}^2t^2}{(\beta-\rho_s-\gamma_{m,n}t)^2}\right.\\&\left.\left.\exp\left(-\frac{\gamma_{m,n}t}{\beta-\rho_s-\gamma_{m,n}t}\right)\right]\exp\left(-\frac{\beta-\rho_s-\gamma_{m,n}t}{l_{m,n}}t\right)\right\}\end{aligned} \tag{7.2.22}$$

式中：$n_{m,n}(t)$为中子密度的级数解；n_0为初始中子密度，1/cm³；$l_{m,n}$为瞬发中子平均寿命，s；λ为缓发中子先驱核衰变常数，1/s；q为外中子源源强，1/（cm³·s）；$\gamma_{m,n}$为反应性引入速率，1/s；t为提棒时间，s；ρ_s为反应堆停堆深度。

初始条件（7.1.3）在柱坐标下可表示为

$$N(\boldsymbol{r},0)=N(r,z,0)=n_{m,n}(0)Z_0(z)f_0(r) \tag{7.2.23}$$

其中：$n_{m,n}(0)$为当$t=0$时，幅函数表达式对应值，为常数。

故考虑外加中子源时，单群反应堆时空中子动力学方程非稳态条件下的近似解析解为

$$N(\boldsymbol{r},t)=N(r,z,t)=\sum_{m=1}^{\infty}\sum_{n=1}^{\infty}A_{m,n}\frac{n_{m,n}(t)}{n_{m,n}(0)}J_0\left(\frac{x_n}{R}r\right)\cos\left[(2m-1)\frac{\pi}{H}z\right] \tag{7.2.24}$$

将初始值代入式（7.2.24），得

$$n_{m,n}(0)Z_0(z)f_0(r)=\sum_{m=1}^{\infty}\sum_{n=1}^{\infty}A_{m,n}J_0\left(\frac{x_n}{R}r\right)\cos\left[(2m-1)\frac{\pi}{H}z\right] \tag{7.2.25}$$

式（7.2.25）两边同时乘以 $rJ_0(x_pr/R)\cos[(2q-1)\pi z/H]$，并分别对 r 从 0 到 R、z 从 $-H/2$ 到 $H/2$ 积分，得

$$\begin{aligned}\int_{-H/2}^{H/2}\int_0^R n_{m,n}(0)Z_0(z)f_0(r)rJ_0\left(\frac{x_p}{R}r\right)\cos\left[(2q-1)\frac{\pi}{H}z\right]\mathrm{d}r\mathrm{d}z\\=\int_{-H/2}^{H/2}\int_0^R rJ_0\left(\frac{x_p}{R}r\right)\cos\left[(2q-1)\frac{\pi}{H}z\right]\\\sum_{m=1}^{\infty}\sum_{n=1}^{\infty}A_{m,n}J_0\left(\frac{x_n}{R}r\right)\cos\left[(2m-1)\frac{\pi}{H}z\right]\mathrm{d}r\mathrm{d}z\end{aligned} \tag{7.2.26}$$

由三角函数和零阶贝塞尔函数的正交性可以知[8]，式（7.2.26）右端的积分项中，p 不等于 n、q 不等于 m 的项全部为零，即

$$\int_0^R rJ_0\left(\frac{x_p}{R}r\right)J_0\left(\frac{x_n}{R}r\right)\mathrm{d}r=0,\qquad p\neq n \tag{7.2.27}$$

$$\int_{-H/2}^{H/2}\cos\left[(2q-1)\frac{\pi}{H}z\right]\cos\left[(2m-1)\frac{\pi}{H}z\right]\mathrm{d}z=0,\qquad q\neq m \tag{7.2.28}$$

因此，式（7.2.26）可以化简为

$$\begin{aligned}\int_{-H/2}^{H/2}\int_0^R n_{m,n}(0)Z_0(z)f_0(r)rJ_0\left(\frac{x_n}{R}r\right)\cos\left[(2m-1)\frac{\pi}{H}z\right]\mathrm{d}r\mathrm{d}z\\=\int_{-H/2}^{H/2}\int_0^R A_{m,n}rJ_0^2\left(\frac{x_n}{R}r\right)\cos^2\left[(2m-1)\frac{\pi}{H}z\right]\mathrm{d}r\mathrm{d}z\end{aligned} \tag{7.2.29}$$

故可以得到系数的值为

$$A_{m,n}=\frac{n_{m,n}(0)\int_{-H/2}^{H/2}Z_0(z)\cos\left[(2m-1)\frac{\pi}{H}z\right]\mathrm{d}z\int_0^R f_0(r)rJ_0\left(\frac{x_n}{R}r\right)\mathrm{d}r}{\int_{-H/2}^{H/2}\cos^2\left[(2m-1)\frac{\pi}{H}z\right]\mathrm{d}z\int_0^R rJ_0^2\left(\frac{x_n}{R}r\right)\mathrm{d}r} \tag{7.2.30}$$

7.2.2 次临界向临界过渡

当反应堆物理启动至反应堆临界过程中，处于次临界状态。此时，反应堆在启动初期很短的时间内，中子通量密度的空间分布规律不明显，即可以假设启动初期中子的空间分布是均匀的，那么初始条件可以设为

$$N(\boldsymbol{r},0)=N(r,z,0)=N_0 \tag{7.2.31}$$

边界条件：假设柱形堆芯上下两端和外侧表面的中子通量密度为零，即

$$N(0,z,t)=N(r,0,t)=0 \tag{7.2.32}$$

由式（7.2.30）可以得到

$$A_{m,n}=\frac{N_0\int_{-H/2}^{H/2}\cos\left((2m-1)\frac{\pi}{H}z\right)\mathrm{d}z\int_0^R rJ_0\left(\frac{x_n}{R}r\right)\mathrm{d}r}{\int_{-H/2}^{H/2}\cos^2\left((2m-1)\frac{\pi}{H}z\right)\mathrm{d}z\int_0^R rJ_0^2\left(\frac{x_n}{R}r\right)\mathrm{d}r} \tag{7.2.33}$$

对式（7.2.33）分子和分母的积分项进行积分得

$$\int_{-H/2}^{H/2}\cos\left((2m-1)\frac{\pi}{H}z\right)\mathrm{d}z=\frac{2H}{(2m-1)\pi}\sin\frac{2m-1}{2}\pi \tag{7.2.34}$$

$$\int_0^R rJ_0\left(\frac{x_n}{R}r\right)\mathrm{d}r=\frac{R^2}{x_n}J_1(x_n) \tag{7.2.35}$$

$$\int_{-H/2}^{H/2}\cos^2\left((2m-1)\frac{\pi}{H}z\right)\mathrm{d}z=\frac{(2m-1)\pi H+H\sin(2m-1)\pi}{2(2m-1)\pi} \tag{7.2.36}$$

$$\int_0^R rJ_0^2\left(\frac{x_n}{R}r\right)\mathrm{d}r=\frac{R^2}{2}[J_0^2(x_n)+J_1^2(x_n)] \tag{7.2.37}$$

将式（7.2.34）～（7.2.37）代入式（7.2.33）可得

$$A_{m,n}=N_0\frac{8\sin\frac{2m-1}{2}\pi J_1(x_n)}{x_n[(2m-1)\pi+\sin(2m-1)\pi][J_0^2(x_n)+J_1^2(x_n)]} \tag{7.2.38}$$

把式（7.2.38）代入式（7.2.24），可以得到

$$N(\boldsymbol{r},t)=\frac{N_0}{n_{m,n}(0)}\sum_{m=1}^{\infty}\sum_{n=1}^{\infty}\frac{8\sin\frac{2m-1}{2}\pi J_1(x_n)}{x_n[(2m-1)\pi+\sin(2m-1)\pi][J_0^2(x_n)+J_1^2(x_n)]}\, n_{m,n}(t)\,J_0\left(\frac{x_n}{R}r\right)\cos\left((2m-1)\frac{\pi}{H}z\right) \tag{7.2.39}$$

式（7.2.39）即为以反应堆启动为开始点，处于次临界过程中的中子通量密度的表达式[9]。

7.2.3 临界附近

当反应堆初始处于临界状态时，那么由有限圆柱堆中子通量密度的临界理论，可以得到此时的初始条件为[1]

$$N(\boldsymbol{r},0)=n_{m,n}(0)Z_0(z)f_0(r)=n_{m,n}(0)\cos\left(\frac{\pi}{H}z\right)J_0\left(\frac{x_1}{R}r\right) \tag{7.2.40}$$

将式（7.2.40）代入式（7.2.30），可以得到

$$A_{m,n}=\frac{n_{m,n}(0)\int_{-H/2}^{H/2}\cos\left(\frac{\pi}{H}z\right)\cos\left((2m-1)\frac{\pi}{H}z\right)\mathrm{d}z\int_0^R J_0\left(\frac{x_1}{R}r\right)rJ_0\left(\frac{x_n}{R}r\right)\mathrm{d}r}{\int_{-H/2}^{H/2}\cos^2\left((2m-1)\frac{\pi}{H}z\right)\mathrm{d}z\int_0^R rJ_0^2\left(\frac{x_n}{R}r\right)\mathrm{d}r} \tag{7.2.41}$$

由三角函数和零阶贝塞尔函数的正交性可以得出：当 $m\neq n\neq 1$ 时，分子项积分为零，因此有 $m=n=1$。

以阶跃引入反应性为例，可以得到系数的值为

$$A_{1,1}=n_{m,n}(0)=n_0+\frac{ql_{1,1}}{\rho_{1,1}} \tag{7.2.42}$$

将上式代入式（7.2.21），化简得到

$$N(\boldsymbol{r},t)=\left(n_0+\frac{ql_{1,1}}{\rho_{1,1}}\right)\left(\frac{\beta}{\beta-\rho_{1,1}}\exp\left(\frac{\lambda\rho_{1,1}}{\beta-\rho_{1,1}}t\right)-\frac{\rho_{1,1}}{\beta-\rho_{1,1}}\exp\left(\frac{\rho_{1,1}-\beta}{l}t\right)\right) J_0\left(\frac{x_1}{R}r\right)\cos\left(\frac{\pi}{H}z\right) \tag{7.2.43}$$

式（7.2.43）为临界附近的中子通量密度的表达式，此时$\rho\to 0$，$k_{1,1}\to 1$。

又有中子裂变截面、宏观吸收截面和中子增殖系数的关系为

$$k_{1,1}=\frac{k_\infty}{1+L^2B_{1,1}^2}=\frac{\nu\Sigma_f}{\Sigma_a+DB_{1,1}^2} \tag{7.2.44}$$

从式（7.2.44）推导的结果，可以得出结论：

（1）反应堆处于临界附近时，通过数学方法计算中子通量密度的结果中，只取级数项的第一项，近似为零。在反应堆物理分析中幅函数和形状函数的级数项只取第一项，这是由于在临界附近，其他中子通量密度的高阶项随时间的衰减速度非常快，相比第一项可以忽略；

（2）中子通量密度的幅函数变化很小，形状函数和临界时计算结果相同；

（3）当反应堆初始处于临界状态，$k_{1,1}=1$。某一时刻向堆芯插入控制棒，此时中子吸收截面增大，$k_{1,1}<1$，反应堆处于次临界状态。正反应性的引入，可以使反应堆再次处于临界附近。另外，某一时刻从堆芯提出控制棒，中子吸收截面减小，$k_{1,1}>1$，反应堆处于超临界状态。负反应性的引入，又使反应堆处于临界附近。

7.3 准静态分析

7.3.1 稳态条件

稳态运行是反应堆安全运行中，一种重要的工况。人们在设计反应堆时，总是希望反

应堆能够稳态运行，以确保反应堆的安全性。

从式（7.1.13）可以看出，反应堆稳态条件下即有 $\partial n(t)/\partial t=0$，先驱核浓度的产生率 $\beta k_\infty \Sigma_a v n(t)-q$ 和其衰变率 $\lambda c(t)$ 相等，故

$$\frac{\partial n(t)}{\partial t}=0 \tag{7.3.1}$$

$$\beta k_\infty \Sigma_a v n(t)-q=\lambda c(t) \tag{7.3.2}$$

将式（7.3.1）、（7.3.2）代入式（7.1.13）得

$$h=-\beta k_\infty \Sigma_a v \tag{7.3.3}$$

将式（7.3.3）代入式（7.1.14），化简得

$$D\frac{\nabla^2\varphi(\boldsymbol{r})}{\varphi(\boldsymbol{r})}-\Sigma_a+k_\infty\Sigma_a=0 \tag{7.3.4}$$

如果令

$$B^2=\frac{k_\infty-1}{D}\Sigma_a \tag{7.3.5}$$

那么将式（7.3.5）代入式（7.3.4），可以化简写成典型的亥姆霍兹方程[1]：

$$\nabla^2\varphi(\boldsymbol{r})+B^2\varphi(\boldsymbol{r})=0 \tag{7.3.6}$$

故稳态时圆柱形堆芯中子通量密度的形状函数表达式为

$$\varphi(\boldsymbol{r})=AJ_0\left(\frac{2.045}{R}r\right)\cos\left(\frac{\pi}{H}z\right) \tag{7.3.7}$$

当反应堆稳态时，取 $m=n=1$，可以得出此时非稳态条件下推导得到的中子通量密度的形状函数表达式（7.2.11）与式（7.3.7）相同，而且和临界附近推导的结果相同。

7.3.2 通量密度分布

为了研究中子通量密度随时间和空间的变化关系，以 AP1000 的部分参数作参考[10]，取 $\lambda=0.077\,4$（1/s），$\beta=0.006\,5$，$q=10^8$ [1/（cm³ • s）]，$R=1.52$ m，$H=4.26$ m，$v\Sigma_f=0.024\,5$（1/s），$D=1.2$ cm，临界曲率 $B_{1,1}=3.047\times10^{-4}$（1/cm²）。通过式（7.2.44）求得临界时的宏观吸收截面为 0.024 135（1/cm）。

初始条件为：宏观吸收截面 $\Sigma_a=0.024\,6$（1/cm），反应堆中子空间分布均匀，形状函数轴向和径向的分量设为常数，即：$Z_0(z)=1, f_0(r)=1$。根据不同的吸收截面变化方式（反应性引入方式），可以计算得出中子随时间和空间的分布曲线[11]。

例 1：堆芯控制棒提升，使得吸收截面从 0.024 6（1/cm）阶跃减小到 0.024 3（1/cm），此时对应点堆模型的反应性阶跃增加，在计算的区间内保持不变，计算时间为 150 s。图 7.3.1

和图 7.3.2 分别为吸收截面阶跃变化时，径向半径为 $r=1$ m 处中子通量密度随时间和高度的轴向分布曲线、轴向高度 $z=1$ m 处中子通量密度随时间和半径的径向分布曲线。从图 7.3.1 和图 7.3.2 中可以得出结论：吸收截面保持不变，随着时间的增加，中子通量密度逐渐增长，初期增长较快，而 50 s 以后，逐渐趋于稳定；计算初期，假设堆内中子分布均匀，因而中子通量密度的轴向和径向分布大致呈直线分布；随着计算时间的增加和反应性的引入，反应堆逐渐从次临界趋向于临界，中子轴向分布逐渐趋于余弦函数，而径向分布逐渐趋于贝塞尔函数。临界时，中子通量密度轴向分布为余弦函数，径向分布为贝塞尔函数；随着时间的增加，由于反应堆逐渐趋于临界过程中，中子通量密度的高阶级数项衰减逐渐增加，中子通量密度的空间分布曲线逐渐趋于平滑。

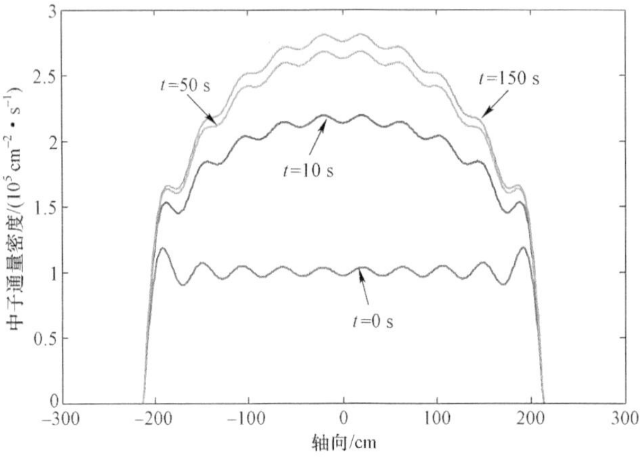

图 7.3.1　吸收截面阶跃变化中子通量密度轴向分布

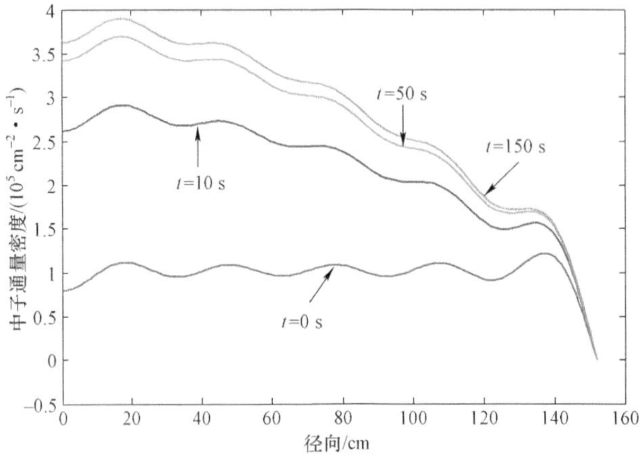

图 7.3.2　吸收截面阶跃变化中子通量密度径向分布

例 2：控制棒的连续提棒，使得吸收截面以（0.024 6～0.000 005t）(1/cm）线性变化。通过计算可以知道，在计算时间 100 s 内，反应性逐渐增加，但始终为负值，确保反应堆不会超临界。图 7.3.3 和图 7.3.4 分别为吸收截面线性变化时，径向半径为 $r=1$ m 处中子通量密度随时间和高度的轴向分布曲线、轴向高度 $z=1$ m 处中子通量密度随时间和半径的径向分布曲线。从图 7.3.3 和图 7.3.4 中可以得出结论：在 0～50 s 内，中子通量密度变化缓慢，而在 50～100 s 内，中子通量密度变化较明显，增长速度较快。这是因为与吸收截面阶跃变化不同，吸收截面线性变化时，中子的增殖系数逐渐增加，中子的增殖速度逐渐增大；吸收截面线性变化和反应性阶跃变化时，中子通量密度随时间和空间的轴向和径向分布曲线相似；反应堆运行初期中子的分布规律相似，没有明显的差别。随着运行时间的增加，中子通量密度的分布规律变化较大，而且轴向分布曲线逐渐趋向于余弦函数，径向分布逐渐趋向于贝塞尔函数。

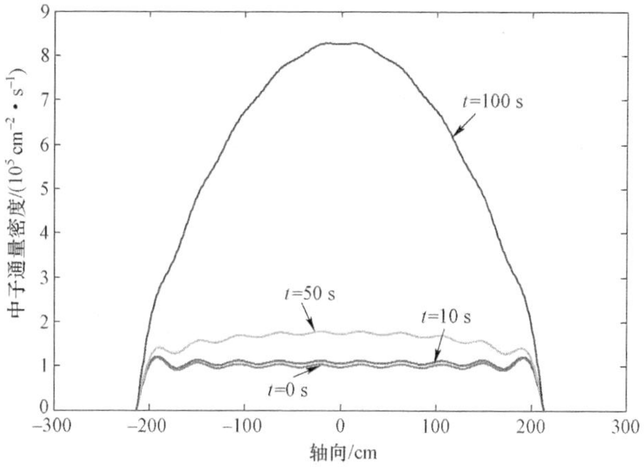

图 7.3.3 吸收截面线性变化中子通量密度轴向分布

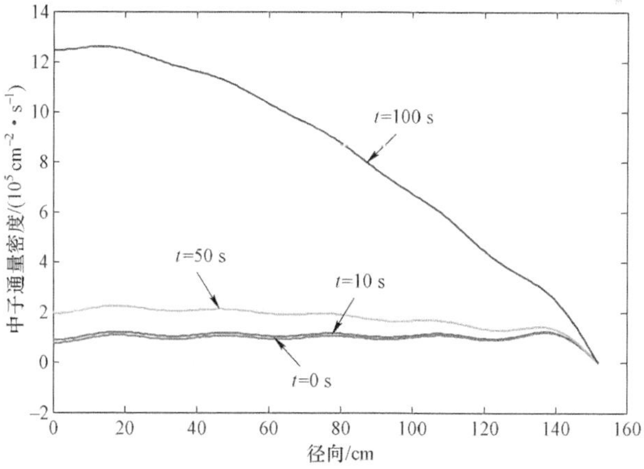

图 7.3.4 吸收截面线性变化中子通量密度径向分布

从吸收截面阶跃输入和线性输入的结果可以看出，中子通量密度初始分布均匀情况下，随着反应堆的运行，总是向着轴向余弦函数分布和径向贝塞尔函数分布发展。在计算中，发现选取不同的初始条件，对计算初的中子时空分布有影响，但对临界附近的中子时空分布影响不大。因此计算临界附近和超临界时，由于初始条件和临界时的分布类似，轴向为余弦函数分布，径向为贝塞尔函数分布，计算的结果各时间段的曲线形式相同，只是中子通量密度大小有区别，这里就不再给出临界附近和超临界的中子通量密度的时空变化曲线。

7.4 有反射层反应堆准静态理论

在反应堆设计过程中，总是考虑在堆芯周围布置一层反射中子的材料，来减少堆芯中子的泄漏，提高中子的利用率。这样就可以减少反应堆的临界尺寸，进而减少燃料的装载量，而且中子的分布曲线变得更加平坦。这种包围在反应堆堆芯外围用来反射从芯部泄漏出来中子的材料称为反射层[1]。

在上一节中，推导了准静态近似条件下裸堆的时空中子动力学方程组的解析解。但在实际情况下，反应堆都布置有反射层，因此研究带有反射层反应堆的准静态理论具有重要意义。

由菲克定律推导的非增殖介质内，无外加中子源单能中子扩散方程为[1]

$$\frac{\partial N(\boldsymbol{r},t)}{\partial t}=D_c v\nabla^2 N(\boldsymbol{r},t)-\Sigma_a vN(\boldsymbol{r},t) \tag{7.4.1}$$

那么在准静态条件下，利用因子分解，得到反射层的扩散方程为

$$\frac{1}{n(t)}\frac{\mathrm{d}n(t)}{\mathrm{d}t}=D_c v\frac{\nabla^2\varphi_c(\boldsymbol{r})}{\varphi_c(\boldsymbol{r})}-\Sigma_a v \tag{7.4.2}$$

式中：$\varphi_c(\boldsymbol{r})$为反射层中分布的中子通量密度；$D_c$为反射层内中子扩散系数。

观察式（7.4.2），其与式（7.1.12）相似，因此，式（7.4.2）两端必须同时等于一个常数，设为h。

式（7.4.2）可化简为两个只含一个变量的微分方程

$$\frac{1}{n(t)}\frac{\mathrm{d}n(t)}{\mathrm{d}t}=h \tag{7.4.3}$$

$$D_c v\frac{\nabla^2\varphi_c(\boldsymbol{r})}{\varphi_c(\boldsymbol{r})}-\Sigma_a v=h \tag{7.4.4}$$

如果令

$$k^2=\frac{\Sigma_a}{D_c}+\frac{h}{D_c v} \tag{7.4.5}$$

将式（7.4.5）代入式（7.4.4）得

$$\nabla^2\varphi_c(\boldsymbol{r})-k^2\varphi_c(\boldsymbol{r})=0 \tag{7.4.6}$$

如图 7.4.1 所示，圆柱形堆芯外侧布置反射层，上下两侧裸露，反射层的厚度为δ。

边界条件：堆芯上下两侧中子通量密度设为零；在堆芯与反射层交界面，中子通量密度连续分布；反射层外侧面上中子通量密度为零；堆芯与反射层交界面法线方向上的中子通量密度导数与各自扩散系数的乘积相等。

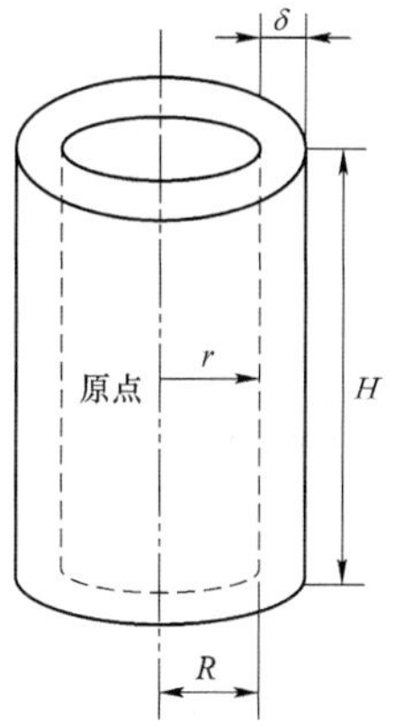

图 7.4.1　带反射层圆柱形堆芯

与式（7.2.3）处理类似，在柱坐标下化简式（7.4.6），可以得到

$$\frac{1}{r}\frac{\partial}{\partial r}\left(r\frac{\partial \varphi_c(r,z)}{\partial r}\right)+\frac{\partial^2 \varphi_c(r,z)}{\partial z^2}-k^2\varphi_c(r,z)=0 \tag{7.4.7}$$

同样利用分离变量法，令

$$\varphi_c(r,z)=f_c(r)Z(z) \tag{7.4.8}$$

而求得侧面带有反射层的圆柱体反应堆形状函数的轴向分量为[1,4]

$$Z(z)=A_1\sum_{m=1}^{\infty}\cos\left[(2m-1)\frac{\pi}{H}z\right] \tag{7.4.9}$$

轴向分量的曲率为

$$B_z^2=(2m-1)\frac{\pi}{H} \tag{7.4.10}$$

那么形状函数径向分量的微分方程为

$$r^2\frac{\mathrm{d}^2 f_c(r)}{\mathrm{d}r^2}+r\frac{\mathrm{d}f_c(r)}{\mathrm{d}r}-r^2 {k'_m}^2 f_c(r)=0 \tag{7.4.11}$$

其中

$$k_m'^2=k^2+B_z^2 \tag{7.4.12}$$

可以看出式（7.4.11）为零阶虚宗量贝塞尔函数或者称为零阶修正的贝塞尔函数[8]。其一般解的形式为

$$f_{cm}(r)=C_1 I_0(k'_m r)+C_2 K_0(k'_m r) \tag{7.4.13}$$

式中，C_1、C_2 为待定系数；I_0、K_0 分别为零阶虚宗量的贝塞尔函数或零阶第一类虚宗量的柱函数、零阶第二类虚宗量柱函数或零阶麦克唐纳函数[12]。

故由式（7.4.13）可以化简得到反射层内中子通量密度的径向分布为

$$f_c(r)=\sum_{m=1}^{\infty}[C_1 I_0(k'_m r)+C_2 K_0(k'_m r)] \tag{7.4.14}$$

代入边界条件，结合 7.2 节准静态时空中子动力学方程推导的形状函数径向分布结果，可以得到系数 C_1、C_2 满足下列表达式，可用图解法或试凑法求解[9]。

$$C_1 I_0[k_m'(R+\delta)]+C_2 K_0[k_m'(R+\delta)]=0 \tag{7.4.15}$$

$$C_1 I_0(k_m' R)+C_2 K_0(k_m' R)=A_2 J_0\left(\frac{x_n}{R}r\right) \tag{7.4.16}$$

$$-D_c k_m'[C_1 I_0(k_m' R)+C_2 K_0(k_m' R)]=-D\frac{x_n}{R}\left[A_2 J_0\left(\frac{x_n}{R}r\right)\right] \tag{7.4.17}$$

当反应堆处于稳态时，中子随时间变化趋于稳定，即由式（7.4.3）得 $h=0$，那么式（7.4.4）可以化简为[1,4]

$$\nabla^2\varphi_c(\boldsymbol{r})-\frac{\Sigma_a}{D_c}\varphi_c(\boldsymbol{r})=0 \tag{7.4.18}$$

7.5 改进的准静态时空动力学方程近似解析解

前面已经介绍利用因子分解法分别求解稳态和非稳态条件下，多维单速时空中子动力学方程组的解析解。但是仅适用于“准静态近似”条件，完全略去了中子通量密度函数 $N(\boldsymbol{r},t)$ 中“形状”函数 $\varphi(\boldsymbol{r},t)$ 对时间的偏导数，进而计算量减少了一到两个数量级。在反应堆运行过程中，中子的实际分布与时间、空间和能量密切相关，而且这三个变量相互耦合。因此，这种方法增大了计算误差，适用性不强。故还需要采用“改进准静态近似”的方法[13]，将中子通量密度函数分解为只与时间有关的幅函数 $n(t)$和形状函数 $\varphi(\boldsymbol{r},t)$ 的乘积。在求解形状函数时，考虑 $\varphi(\boldsymbol{r},t)$ 随时间的变化关系，然后利用本征函数法求解中子通量密度函数的形状函数。其中，在处理幅函数过程中，将幅函数化简为点堆模型下的形式。

7.5.1 模型的建立

这里介绍在前面建立模型的基础上，考虑中子通量密度的形状函数随时间变化的微分项，建立形状函数随空间和时间变化、幅函数只随时间变化的理论模型。

利用因子分解，分别将中子通量密度函数和先驱核通量密度分解为幅函数和形状函数的乘积[14]

$$N(\boldsymbol{r},t)=n(t)\varphi(\boldsymbol{r},t) \tag{7.5.1}$$

$$C(\boldsymbol{r},t)=c(t)g(\boldsymbol{r},t) \tag{7.5.2}$$

将式（7.5.1）、（7.5.2）代入式（7.1.1），不考虑外加中子源，两边同时除以 $N(\boldsymbol{r},t)$，得

$$\begin{aligned}\frac{1}{n(t)}\frac{\partial n(t)}{\partial t}-\lambda\frac{g(\boldsymbol{r},t)}{\varphi(\boldsymbol{r},t)}\frac{c(t)}{n(t)}=&-\frac{1}{\varphi(\boldsymbol{r},t)}\frac{\partial\varphi(\boldsymbol{r},t)}{\partial t}+Dv\frac{\nabla^2\varphi(\boldsymbol{r},t)}{\varphi(\boldsymbol{r},t)}\\&-\Sigma_a v+(1-\beta)k_\infty\Sigma_a v\end{aligned} \tag{7.5.3}$$

可以假定先驱核通量密度的空间分布形状与中子通量密度的空间分布形状相似[1,2]。为简化计算，这里令

$$\frac{g(\boldsymbol{r},t)}{\varphi(\boldsymbol{r},t)}=1 \tag{7.5.4}$$

故式（7.5.3）可以简化为

$$\frac{1}{n(t)}\frac{\partial n(t)}{\partial t}-\lambda\frac{c(t)}{n(t)}=-\frac{1}{\varphi(\boldsymbol{r},t)}\frac{\partial\varphi(\boldsymbol{r},t)}{\partial t}+Dv\frac{\nabla^2\varphi(\boldsymbol{r},t)}{\varphi(\boldsymbol{r},t)} \\ -\Sigma_a v+(1-\beta)k_\infty\Sigma_a v \tag{7.5.5}$$

从式（7.5.5）可以看出，方程左端仅为时间 t 的函数，方程右端第三四项为常数项。由于形状函数解的形式，是以自然对数为底关于时间变化的幂函数和关于位置变化的余弦式的乘积[4]，可以得出方程（7.5.5）右端第一、二项只能为常数项，设为 a，则有

$$\frac{\partial\varphi(\boldsymbol{r},t)}{\partial t}-Dv\nabla^2\varphi(\boldsymbol{r},t)=a\varphi(\boldsymbol{r},t) \tag{7.5.6}$$

其中：a 为可以等于 0 的常数。

7.5.2　形状函数的求解

1. 一维形状函数

在求解式（7.5.6）时，先考虑轴向形状函数分布情况。为方便讨论，认为堆芯沿轴向中子通量密度形状函数的分布与径向分布无关，即可以化简为一维问题[1]，由式（7.5.6）得

$$\frac{\partial Z(z,t)}{\partial t}-Dv\nabla^2 Z(z,t)=aZ(z,t) \tag{7.5.7}$$

假定在不考虑反射层时，堆芯的上下两端中子通量密度为固定值，即边界条件

$$Z\left(-\frac{H}{2},t\right)=\psi_1 \qquad Z\left(\frac{H}{2},t\right)=\psi_2 \tag{7.5.8}$$

采用适当的初始条件

$$Z(z,0)=Z_0(z) \qquad -\frac{H}{2}<z<\frac{H}{2} \tag{7.5.9}$$

可以采用本征函数法求解式（7.5.7）。将形状函数化为带有初始条件和边界条件的方程

$$\begin{cases}\dfrac{\partial Z(z,t)}{\partial t}-Dv\dfrac{\partial^2 Z(z,t)}{\partial z^2}=aZ(z,t) & -\dfrac{H}{2}<z<\dfrac{H}{2},\ t>0\\ Z\left(-\dfrac{H}{2},t\right)=\psi_1 & Z\left(\dfrac{H}{2},t\right)=\psi_2\\ Z(z,0)=Z_0(z) & -\dfrac{H}{2}<z<\dfrac{H}{2}\end{cases} \tag{7.5.10}$$

（1）先求解对应边界条件的稳态解，此时，形状函数变化与时间无关。代入边界条件可以得到稳态解为

$$Z_1(z)=\frac{\psi_2-\psi_1}{H}z+\psi_1 \tag{7.5.11}$$

因此非齐次边界问题可以化为齐次边界问题

$$\begin{cases}\dfrac{\partial Z(z,t)}{\partial t}-Dv\dfrac{\partial^2 Z(z,t)}{\partial z^2}=aZ(z,t) & -\dfrac{H}{2}<z<\dfrac{H}{2},\ t>0\\ Z\left(-\dfrac{H}{2},t\right)=0 \qquad Z\left(\dfrac{H}{2},t\right)=0 & \\ Z(z,0)=Z_0(z)-Z_1(z) & -\dfrac{H}{2}<z<\dfrac{H}{2}\end{cases} \tag{7.5.12}$$

（2）求对应齐次边界条件下，方程的本征值问题为

$$\frac{\partial Z(z,t)}{\partial t}-Dv\frac{\partial^2 Z(z,t)}{\partial z^2}=0 \tag{7.5.13}$$

采用分离变量法，令 $Z(z,t)=Z(z)T(t)$，代入式（7.5.13）得

$$\frac{T'}{T}=Dv\frac{Z''}{Z} \tag{7.5.14}$$

令上式两边同时等于常数 p，右端可以化简为

$$Z''-\frac{p}{Dv}Z=0 \tag{7.5.15}$$

当 $p>0$ 时，可以解得 Z 是双曲线函数，不满足边界条件；
当 $p=0$ 时，Z 为直线，也不满足边界条件；故 p 只能小于 0。
解得方程（7.5.15）的通解为

$$Z=c_1\cos\sqrt{\frac{-p}{Dv}}z+c_2\sin\sqrt{\frac{-p}{Dv}}z \tag{7.5.16}$$

代入边界条件，可以得到 $c_2=0$，本征函数和本征值为

$$\begin{cases}Z=c_1\cos\dfrac{(2m-1)\pi}{H}z\\ \sqrt{\dfrac{-p}{Dv}}=\dfrac{(2m-1)\pi}{H}\end{cases} \qquad m=1,2,\cdots \tag{7.5.17}$$

（3）利用常数变异法，令

$$Z(z,t)=\sum_{m=1}^{\infty}T_m(t)\cos\frac{(2m-1)\pi}{H}z \tag{7.5.18}$$

将式（7.5.18）代入方程（7.5.10）中，得到

$$\sum_{m=1}^{\infty}\left(T'\cos\frac{(2m-1)\pi}{H}z+Dv\frac{(2m-1)^2\pi^2}{H^2}T\cos\frac{(2m-1)\pi}{H}z\right)=\sum_{m=1}^{\infty}aT\cos\frac{(2m-1)\pi}{H}z \tag{7.5.19}$$

比较两边的傅里叶系数有

$$T'-\left(a-Dv\frac{(2m-1)^2\pi^2}{H^2}\right)T=0 \tag{7.5.20}$$

当 $a=Dv(2m-1)^2\pi^2/H^2$ 时，可以求出 T 为常数，不符合改进准静态近似要求；
当 $a\neq Dv(2m-1)^2\pi^2/H^2$ 时，解得

$$T_m(t)=A_m\mathrm{e}^{\left[a-Dv\frac{(2m-1)^2\pi^2}{H^2}\right]t} \tag{7.5.21}$$

其中，

$$A_m=\frac{2}{H}\int_{-\frac{H}{2}}^{\frac{H}{2}}\left(Z_0(z)-\left(\frac{\psi_2-\psi_1}{H}z+\psi_1\right)\right)\cos\frac{(2m-1)\pi}{H}zdz \tag{7.5.22}$$

齐次边界条件下，方程的解为

$$Z_2(z,t)=\sum_{m=1}^{\infty}A_m\mathrm{e}^{\left[a-Dv\frac{(2m-1)^2\pi^2}{H^2}\right]t}\cos\frac{(2m-1)\pi}{H}z\qquad m=1,2,\cdots \tag{7.5.23}$$

故采用本征函数法求得的一维中子通量密度的形状函数为

$$Z(z,t)=Z_2(z,t)+Z_1(t)=\sum_{m=1}^{\infty}\left(A_m\mathrm{e}^{\left(a-Dv\frac{(2m-1)^2\pi^2}{H^2}\right)t}\cos\frac{(2m-1)\pi}{H}z\right)+\frac{\psi_2-\psi_1}{H}z+\psi_1\qquad m=1,2,\cdots \tag{7.5.24}$$

当反应堆达到临界时，m 取值为 1，此时中子通量密度形状函数的变化与时间无关，故可以求得 $a=Dv\pi^2/H^2$。

2. 圆柱状堆芯形状函数

在核动力装置中，反应堆一般采用圆柱状堆芯，因此，研究圆柱状堆芯的形状函数有着重要的意义。在处理圆柱状堆芯形状函数问题时，同样采用柱坐标求解二阶偏微分方程（7.5.7）

$$\frac{\partial\varphi(r,z,t)}{\partial t}-Dv\left(\frac{1}{r}\frac{\partial}{\partial r}\left(r\frac{\partial\varphi(r,z,t)}{\partial r}\right)+\frac{\partial^2\varphi(r,z,t)}{\partial z^2}\right)-\frac{Dv\pi^2}{H}\varphi(r,z,t)=0 \tag{7.5.25}$$

利用分离变量法，令

$$\varphi(r,z,t)=f(r,t)Z(z,t) \tag{7.5.26}$$

将式（7.5.26）代入式（7.5.25）得

$$Z\frac{\partial f}{\partial t}+f\frac{\partial Z}{\partial t}-Dv\left(Z\frac{\partial^2 f}{\partial r^2}+\frac{Z}{r}\frac{\partial f}{\partial r}+f\frac{\partial^2 Z}{\partial z^2}\right)-\frac{Dv\pi^2}{H}fZ=0 \tag{7.5.27}$$

两边同时除以 $f(r,t)Z(z,t)$，整理得

$$\begin{aligned}&\frac{1}{f(r,t)}\frac{\partial f(r,t)}{\partial t}-Dv\left(\frac{1}{f(r,t)}\frac{\partial^2 f(r,t)}{\partial r^2}+\frac{1}{rf(r,t)}\frac{\partial f(r,t)}{\partial r}\right)\\&=-\frac{1}{Z(z,t)}\frac{\partial Z(z,t)}{\partial t}+Dv\frac{1}{Z(z,t)}\frac{\partial^2 Z(z,t)}{\partial z^2}+\frac{Dv\pi^2}{H}\end{aligned} \tag{7.5.28}$$

观察式（7.5.28），r 与 z 是两个彼此无关的独立变量。式（7.5.28）对任意的 r 与 z 都成立，只有左端为不能含有 r 的表达式，右端为不能含有 z 的表达式，即左右两端同时等于常数 b 或者关于 t 的函数。

由上述分析，得出圆柱形堆芯中子通量密度形状函数轴向分布的方程为

$$\frac{\partial Z(z,t)}{\partial t}-Dv\frac{\partial^2 Z(z,t)}{\partial z^2}=(a-b)Z(z,t) \tag{7.5.29}$$

假定圆柱形堆芯形状函数与一维的边界条件和初始条件相同，由于式（7.5.29）与式（7.5.7）在形式上相同，故采用改进准静态本征函数法可以求得圆柱形堆芯中子通量密度的形状函数为

$$\begin{aligned}Z(z,t)=Z_2(z,t)+Z_1(t)=&\sum_{m=1}^{\infty}\left[A_m\mathrm{e}^{\left(a-b-Dv\frac{(2m-1)^2\pi^2}{H^2}\right)t}\cos\frac{(2m-1)\pi}{H}z\right]\\&+\frac{\psi_2-\psi_1}{H}z+\psi_1\qquad m=1,2,\cdots\end{aligned} \tag{7.5.30}$$

其中

$$A_m=\frac{2}{H}\int_{-\frac{H}{2}}^{\frac{H}{2}}\left[Z_0(z)-\left(\frac{\psi_2-\psi_1}{H}z+\psi_1\right)\right]\cos\frac{(2m-1)\pi}{H}z\mathrm{d}z \tag{7.5.31}$$

当反应堆处于稳态时，m 取值为 1，此时中子通量密度形状函数的变化与时间无关，故可以求得 $a-b=Dv\pi^2/H^2$。

由式（7.5.28）可以得出圆柱形堆芯中子通量密度径向形状函数方程为

$$\frac{1}{Dv}\frac{\partial f(r,t)}{\partial t}-\frac{b}{Dv}f(r,t)=\frac{\partial^2 f(r,t)}{\partial r^2}+\frac{1}{r}\frac{\partial f(r,t)}{\partial r} \tag{7.5.32}$$

边界条件：在反应堆堆芯半径 R 处，中子通量密度为零。且中子通量密度有界、连续。

采用适当的初始条件

$$f(r,0)=f_0(r) \tag{7.5.33}$$

采用分离变量法求解式（7.5.32），令

$$f(r,t)=R(r)T(t) \tag{7.5.34}$$

将式（7.5.34）代入式（7.5.32），并令两边同时为常数 $-\mu^2$，化简得到

$$\frac{1}{Dv}\frac{T'}{T}-\frac{b}{Dv}=\frac{R''+\frac{1}{r}R'}{R}=-\mu^2 \tag{7.5.35}$$

由于 R 在有限区间上应该有解，因此分离变量后的常数取负值。故式（7.5.35）可分解为

$$r^2R''+rR'+\mu^2r^2R=0 \tag{7.5.36}$$

$$T'+(Dv\mu^2-b)T=0 \tag{7.5.37}$$

式（7.5.36）为零阶贝塞尔方程，其一般解为

$$f(r)=C_1J_0(\mu r)+C_2Y_0(\mu r) \tag{7.5.38}$$

式中，J_0、Y_0 分别为零阶第一类及第二类贝塞尔函数，由边界条件可以得到 C_2 必须等于零。这样可以得到关于 r 的本征函数为

$$f_n(r)=C_nJ_0(\mu_n r) \qquad n=1,2,\cdots \tag{7.5.39}$$

由边界条件，求得本征值为

$$\mu_n=\frac{x_n}{R} \tag{7.5.40}$$

其中，x_n 满足零阶第一类贝塞尔函数值为零，即 $J_0(x_n)=0$。

求解式（7.5.37）的结果为

$$T_n(t)=d_n\mathrm{e}^{\left[b-Dv\left(\frac{x_n}{R}\right)^2\right]t} \tag{7.5.41}$$

其中 d_n 为常数两个常数的乘积仍为常数，可令两个常数的乘积为 B_n，故可以得到径向形状函数的解为

$$f(r,t)=\sum_{n=1}^{\infty}B_n\mathrm{e}^{\left[b-Dv\left(\frac{x_n}{R}\right)^2\right]t}J_0\left(\frac{x_n}{R}r\right) \tag{7.5.42}$$

由贝塞尔展开定理可以得出系数为

$$B_n=\frac{2}{R^2J_1^2(x_n)}\int_0^R f_0(r)J_0\left(\frac{x_n}{R}r\right)r\mathrm{d}r \tag{7.5.43}$$

当反应堆处于稳态时，$n=1$ 又 $x_1=2.405$，此时中子通量密度形状函数的变化与时间无关，故可以求得 $b=Dv2.405^2/R^2$。

7.5.3 幅函数的求解

由 $a-b=Dv\pi^2/H^2$，$b=Dv2.405^2/R^2$ 可以求得 $a=Dv\pi^2/H^2=Dv2.405^2/R^2=DvB^2$，将求得的 a 值代入方程（7.5.5）可以得到

$$\frac{\mathrm{d}n(t)}{\mathrm{d}t}=k_\infty\Sigma_a v\left(1-\beta-\frac{1}{k_\infty}-\frac{DB^2}{k_\infty\Sigma_a}\right)n(t)+\lambda c(t) \tag{7.5.44}$$

由于缓发中子先驱核密度的形状函数随时间变化十分缓慢，与缓发中子先驱核密度微分项相比可以忽略，故将式（7.5.1）、（7.5.2）代入式（7.1.2）简得到

$$\frac{\mathrm{d}c(t)}{\mathrm{d}t}=\beta k_\infty\Sigma_a vn(t)-\lambda c(t) \tag{7.5.45}$$

根据各变量关系有

$$\rho=1-\frac{1}{k_\infty}-\frac{DB^2}{k_\infty\Sigma_a} \tag{7.5.46}$$

$$l=\frac{1}{k_\infty\Sigma_a v} \tag{7.5.47}$$

故可以得到幅函数方程组为

$$\frac{\mathrm{d}n(t)}{\mathrm{d}t}=\frac{\rho-\beta}{l}n(t)+\lambda c(t) \tag{7.5.48}$$

$$\frac{\mathrm{d}c(t)}{\mathrm{d}t}=\frac{\beta}{l}n(t)-\lambda c(t) \tag{7.5.49}$$

式中：ρ 为反应堆反应性；β 为缓发中子总份额；l 为瞬发中子平均寿命，s；λ 为缓发中子先驱核衰变常数，1/s。

函数方程组（7.5.48）与（7.5.49）的解为[15]

$$\begin{aligned}n(t)=\frac{n_0\rho}{2\rho\sqrt{\rho_s^{\ 2}+4\lambda\rho l}}&\left[\left(2\rho+\rho_s+\sqrt{\rho_s^{\ 2}+4\lambda\rho l}\right)\exp\left(\frac{-\rho_s+\sqrt{\rho_s^{\ 2}+4\lambda\rho l}}{2l}t\right)\right.\\&\left.-\left(2\rho+\rho_s-\sqrt{\rho_s^{\ 2}+4\lambda\rho l}\right)\exp\left(\frac{-\rho_s-\sqrt{\rho_s^{\ 2}+4\lambda\rho l}}{2l}t\right)\right]\end{aligned} \tag{7.5.50}$$

式中，n_0 为初始中子密度，1/cm³；$\rho_s=\lambda l+\beta-\rho$。

把式（7.5.24）、（7.5.42）与（7.5.50）分别代入式（7.5.1），可以得到不考虑外加中子源时，单群时空中子动力学方程的轴向和径向的近似解析解分别为

$$N(z,t)=n(t)\sum_{m=1}^{\infty}A_m\mathrm{e}^{\left[Dv\frac{\pi^2}{H^2}-Dv\frac{(2m-1)^2\pi^2}{H^2}\right]t}\cos\frac{(2m-1)\pi}{H}z \qquad m=1,2,\cdots \tag{7.5.51}$$

$$N(r,t)=n(t)\sum_{n=1}^{\infty}B_n \mathrm{e}^{Dv\frac{2.405^2}{R^2}-Dv\frac{x_n}{R}t}J_0\left(\frac{x_n}{R}r\right)\qquad n=1,2,\cdots \tag{7.5.52}$$

其中

$$A_m=\frac{2}{H}\int_{-\frac{H}{2}}^{\frac{H}{2}}\left[Z_0(z)-\left(\frac{\psi_2-\psi_1}{H}z+\psi_1\right)\right]\cos\frac{(2m-1)\pi}{H}z\mathrm{d}z \tag{7.5.53}$$

$$B_n=\frac{2}{R^2J_1^2(x_n)}\int_0^R f_0(r)J_0\left(\frac{x_n}{R}r\right)r\mathrm{d}r \tag{7.5.54}$$

$Z_0(z)$和$f_0(r)$分别为轴向和径向形状函数的初始条件。

7.5.4 对改进准静态本征函数法的稳态修正

在处理中子通量密度和缓发中子先驱核通量密度形状函数的关系时，假设它们随时间和空间的分布相似，比值简化为1。但是，实际情况下，两个形状函数空间分布相似，随时间变化不同。因此，两个比值应该是一个关于时间的函数，这里设为$h(t)$，即

$$\frac{g(\boldsymbol{r},t)}{\varphi(\boldsymbol{r},t)}=h(t) \tag{7.5.55}$$

所以，式（7.5.5）可以化简为

$$\frac{1}{n(t)}\frac{\partial n(t)}{\partial t}-\lambda\frac{c(t)}{n(t)}h(t)=-\frac{1}{\varphi(\boldsymbol{r},t)}\frac{\partial\varphi(\boldsymbol{r},t)}{\partial t}+Dv\frac{\nabla^2\varphi(\boldsymbol{r},t)}{\varphi(\boldsymbol{r},t)}-\Sigma_a v+(1-\beta)k_\infty\Sigma_a v \tag{7.5.56}$$

同理，可以得出，式（7.5.56）左边仅是含t的微分形式，右边为常数项。所以，两边必须都等于一个常数，同样设为$-a$。

式（7.5.56）可以简化为两个只含一个变量的微分方程

$$\frac{1}{n(t)}\frac{\partial n(t)}{\partial t}-\lambda\frac{c(t)}{n(t)}h(t)=-a \tag{7.5.57}$$

$$-\frac{1}{\varphi(\boldsymbol{r},t)}\frac{\partial\varphi(\boldsymbol{r},t)}{\partial t}+Dv\frac{\nabla^2\varphi(\boldsymbol{r},t)}{\varphi(\boldsymbol{r},t)}-\Sigma_a v+(1-\beta)k_\infty\Sigma_a v=-a \tag{7.5.58}$$

初始时刻反应堆内中子通量密度稳定，有$\partial n(t)/\partial t=0$ 和 $\partial\varphi(\boldsymbol{r},t)/\partial t=0$，先驱核浓度的产生率$\beta k_\infty\Sigma_a vn(t)$和其衰变率$\lambda c(t)$相等，即

$$\frac{\partial n(t)}{\partial t}=0,\qquad \frac{\partial\varphi(\boldsymbol{r},t)}{\partial t}=0 \tag{7.5.59}$$

$$\beta k_\infty\Sigma_a vn(t)=\lambda c(t) \tag{7.5.60}$$

将式（7.5.59）、（7.5.60）代入式（7.5.56）得

$$a=\beta k_\infty\Sigma_a vh(t) \tag{7.5.61}$$

根据形状函数的推导结果，得到的常数 a 的值代入式（7.5.61）可以得到 $h(t)$为常数

$$h(t)=\frac{DvB^2}{\beta k_\infty \Sigma_a v} \tag{7.5.62}$$

此时中子通量密度和缓发中子先驱核通量密度的形状函数的比值为常数，因此，在对幅函数求解时，方程（7.5.44）修正为

$$\frac{\mathrm{d}n(t)}{\mathrm{d}t}=k_\infty \Sigma_a v\left(1-\beta-\frac{1}{k_\infty}-\frac{DB^2}{k_\infty \Sigma_a}\right)n(t)+\lambda\frac{DvB^2}{\beta k_\infty \Sigma_a v}c(t) \tag{7.5.63}$$

$$\frac{\mathrm{d}c(t)}{\mathrm{d}t}=\frac{(\beta k_\infty \Sigma_a v)^2}{DvB^2}n(t)-\lambda c(t) \tag{7.5.64}$$

根据各变量关系，可以化简得到修正后的幅函数方程为

$$\frac{\mathrm{d}n(t)}{\mathrm{d}t}=\frac{\rho-\beta}{l}n(t)+\frac{\lambda}{\beta}\left(\frac{1}{k}-\frac{1}{k_\infty}\right)c(t) \tag{7.5.65}$$

$$\frac{\mathrm{d}c(t)}{\mathrm{d}t}=\frac{\beta}{l}\frac{\beta}{\frac{1}{k}-\frac{1}{k_\infty}}n(t)-\lambda c(t) \tag{7.5.66}$$

为得到点堆模型下的方程组形式，将式（7.5.66）变形为

$$\frac{\mathrm{d}\frac{1}{\beta}\left(\frac{1}{k}-\frac{1}{k_\infty}\right)c(t)}{\mathrm{d}t}=\frac{\beta}{l}n(t)-\frac{\lambda}{\beta}\left(\frac{1}{k}-\frac{1}{k_\infty}\right)c(t) \tag{7.5.67}$$

令

$$c'(t)=\frac{1}{\beta}\left(\frac{1}{k}-\frac{1}{k_\infty}\right)c(t) \tag{7.5.68}$$

那么式（7.5.65）和（7.5.66）可以化简为

$$\frac{\mathrm{d}n(t)}{\mathrm{d}t}=\frac{\rho-\beta}{l}n(t)+\lambda c'(t) \tag{7.5.69}$$

$$\frac{\mathrm{d}c'(t)}{\mathrm{d}t}=\frac{\beta}{l}n(t)-\lambda c'(t) \tag{7.5.70}$$

然后，就可以采用前面的方法求解方程组（7.5.69）与（7.5.70）。

以上介绍的时空动力学方程求解的改进准静态本征函数法，克服了已有方法在推导平板或者圆柱形堆芯的形状函数时，不考虑缓发中子份额的局限性，而且克服求解形状函数轴向和径向随时间变化的困难，因此，此方法具有更广的应用范围。另外，改进准静态本征函数法求得的解析解是显函数表达式，故计算量小，能够满足实时甚至超时计算的要求。

参考文献

［1］张法邦. 核反应堆运行物理［M］. 北京：原子能出版社，2000.

［2］蔡章生. 核动力反应堆中子动力学［M］. 北京：国防工业出版社，2005.

［3］郝建立，陈文振，王少明. 时空中子倍增公式解法研究［J］. 原子核物理评论，2011，28（1）：130-134.

［4］黄祖洽. 核反应堆动力学基础［M］. 北京：北京大学出版社，2007.

［5］陈文振，张黎明，肖红光. 核反应堆工程原理（上）［M］. 北京：中国原子能出版社，2019.

［6］Zhang Fan, Chen Wenzhen, Zhao Xinwen. The dynamic simulation of cold start-up based on two-group point reactor model［J］. Annals of Nuclear Energy, 2009, 36: 784-786.

［7］黎浩峰. 反应堆运行中物理参数快速计算方法［D］. 武汉：海军工程大学，2009.

［8］《数学手册》编写组. 数学手册［M］. 北京：高等教育出版社，1984.

［9］李明芮. 反应堆中子动力学方程计算方法研究［D］. 武汉：海军工程大学，2015.

［10］孙汉虹. 第三代核电技术 AP1000［M］. 北京：中国电力出版社，2016.

［11］Li Mingrui, Chen Wenzhen, Hao Jianli. A quasi-static orthogonal method for solving spatial-time neutron kinetics equations in non-steady processes［J］. Progress in Nuclear Energy, 2020, 120: 103229.

［12］Asmar N H. Partial differential equations with fourier series and boundary value problems（译本）［M］. 北京：机械工业出版社，2006.

［13］李明芮，黎浩峰，陈文振，等. 改进准静态本征函数法求解反应堆时空中子动力学方程［J］. 原子能科学技术. 2016，50（7）：1245-1260.

［14］蔡章生，桂学文，于雷. 反应堆时空动力学方程的解法研究［J］. 海军工程大学学报，2006，18（3）：28-29.

［15］Li Haofeng, Shang Xueli, Chen Wenzhen. An accurate solution of point kinetics equations of one-group delayed neutrons and an extraneous neutron source for step reactivity insertion［J］. Chinese Science Bulletin, 2010, 55(36): 4116-4119.

第八章

中子倍增理论

核反应堆内中子行为微观过程链的每一个环节都是离散的随机过程，最终都要求统计处理。把中子密度的时空分布作为连续函数来处理的输运理论、扩散近似，以及进一步简化的点堆模型动态学方程，都只是对本来随机离散的物理过程的近似描写。因此，有必要从中子按代增殖的物理内在机理出发，对核反应堆内中子增殖过程离散化处理的中子倍增理论进行研究[1]。

8.1 中子倍增公式

根据中子增殖的实际情况，把新一代中子分为瞬发中子和缓发中子。瞬发中子一代增殖时间为瞬发中子平均寿命，再考虑缓发中子先驱核和中子源在瞬发中子一代时间内中子贡献量，即为瞬发中子一代时间内中子的产生量。因此，这里用的瞬发中子寿命 l 表征一代时间。

在热中子反应堆内中子将按一代一代的（增殖）变化，因此，根据中子按代增殖的理念可以将反应堆内中子变化写为[2-3]

$$\begin{cases} n_m = n_{m-1}k_m(1-\beta) + S + \sum_{j=1}^{6} c_{j(m-1)}(1-\mathrm{e}^{-\lambda_j l}) \\ c_{jm} = c_{j(m-1)}\mathrm{e}^{-\lambda_j l} + n_{m-1}k_m\beta_j \end{cases} \tag{8.1.1}$$

式中，n_m 为第 m 代中子密度，n_{m-1} 为第 $m-1$ 代中子密度，k_m 为第 m 代的有效增殖系数，β 为缓发中子总份额，S 为中子源在一代时间内对中子数的贡献，n 为缓发中子先驱核组数，β_j 为第 j 组缓发中子份额，λ_j 为第 j 组缓发中子先驱核的衰变常数，c_{jm} 为第 j 组缓发中子先驱核初始浓度，l 为中子增殖的一代时间。

考虑缓发中子在内的中子倍增公式，是根据堆内微观过程链的每一个环节都是离散过程的事实，将裂变中子按瞬发中子和缓发中子进行区分，根据放射性衰减规律和统计规律，严格按代倍增的定义推导出来的。这是以增殖论的观点按照核裂变的物理图象建立起来的，清晰地描述了反应堆内中子离散倍增过程，对反应堆状态描述具有普遍意义。并且由于该倍增公式是代数方程式，使用极为方便、准确、可靠，无刚性问题。这对反应堆理论研究来说，是一个突破，也为反应堆物理研究提供了一个全新的工具，具有一定的理论和实用价值[4–5]。

8.2　中子倍增公式的应用

利用中子倍增公式研究功率很小的零功率堆或平均功率很小的脉冲装置是合适的，但是中子倍增公式直接应用于船用反应堆还需考虑温度反馈等因素的影响。这是由于船用堆在反应性引入条件下，堆内材料温度、密度会发生变化，这些变化又会引起反应性变化。因此需要研究温度反馈等因素的影响。

8.2.1　大阶跃反应性引入

弹棒事故等事故会向反应堆引入过量反应性，有可能导致热功率急剧增加而使堆芯损坏。因此，研究阶跃反应性引入，特别是大阶跃反应性引入下反应堆功率响应规律有重要的意义。当向处于临界的反应堆引入很大的阶跃正反应性，使反应堆处于瞬发临界状态。即$\rho_0>\beta$时，在动态过程中堆功率水平及其变化速率都很大，并且由于过程时间极短，燃料元件热量来不及传递给慢化剂，因此在进行温度反馈计算时不考虑慢化剂的延迟反馈，只考虑燃料元件的瞬时反馈作用。

燃料元件单位温度变化所引起的反应性变化量称为反应堆燃料元件反应性温度系数α_f，燃料元件反应性温度系数α_f由下式定义[6]：

$$\alpha_f=\frac{\partial\rho}{\partial T}=\frac{1}{k}\frac{\partial k}{\partial T}-\frac{k-1}{k^2}\frac{\partial k}{\partial T}=\frac{1}{k^2}\frac{\partial k}{\partial T} \tag{8.2.1}$$

式中：ρ 为反应性，T 为反应堆温度，k 为增殖系数。

假设温度与反应堆位置无关，整个系统的温度均匀发生变化，反应堆的温度系数在研究的范围内保持稳定。由于过程进行很快，在响应过程中，反应堆燃料中所增加的热量在瞬变过程中来不及传出，因此，可近似假设堆功率响应过程是绝热的。

$$\frac{\mathrm{d}T}{\mathrm{d}t}=k_f n \tag{8.2.2}$$

式中：k_f为反应堆燃料元件热容量的倒数，n 为中子密度。

由式（8.2.1）与公式（8.2.2）整理并在 $m-1$ 代到 m 代进行积分，得第 m 代增殖系数 k_m 为

$$k_m = \frac{1}{\dfrac{1}{k_{m-1}} - \alpha_f k_f k_a n_{m-1} l} \tag{8.2.3}$$

则，根据中子倍增公式可得大阶跃反应性引入下中子动力学方程组为

$$\begin{cases} k_m = \dfrac{1}{1/k_{m-1} - \alpha_{\mathrm{f}} k_{\mathrm{f}} n_{m-1} l} \\ n_m = n_{m-1} k_m (1-\beta) + S + \sum\limits_{j=1}^{6} c_{j(m-1)} (1 - \mathrm{e}^{-\lambda_j l}) \\ c_{jm} = c_{j(m-1)} \mathrm{e}^{-\lambda_j l} + n_{m-1} k_m \beta_j \\ \rho_m = \dfrac{k_m - 1}{k_m} \end{cases} \tag{8.2.4}$$

以 ^{235}U 为燃料的某压水堆为例，取反应堆燃料元件热容量的倒数 $k_f=0.05$［K/（MW・s)］，反应堆燃料元件反应性温度系数 $\alpha_f=-5\times10^{-5}$（1/K）；缓发中子总份额 $\beta=0.006\,5$，六组缓发中子份额和衰变常数分别为 $\beta_1=0.000\,215$，$\lambda_1=0.012\,4$（1/s），$\beta_2=0.001\,424$，$\lambda_2=0.030\,5$（1/s），$\beta_3=0.001\,274$，$\lambda_3=0.111$（1/s），$\beta_4=0.002\,568$，$\lambda_4=0.301$（1/s），$\beta_5=0.000\,748$，$\lambda_5=1.14$（1/s），$\beta_6=0.000\,273$，$\lambda_6=3.01$（1/s），中子一代时间 $l=0.000\,1$ s。

反应堆稳定运行时引入阶跃反应性 $\rho_0=2\beta$。利用有温度反馈的中子倍增公式（8.2.4）进行计算。取 n_c 为反应堆以一定功率运行时的中子密度，不同初始中子密度 n_0 时中子密度的响应特性见图 8.2.1。粗线为中子动力学方程组数值解法求得的中子密度响应特性，经比较得出与公式（8.2.4）所求结果非常接近。

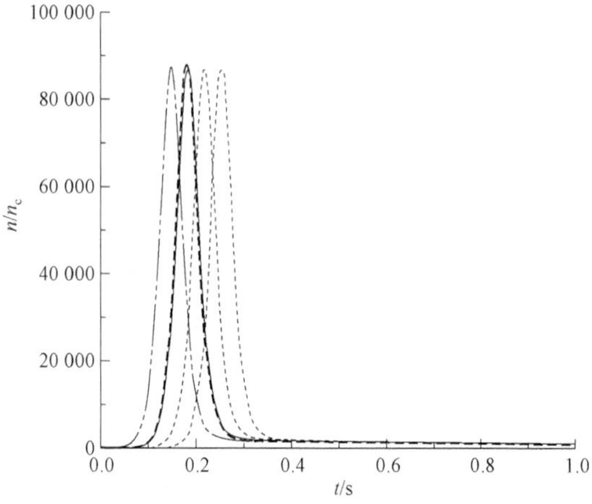

图 8.2.1　大阶跃反应性引入时中子密度随时间变化（从左到右的初始中子密度分别为 10、1、0.1、0.01n_c）

由图 8.2.1 可以看出，当反应堆引入大阶跃反应性后中子密度 n 首先迅速增加、然后又迅速减低、最后趋于稳定，并且中子密度 n 峰值很高，往往比初始中子密度大几个量级。同时，可以看出初始中子密度对反应堆瞬发超临界过程是一个很重要的因素：随着初始中子密度增加，中子密度达到最大值和趋于稳定的时间缩短；但是峰值高度、峰宽和最终稳定时中子密度与初始中子密度无关。这是由于引入的阶跃反应性很大，中子密度峰值比初始中子密度大几个数量

级。按照中子倍增理论，新一代中子是由上一代中子增殖产生，当中子密度比初始中子密度高出几个数量级以上时，中子密度曲线的走势与初始中子密度无关。

图 8.2.2 为初始中子密度和到达峰值的时间的关系。中子密度达到最高时间和初始功率满足式（8.2.5），即随着初始功率增加，功率达到峰值所需要时间增加，满足

$$t_{\mathrm{m}} = 0.183\,02 - 0.015\,14\ln(n_0 / n_c) \tag{8.2.5}$$

式中：t_{m} 为中子密度达到最大值的时间，s，n_0 为初始中子数。

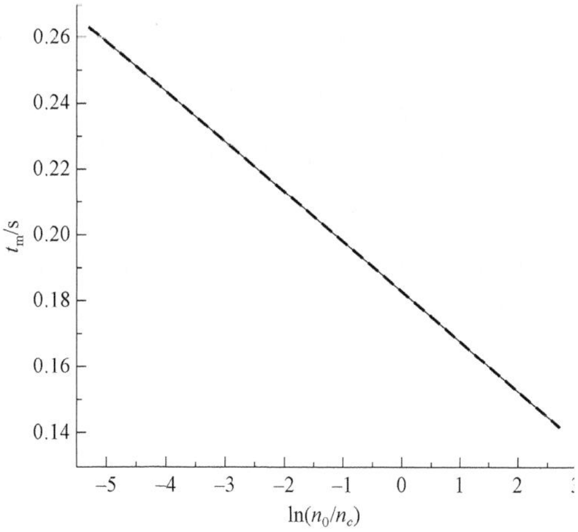

图 8.2.2　中子密度达到峰值的时间 t_{m} 和初始中子密度的关系

8.2.2　小阶跃反应性引入

如果引入阶跃小反应性远小于β，则瞬变过程不是太快，反馈的数学模型可以采用恒定功率模型。如果过程又不太慢，冷却剂温度变化相对较少，可以用燃料元件温度系数代替反应堆温度系数。则可以得到第 m 代中子增殖系数的表达式为

$$k_m = \frac{1}{\dfrac{1}{k_{m-1}} - \alpha_f k_f (n_{m-1} - n_0) l} \tag{8.2.6}$$

代入式（8.1.1）可得小阶跃反应性引入时的有温度反馈的中子倍增公式，即

$$\begin{cases} k_m = \dfrac{1}{1 / k_{m-1} - \alpha_f k_f (n_{m-1} - n_0) l} \\ n_m = n_{m-1} k_m (1-\beta) + S + \displaystyle\sum_{j=1}^{6} c_{j(m-1)} (1 - \mathrm{e}^{-\lambda_j l}) \\ c_{jm} = c_{j(m-1)} \mathrm{e}^{-\lambda_j l} + n_{m-1} k_m \beta_j \\ \rho_m = \dfrac{k_m - 1}{k_m} \end{cases} \tag{8.2.7}$$

同样以 8.2.1 节反应堆为例，反应堆稳定运行时引入阶跃反应性$\rho_0 = 0.2\beta$，相当于一束控制棒突然弹出堆外引入的反应性。取 n_c 为反应堆以一定功率运行时的中子密度，不同初始中子密度 n_0 时中子密度的响应特性见图 8.2.3。

在小阶跃反应性引入后，中子密度开始会突然上升，然后因为温度负反馈使得功率下

降，最终趋向稳定值。由图 8.2.3 可以看出，对于小阶跃反应性引入，初始中子密度是一个很重要的因素。随着初始中子密度增加，中子密度达到的峰值高度增加，到达峰值的时间缩短。小阶跃反应性引入后反应堆有效增殖系数变化见图 8.2.4。

由图 8.2.4 可以看出，反应堆引入小阶跃反应性后，随初始功率的增加，k 初始变化速率增加最后趋于稳定。其中，较大初始功率时，有效增殖系数迅速下降的原因是压水堆具有负的反应性温度系数作用的结果。反应性大于 0 导致中子密度（功率）增加，功率的增加使得反应堆温度升高，负的反应性温度系数使得反应性降低即增殖系数下降。有效增殖系数下降到最低点后开始升高，并出现振荡现象。这是因为反应堆功率下降，导致温度降低，压水堆负反应性温度系数使得有效增殖系数增加，周而复始，出现振荡现象。而初始功率密度较低时没有发现这种振荡现象。

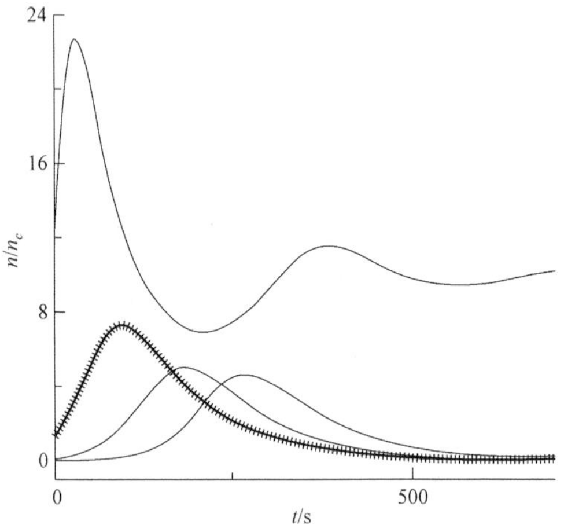

图 8.2.3　小阶跃反应性引入下中子数随时间变化（按峰值从左到右的初始中子密度分别为 $10n_c$、$1n_c$、$0.1n_c$、$0.01n_c$）

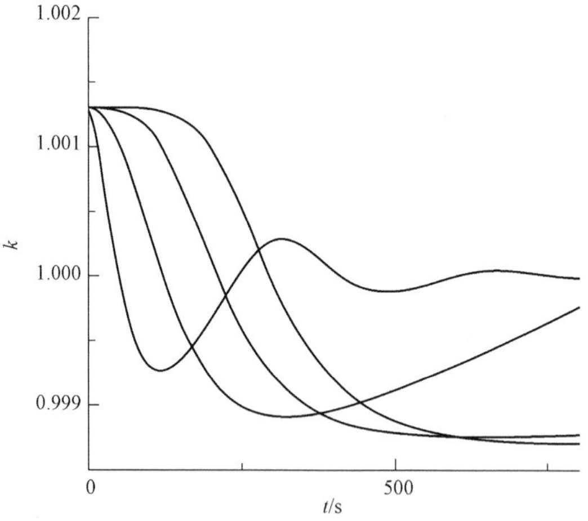

图 8.2.4　小阶跃反应性引入下中子增殖系数随时间变化（从左到右的初始中子密度分别为 $10n_c$、$1n_c$、$0.1n_c$、$0.01n_c$）

8.2.3　反应性线性引入

船用堆可能由于人因或控制系统故障而出现控制棒连续提升，从而使得反应性突然不断增加，当保护系统不能及时动作或失效时，将会发生连续提棒事故。因此，有必要基于中子倍增理论对连续提棒事故进行分析，获得连续提棒事故的船用核动力装置的瞬态响应特性。这对事故的处置、后果分析和确保船用反应堆的安全具有一定的参考价值。

考虑到燃料温度反馈和冷却剂温度反馈，反应性反馈采用下式[7]：

$$\rho(t)=\gamma t-\alpha_f\left[T_f(t)-T_f(0)\right]-\alpha_c\left[T_c(t)-T_c(0)\right] \tag{8.2.8}$$

式中：$\rho(t)$为反应堆的反应性；γ为提棒速率，单位 1/s；$T_f(t)$为反应堆燃料平均温度，单位 K；α_f、α_c分别为燃料、冷却剂温度反馈系数，单位 1/K；$T_c(t)$为反应堆冷却剂平均温度，单位 K。

使用集总热容量法，把堆芯所有燃料元件集中为一区。将燃料的芯块和包壳的热阻、热容量分别按时间和空间取平均值，并假定这些值都集中在几何形状的中心，略去燃料元件的轴向导热。冷却剂集中为另一区，将堆芯内冷却剂参数作同样处理。将燃料元件的热平衡方程和冷却剂热平衡方程结合，推导出热工水力方程为

$$C_f \frac{\mathrm{d}T_f(t)}{\mathrm{d}t} = n(t) - \frac{1}{R}\left[T_f(t) - T_c(t)\right] \tag{8.2.9}$$

$$C_c \frac{\mathrm{d}T_c(t)}{\mathrm{d}t} = \frac{1}{R}\left[T_f(t) - T_c(t)\right] - n(0) \tag{8.2.10}$$

式中，$n(t)$为反应堆功率，单位 MW；$n(0)$为反应堆初始功率，单位 MW；t为时间，单位 s；C_f为反应堆燃料热容，单位［（MW・s）/K］；C_c为反应堆冷却剂热容，单位［（MW・s）/K］；R为反应堆热量由燃料元件传递到冷却剂过程的热阻，单位（K/MW）。由于反应堆已工作在功率区，中子源项可以忽略。

由于燃料热容、冷却剂热容及冷却剂温度系数随温度变化剧烈，并结合此小型反应堆的特点，它们的取值修正如下

$$C_f = 0.014\,62 C_c \quad （\mathrm{MW} \cdot \mathrm{s}）/\mathrm{K} \tag{8.2.11}$$

$$C_c = 22.288\,08 - \frac{14.929\,04}{1 + \exp[(T_\mathrm{c} - 517.342\,12)/2.551\,03]} \quad （\mathrm{MW} \cdot \mathrm{s}）/\mathrm{K} \tag{8.2.12}$$

$$\alpha_c = -0.022\,15 + 7.802\,65 \times 10^{-5} T_c - 6.558\,52 \times 10^{-8} T_c^2 \quad 1/\mathrm{K} \tag{8.2.13}$$

将式（8.2.3）与（8.2.4）在$m-1$代到m代进行积分得

$$T_{fm} = T_{f(m-1)} + \frac{n_{m-1} - l(T_{f(m-1)} - T_{c(m-1)})/R}{0.01462 C_f} \tag{8.2.14}$$

$$T_{cm} = T_{c(m-1)} + \frac{l(T_{f(m-1)} - T_{c(m-1)})/R - n_0 l}{22.288\,08 - \dfrac{14.929\,04}{1 + \exp[(T_{c(m-1)} - 517.342\,12)/2.551\,03]}} \tag{8.2.15}$$

将式（8.2.14）与（8.2.15）代入式（8.2.8）得

$$\begin{gathered} \rho_m = rml - \alpha_f\left[T_{fm} - T_f(0)\right] + [T_{cm} - T_c(0)] \\ (0.022\,15 - 7.802\,65 \times 10^{-5} T_{cm} + 6.558\,52 \times 10^{-8} T_{cm)}^2 \end{gathered} \tag{8.2.16}$$

因此，可得连续提棒事故发生后的中子倍增公式为

$$\begin{cases}\rho_m = rml - \alpha_{\mathrm{f}}[T_{\mathrm{f}m} - T_{\mathrm{f}}(0)] + [T_{\mathrm{c}m} - T_{\mathrm{c}}(0)] \\ \quad (0.022\,15 - 7.802\,65\times10^{-5} T_{\mathrm{c}m} + 6.558\,52\times10^{-8} T_{\mathrm{c}m}^2) \\ n_m = \dfrac{n_{m-1}(1-\beta)}{1-\rho_m} + S + \displaystyle\sum_{j=1}^{6} c_{j(m-1)}(1-\mathrm{e}^{-\lambda_j l}) \\ c_{jm} = c_{j(m-1)}\mathrm{e}^{-\lambda_j l} + n_{m-1}\dfrac{\beta_j}{1-\rho_m}\end{cases} \tag{8.2.17}$$

仍以 8.2.1 节小型船用堆为例，初始工况选取一定功率值，以一定的速率提升某一控制棒组，提棒时间为 10 s。分别采用基于中子倍增公式建立的模型和三维仿真软件进行计算。在事故初始阶段的前 400 s 内，假定由于各种原因发生故障或由于操作人员的失误而使反应堆保护系统失效，冷却剂温度变化见图 8.2.5（其中，实线是中子倍增公式计算结果，虚线是三维仿真软件计算）结果。

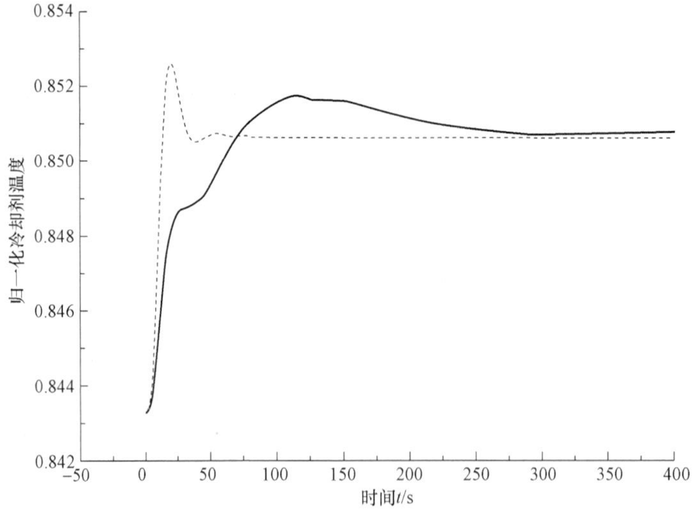

图 8.2.5　线性反应性引入后反应堆平均温度变化

由图 8.2.5 可以看出，当连续提棒事故发生后冷却剂平均温度迅速上升。提棒结束后，冷却剂温度略微下降，然后趋向稳定。对比两种模型的计算结果可以发现，中子倍增公式所建立的模型的计算结果略微高于较三维实时仿真软件的计算结果，结果较为保守，符合船用堆反应堆安全分析的需要。

8.3　三维时空中子倍增公式

中子增殖过程是一个时间离散的过程，而中子的输运过程是一个空间连续的过程。中子输运方程是将中子增殖作为一个源项考虑，但是这样是把本来离散的中子增殖过程连续化处理。虽然中子输运方程的数值解法又把连续的过程离散化，但是这种离散化仅是数学上的处理，湮灭了中子增殖本来的物理内涵。而刻画出中子按代离散增殖的考虑缓发中子在内的中子倍增公式已经建立，但是该公式所计算的中子密度与位置无关，也就无法描述瞬变时反应堆中子通量密度分布的空间响应。因此，该倍增公式不能获得瞬态热工水力计算所需要的轴向、径向及局部的功率不均匀因子，也就无法进行反应堆三维空间的反应性反馈效应的计算，故其使用具有较多地局限性。为了解决上述问题，本节在描述中子按代增殖的过程中，考虑到中子输运过程的空间连续性，将空间概念引入中子倍增公式。

8.3.1　时空倍增公式的建立

把空间引入中子倍增公式，既要满足中子按代增殖过程的时间离散性，又要考虑到扩散过程的空间连续性，问题本身很复杂。为了简化处理，假设核裂变链式反应系统内中子具有单一的能量，并认为中子满足各向同性[8]。

以反应堆内某一点(x_0, y_0, z_0)处的一个小体积 dV 为对象，研究 dV 内中子按代增殖变化。在这个区域中，中子倍增公式的文字描述应是：dV 内某一代中子数等于其上一代中子数对下一代中子数的贡献减去扩散出去的中子数。

首先考虑沿 z 轴方向的中子扩散，如图 8.3.1 所示。图中取 $z=z_0$ 的平面把系统分为上下两部分，下部分记为 A、上部分记为 B。在 $z=z_0$ 的平面上沿 z 轴通过小面元ΔS 的中子数为 n_{effu}，则

$$\frac{\partial n(\boldsymbol{r},t)}{\partial t} = Dv\nabla^2 n(\boldsymbol{r},t) - \Sigma_a vn(\boldsymbol{r},t) + S(\boldsymbol{r},t) \tag{8.3.1}$$

式中：v 为中子速率。

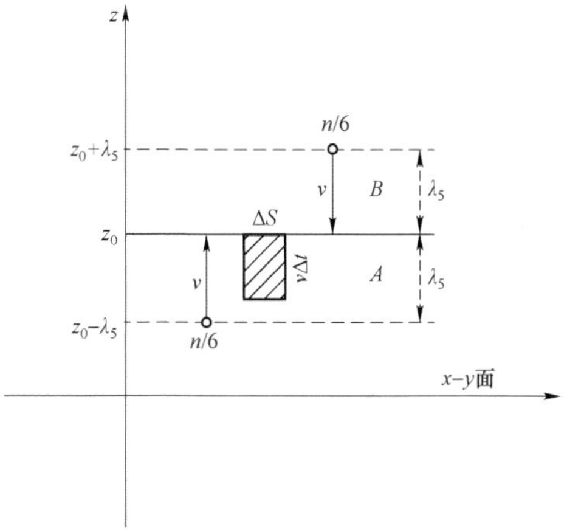

图 8.3.1　中子沿 z 方向扩散示意图

因为中子的热运动是各向同性的，即可近似地分为方向沿前、后、左、右、上、下的六组。则沿 z 轴流出的中子数密度可表示为

$$n_{\text{effu}}=\frac{1}{6}n \tag{8.3.2}$$

那么，在Δt 时间内，经ΔS 由 A 部分到 B 部分的中子数和由 B 部分到 A 部分的中子数都可以表示为

$$n_{\text{effu}}=\frac{1}{6}n\Delta Sv\Delta t \tag{8.3.3}$$

单位时间经ΔS 由 A 部分流到 B 部分的净中子流密度为

$$J_z=\frac{v}{6}(n_A-n_B)\Delta S \tag{8.3.4}$$

由中子散射平均自由程λ_s的定义可知，由 A 部分到 B 部分和由 B 部分到 A 部分通过ΔS 的中子应为在一代时间以前处于 $z=z_0-\lambda_s$ 及 $z=z_0+\lambda_s$ 处的中子，即

$$J_z=\frac{v}{6}\left[n\Big|_{(z_0-\lambda_s)}-n\Big|_{(z_0+\lambda_s)}\right]\Delta S \tag{8.3.5}$$

假设中子密度在一个散射平均自由程内变化缓慢，则

$$n\Big|_{(z_0-\lambda_s)}-n\Big|_{(z_0+\lambda_s)}\approx-\frac{\mathrm{d}n}{\mathrm{d}z}\Big|_{(z=z_0)}2\lambda_s \tag{8.3.6}$$

将式（8.3.6）代入式（8.3.5）可得

$$J_z=-\frac{v}{3}\frac{\mathrm{d}n}{\mathrm{d}z}\Big|_{(z=z_0)}\lambda_s\Delta S \tag{8.3.7}$$

同理可以求出 x、y 方向的中子流密度的表达式。有了中子流密度后，就可以求出一段时间由 $\mathrm{d}V$ 泄漏出去的中子数。

设在某一点(x_0, y_0, z_0)处一个小体积 $\mathrm{d}V=\mathrm{d}x\mathrm{d}y\mathrm{d}z$，如图 8.3.2 所示，上下两表面的面积为 $\mathrm{d}x\mathrm{d}y$。单位时间内由下表面进入 $\mathrm{d}V$ 的中子数为 $J_z\mathrm{d}x\mathrm{d}y$。同样，由上表面流出 $\mathrm{d}V$ 的中子数是 $J_{z+\mathrm{d}z}\mathrm{d}x\mathrm{d}y$。于是，通过平行于 $x-y$ 平面的上下表面，单位时间从 $\mathrm{d}V$ 中泄漏出去的中子数为

$$\begin{aligned}(J_{z_0+\mathrm{d}z}-J_{z_0})\mathrm{d}x\mathrm{d}y=&-\frac{v}{3}\frac{\mathrm{d}n}{\mathrm{d}z}\Big|_{(z=z_0+\mathrm{d}z)}\lambda_s\mathrm{d}x\mathrm{d}y\\&-\frac{v}{3}\frac{\mathrm{d}n}{\mathrm{d}z}\Big|_{(z=z_0)}\lambda_s\mathrm{d}x\mathrm{d}y\end{aligned} \tag{8.3.8}$$

假设中子密度变化比较缓慢，则

$$(J_{z_0+\mathrm{d}z}-J_{z_0})\mathrm{d}x\mathrm{d}y=-\frac{v}{3}\frac{\partial^2 n}{\partial z^2}\lambda_s\mathrm{d}V \tag{8.3.9}$$

同理可以求出通过平行于 $y-z$ 和 $x-z$ 平面流出的中子数，故单位时间从 $\mathrm{d}V$ 中泄漏出去的中子数 L_s 等于

$$L_s\mathrm{d}V = -\frac{v\lambda_s}{3}\nabla^2 n\mathrm{d}V \tag{8.3.10}$$

由中子倍增理论可知两代之间内中子密度的变化主要是由中子扩散引起的，并且由于中子一代时间很短。故可以假设中子扩散速率在一代时间内是不变的，则一代时间内从 dV 内泄漏出的中子数为

$$L_s l\mathrm{d}V = -Dvl\nabla^2 n\mathrm{d}V \tag{8.3.11}$$

式中，$D=\lambda_s/3$。

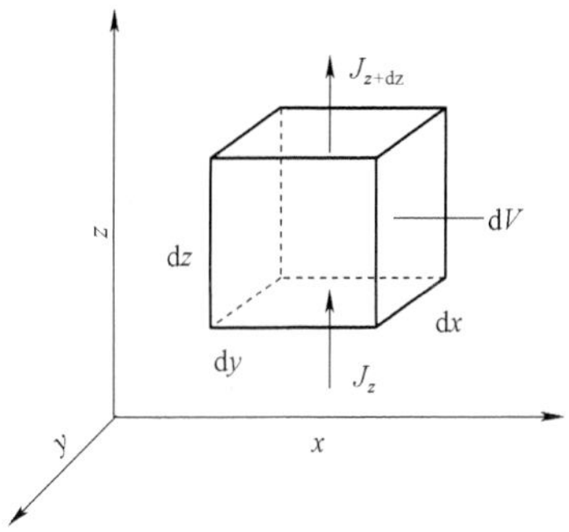

图 8.3.2　中子泄漏率计算示意图

设第 $m-1$ 代中子密度为 $n_{m-1}(\boldsymbol{r})$，在反应堆内某一点附近区域 dV 内第 m 代这一代时间 l 内增殖系数为 k_m，第 $m-1$ 代第 j 组缓发中子先驱核浓度为 $c_{j(m-1)}(\boldsymbol{r})$。由于泄漏出去的中子不再对 d$V$ 内中子的增殖作贡献，并且由于 dV 相邻区域内中子倍增过程跟 dV 内中子倍增过程在时间上是同步的，泄漏进来的中子也在 dV 内一代末时发生增殖，故泄漏进来的中子应对 dV 内下一代中子的增殖作贡献。于是考虑到 $m-1$ 代的中子对 dV 内 m 代中子的增殖的贡献后的时空中子倍增公式为

$$\begin{cases} n_m(\boldsymbol{r}) = [n_{m-1}(\boldsymbol{r}) + Dlv\nabla^2 n_{m-1}(\boldsymbol{r})]k_m(1-\beta) + S + \sum\limits_{j=1}^{s} c_{j(m-1)}(\boldsymbol{r})(1-\mathrm{e}^{-\lambda_j l}) \\ c_{jm}(\boldsymbol{r}) = c_{j(m-1)}(\boldsymbol{r})\mathrm{e}^{-\lambda_j l} + [n_{m-1}(\boldsymbol{r}) + Dlv\nabla^2 n_{m-1}(\boldsymbol{r})]k_m\beta_j \end{cases} \tag{8.3.12}$$

式中：S 为中子源在一代时间内对中子密度的贡献，β 为缓发中子总份额，λ_j 为第 j 组缓发中子先驱核的衰变常数，β_j 为第 j 组缓发中子份额。

缓发中子先驱核的热运动相对于中子来说可以忽略。由于中子的能量相同，故中子通量密度按代增殖的公式为

$$\phi_m(\boldsymbol{r}) = [\phi_{m-1}(\boldsymbol{r}) + Dvl\nabla^2\phi_{m-1}(\boldsymbol{r})]k_m(1-\beta) + \phi_0(\boldsymbol{r}) + \sum_{j=1}^{s} c_{j(m-1)}(\boldsymbol{r})v(1-\mathrm{e}^{-\lambda_j l}) \tag{8.3.13}$$

8.3.2 倍增公式的求解

时空中子倍增公式和时空动力学方程一样存在空间耦合的问题。如果能时空分离，时空中子倍增公式的计算效率将会大大增加[9]。为简化处理，本节主要研究均匀堆反应性发生变化的情况。

假设均匀反应堆开始处于一定功率稳定运行状态，因此堆内中子密度及先驱核浓度不发生变化。由式（8.3.12）得此时中子密度及缓发中子先驱核浓度应满足

$$\begin{cases} n_0(\boldsymbol{r}) = [n_0(\boldsymbol{r}) + Dlv\nabla^2 n_0(\boldsymbol{r})]k_0(1-\beta) + S_0 + \sum_{j=1}^{s} c_{j0}(\boldsymbol{r})(1-\mathrm{e}^{-\lambda_j l}) \cdots \text{(i)} \\ c_{j0}(\boldsymbol{r}) = c_{j0}(\boldsymbol{r})\mathrm{e}^{-\lambda_j l} + [n_0(\boldsymbol{r}) + Dlv\nabla^2 n_0(\boldsymbol{r})]k_0\beta_j \cdots \text{(ii)} \end{cases} \tag{8.3.14}$$

将式（8.3.14）中的（i）式经过整理后代入（ii）式得堆内初始中子密度满足的方程为

$$\nabla^2 n_0(\boldsymbol{r}) + \frac{1-1/k_0}{Dlv} n_0(\boldsymbol{r}) + \frac{S_0}{k_0 Dlv} = 0 \tag{8.3.15}$$

将式（8.3.15）代入式（8.3.14）的（ii）式得缓发中子先驱核浓度的表达式为

$$c_{j0}(\boldsymbol{r}) = \frac{[n_0(\boldsymbol{r}) - S]\beta_j}{1-\mathrm{e}^{-\lambda_j l}} = c_{j0} n_0(\boldsymbol{r}) + Q_{j0} \tag{8.3.16}$$

式中，$c_{j0} = \beta_j / (1-\mathrm{e}^{-\lambda_j l})$，$Q_{j0} = -\beta_j / (1-\mathrm{e}^{-\lambda_j l})S_0$。

初始中子密度的分布可以由式（8.3.14）结合具体反应堆的边界条件求出。反应堆在稳定运行状态事故发生的几率很低，而事故一般发生在反应性发生变化的过程中。因此，研究反应性发生动态变化的过程中中子密度、反应堆功率等参数的变化具有十分重要的意义。假设稳定运行的反应堆在 $t=t_0$ 时由于掉棒等事故而引起反应性（增殖系数）发生动态变化。将式（8.3.14）代入式（8.3.12）中得反应堆第一代时中子密度及缓发中子先驱核浓度的分布

$$\begin{cases} n_1(\boldsymbol{r}) = n_0(\boldsymbol{r})[k_1/k_0(1-\beta) + \beta] + S_1 + [-k_1/k_0(1-\beta) - \beta]S_0 \\ \qquad = n_1 n_0(\boldsymbol{r}) + P_1 \\ c_{j1}(\boldsymbol{r}) = n_0(\boldsymbol{r})(\mathrm{e}^{-\lambda_j l} c_{j0} + k_1\beta_j / k_0) + \mathrm{e}^{-\lambda_j l} Q_{j0} - k_1\beta_j / k_0 S_0 \\ \qquad = c_{j1} n_0(\boldsymbol{r}) + Q_{j1} \end{cases} \tag{8.3.17}$$

式中，$n_1 = k_1(1-\beta)/k_0 + \beta$，$c_{j1} = c_{j0}\mathrm{e}^{-\lambda_j l} + k_1\beta_j / k_0$，$P_1 = -k_1(1-\beta)S_0/k_0 - \beta S_0 + S_1$，$Q_{j1} = Q_{j0}\mathrm{e}^{-\lambda_j l} - k_1\beta_j / k_0 S_0$。

将式（8.3.17）代入式（8.3.12）中得反应堆第二代时中子密度及缓发中子先驱核浓度的分布

$$\left\{\begin{aligned}n_2(\boldsymbol{r})&=[n_1k_2(1-\beta)/k_0+\sum_{j=1}^{s}c_{j1}(1-\mathrm{e}^{-\lambda_j l})]n_0(\boldsymbol{r})\\&\quad+[-n_1k_2(1-\beta)S_0/k_0+P_1k_2(1-\beta)+S_2+\sum_{j=1}^{s}Q_{j1}(1-\mathrm{e}^{-\lambda_j l})]\\&=n_2n_0(\boldsymbol{r})+P_2S\\c_{j2}(\boldsymbol{r})&=[c_{j1}\mathrm{e}^{-\lambda_j l}+n_1k_2\beta_j/k_0]n_0(\boldsymbol{r})\\&\quad+[Q_{j1}\mathrm{e}^{-\lambda_j l}-n_1k_2\beta_jS_0/k_0+P_1k_2\beta_j]\\&=c_{j2}n_0(\boldsymbol{r})+Q_{j2}\end{aligned}\right. \tag{8.3.18}$$

采用数学归纳法，令第 m 代中子密度及缓发中子先驱核浓度跟第 $m-1$ 代的关系为

$$\left\{\begin{aligned}n_m(\boldsymbol{r})&=n_mn_0(\boldsymbol{r})+P_m=[n_{m-1}k_m(1-\beta)/k_0+\sum_{j=1}^{s}c_{j(m-1)}(1-\mathrm{e}^{-\lambda_j l})]n_0(\boldsymbol{r})\\&\quad+[-(n_{m-1}S_0/k_0-P_{m-1})k_m(1-\beta)+S_m+\sum_{j=1}^{s}Q_{j(m-1)}(1-\mathrm{e}^{-\lambda_j l})]\\c_{jm}(\boldsymbol{r})&=c_{jm}n_0(\boldsymbol{r})+Q_{jm}=[c_{j(m-1)}\mathrm{e}^{-\lambda_j l}+n_{m-1}k_m\beta_j/k_0]n_0(\boldsymbol{r})\\&\quad+[Q_{j(m-1)}\mathrm{e}^{-\lambda_j l}-n_{m-1}S_0k_m\beta_j/k_0+P_{m-1}k_m\beta_j]\end{aligned}\right. \tag{8.3.19}$$

式中，$n_m=n_{m-1}k_m(1-\beta)/k_0+\sum_{j=1}^{s}c_{j(m-1)}(1-\mathrm{e}^{-\lambda_j l})$，$c_{jm}=c_{j(m-1)}\mathrm{e}^{-\lambda_j l}+n_{m-1}k_m\beta_j/k_0$，$P_m=(P_{m-1}-n_{m-1}S_0/k_0)k_m(1-\beta)+S_m+\sum_{j=1}^{s}Q_{j(m-1)}(1-\mathrm{e}^{-\lambda_j l})$，$Q_{jm}=Q_{j(m-1)}\mathrm{e}^{-\lambda_j l}-n_{m-1}k_m\beta_jS_0/k_0+P_{m-1}k_m\beta_j$。

式（8.3.19）是由初始中子密度分布满足的式（8.3.14）出发，将第 m 代中子密度分布分为跟初始中子密度分布有关项和无关项两项。反应堆内的温度效应既可以应用于稳定运行的反应堆反应性发生动态变化分析，也可以用来研究反应堆启堆或停堆以及变功率过程，对小型反应堆功率瞬态特性分析具有一定的理论意义和实用价值。

为了检验本文所推导公式的正确性，对反应堆启动过程进行模拟计算。假设中子源分布均匀，反应堆参数与 8.2.1 节相同，而取中子源每代放出中子密度为 $S=10^4$（1/cm^3）。式（8.3.19）可以简化为

$$\left\{\begin{aligned}n_m(\boldsymbol{r})&=P_m=P_{m-1}k_m(1-\beta)+S+\sum_{j=1}^{s}Q_{j(m-1)}(1-\mathrm{e}^{-\lambda_j l})]\\c_{jm}(\boldsymbol{r})&=Q_{jm}=Q_{j(m-1)}\mathrm{e}^{-\lambda_j l}+P_{m-1}k_m\beta_j\end{aligned}\right. \tag{8.3.20}$$

采用步进提棒，计算结果如图 8.3.3 中实线，虚线为点堆方程通过数值解法得到的结果。

由图 8.3.3 可以看出，采用式（8.3.20）所得到的结果和点堆数值解法所得到的结果基本一致，特别是在第三次提棒阶段几乎吻合，但是在第一次和第四次提棒时相差较大。第一次提棒时差别较大的原因是，第一次提棒时反应堆距离平衡态很远，利用点堆方程计算有较大的误差；点堆方程是基于反应堆内达到平衡态推导而来，实际上，反应堆内中子密度并未达到平衡值，并且越靠近缓发临界，中子密度实际值和平衡值差别越大。所以，在第四阶段提棒过程中二者差别较大。通过式（8.3.20）研究反应堆启动问题具有较高的计算效率和较高的精度，但是在应用于实际反应堆冷启动时还应考虑到温度反馈等因素的影响。该解法在精确的描述均匀反应堆反应性发生变化时中子密度（功率）的变化的基础上，还保证了计算的时间效率，其结果可以为反应堆安全分析提供理论依据。

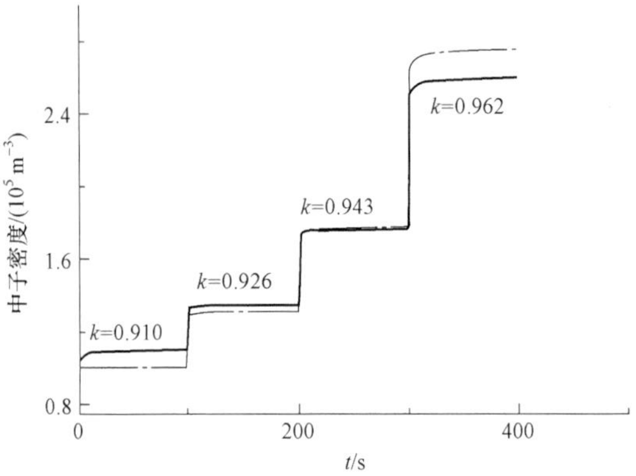

图 8.3.3　中子密度随时间的变化

8.3.3　热堆内的时空中子倍增公式

基于反应堆堆内中子单能假设的时空中子倍增公式也已经建立，但是实际反应堆内中子能量是具有能谱分布的，需要通过中子倍增理论重新描述热中子反应堆内中子行为，建立新的公式。为了简化处理，本节将热中子反应堆内中子分为两群。

中子倍增理论所建立的模型是将堆内中子行为按代时间离散化处理，对热中子反应堆内中子行为按代时间离散处理后的描述如下：一代开始时的能量较高的中子在慢化时间 t_s 内慢化为能量较低的中子，在慢化过程中中子有一定的概率被 ^{238}U 吸收，被 ^{238}U 吸收的中子中有一定的概率引起 ^{238}U 裂变产生新的中子，慢化过程中的还有一部分中子被共振吸收，最终在慢化时间 t_s 后，这一代快中子慢化为能量较低的中子；为了简化处理，将热中子反应堆内中子分为两群。以中子倍增理论作为出发点，考虑到中子输运过程的空间连续性，建立了慢化模型。

首先考虑快中子的慢化过程，其包括快中子的泄漏和快中子的慢化。快中子泄漏率 L_s 为

$$L_s = -D_1 v_1 \nabla^2 n \tag{8.3.21}$$

式中，下标 1 表示快群。

由中子倍增理论模型可知快中子慢化过程中中子密度的变化主要是由于中子扩散引起的，并且由于快中子慢化时间很短，故可以假设泄漏率不变。则快中子慢化过程中内从 $\mathrm{d}V$ 内泄漏出的中子数为

$$L_s t_s \mathrm{d}V = -D_1 v_1 t_s \nabla^2 n \mathrm{d}V \tag{8.3.22}$$

由于

$$D_1 v_1 t_s = -D_1 \int_{E_0}^{E_{th}} \frac{\lambda_s}{\xi} \frac{\mathrm{d}E}{E} = D_1 \frac{\lambda_s}{\xi} \ln \frac{E_0}{E_{th}} = \tau_{th} \tag{8.3.23}$$

τ_{th} 为从裂变中子慢化到热能时的中子年龄。故快中子慢化过程中内从 $\mathrm{d}V$ 泄漏出的中子数为

$$L_s t_s \mathrm{d}V = -\tau_{th} \nabla^2 n \mathrm{d}V \tag{8.3.24}$$

快中子在慢化过程中有一定的概率被吸收，发生快中子增殖，这里采用截面的概念来推导快中子在慢化过程中被吸收以及发生快中子增殖的概率。快中子在慢化过程发生的核反应共两大类，散射和吸收。Σ_{s12} 为散射截面。吸收包括被 ^{238}U 吸收和共振吸收。发生快裂变的截面为 $(\Sigma_f)_1$，产生新的快中子数为 $(\nu\Sigma_f)_1$。在慢化时间 t_s 后，没有被吸收的快中子全部慢化为热中子，故快群中子移出截面 Σ_r 为散射截面和快中子吸收截面之和，即

$$\Sigma_r = \Sigma_{s12} + \Sigma_{a1} \tag{8.3.25}$$

快中子在慢化过程中发生一次快中子增殖的概率为

$$\frac{n v_1 \Sigma_{a1}}{n v_1 \Sigma_r} \frac{n v_1 (\Sigma_f)_1}{n v_1 \Sigma_{a1}} = \frac{n v_1 (\Sigma_f)_1}{n v_1 \Sigma_r} = \frac{(\Sigma_f)_1}{\Sigma_r} \tag{8.3.26}$$

快中子增殖产生新的快中子又会引起快中子增殖，快中子增殖系数为

$$1 + \frac{(\nu\Sigma_f)_1}{\Sigma_r} + \frac{(\nu\Sigma_f)_1}{\Sigma_r} \frac{(\nu\Sigma_f)_1}{\Sigma_r} + \cdots = \frac{1}{1 - \dfrac{(\nu\Sigma_f)_1}{\Sigma_r}} \tag{8.3.27}$$

考虑快中子增殖后快中子慢化到热中子的概率 p 为

$$p = \frac{\Sigma_{s12}}{\Sigma_r} \frac{1}{1 - \dfrac{(\nu\Sigma_f)_1}{\Sigma_r}} \tag{8.3.28}$$

由于泄漏出去的中子不在 $\mathrm{d}V$ 内慢化为热中子，并且由于 $\mathrm{d}V$ 区域临域内快中子慢化过程跟 $\mathrm{d}V$ 内中子倍增过程在时间上是同步的，故进入 $\mathrm{d}V$ 内的中子 t_s 时慢化为热中子。则在经过慢化时间 t_s 后，这一代快中子慢化为热中子数为

$$n_m(\boldsymbol{r}) = \frac{\Sigma_{s12}}{\Sigma_r} \frac{1}{1 - \dfrac{(\nu\Sigma_f)_1}{\Sigma_r}} [n'_{m-1}(\boldsymbol{r}) + \tau_{th} \nabla^2 n'_{m-1}(\boldsymbol{r})] \tag{8.3.29}$$

快中子慢化为热中子后，中子继续扩散，热中子在一代时间结束时被吸收，其中被吸收的中子中有一定的概率引起 ^{235}U 裂变，产生新的中子，新的一代开始。则热中子泄漏项可以表述为

$$L_d = -D_2 v_2 \nabla^2 n \tag{8.3.30}$$

式中，下标 2 表示热群。

由中子倍增理论模型可知，中子密度的变化主要是由于热中子扩散引起的。由于扩散时间很短，可以假设泄漏率不变，则热中子慢化过程中内从 dV 内泄漏出的中子数为

$$L_d t_d \mathrm{d}V = -D_2 v_2 t_d \nabla^2 n \mathrm{d}V \tag{8.3.31}$$

可得中子扩散面积为

$$L^2 = \frac{D_2}{\Sigma_{a2}} = D_2 v_2 t_d \tag{8.3.32}$$

热中子扩散过程从 dV 泄漏出的中子数为

$$L_d t_d \mathrm{d}V = -L^2 \nabla^2 n \mathrm{d}V \tag{8.3.33}$$

由于泄漏出去的中子不再对 dV 内中子的增殖作贡献，并且系统内中子倍增过程在时间上是同步的，进入 dV 的中子一代末时发生增殖。考虑到缓发中子先驱核项，则热中子被吸收产生的快中子密度为

$$\begin{aligned} n'_m(\boldsymbol{r}) &= \frac{\nu\Sigma_{f2}}{\Sigma_{a2}}[n_m(\boldsymbol{r}) + L^2\nabla^2 n_m(\boldsymbol{r})](1-\beta) + S + \sum_{j=1}^{s} c_{(m-1)j}(\boldsymbol{r})(1-\mathrm{e}^{-\lambda_j l}) \\ c_{mj}(\boldsymbol{r}) &= [n_m(\boldsymbol{r}) + L^2\nabla^2 n_m(\boldsymbol{r})]\frac{\nu\Sigma_{f2}}{\Sigma_{a2}}\beta_j + c_{(m-1)j}(\boldsymbol{r})\mathrm{e}^{-\lambda_j l} \end{aligned} \tag{8.3.34}$$

联合式（8.3.29）和（8.3.34）可得

$$\begin{aligned} n'_m(\boldsymbol{r}) &= \frac{(\nu\Sigma_f)_2}{\Sigma_{a2}}\frac{\Sigma_{s12}}{\Sigma_r}\frac{1}{1-\dfrac{(\nu\Sigma_f)_1}{\Sigma_r}}[n'_{m-1}(\boldsymbol{r}) + (\tau_{th} + L^2)\nabla^2 n'_{m-1}(\boldsymbol{r}) \\ &\quad + L^2\tau_{th}\nabla^4 n'_{m-1}(\boldsymbol{r})](1-\beta) + S + \sum_{j=1}^{s} c_{(m-1)j}(\boldsymbol{r})(1-\mathrm{e}^{-\lambda_j l}) \\ c_{mj}(\boldsymbol{r}) &= \frac{(\nu\Sigma_f)_2}{\Sigma_{a2}}\frac{\Sigma_{s12}}{\Sigma_r}\frac{1}{1-\dfrac{(\nu\Sigma_f)_1}{\Sigma_r}}[n'_{m-1}(\boldsymbol{r}) + (\tau_{th} + L^2)\nabla^2 n'_{m-1}(\boldsymbol{r}) \\ &\quad + L^2\tau_{th}\nabla^4 n'_{m-1}(\boldsymbol{r})]\beta_j + c_{(m-1)j}(\boldsymbol{r})\mathrm{e}^{-\lambda_j l} \end{aligned} \tag{8.3.35}$$

如果忽略快群裂变引起的中子数的增加，则

$$
\begin{aligned}
n'_m(\boldsymbol{r}) &= k_\infty(1-\beta)[n'_{m-1}(\boldsymbol{r})+(\tau_{th}+L^2)\nabla^2 n'_{m-1}(\boldsymbol{r})+L^2\tau_{th}\nabla^4 n'_{m-1}(\boldsymbol{r})] \\
&\quad +S+\sum_{j=1}^{s} c_{(m-1)j}(\boldsymbol{r})(1-\mathrm{e}^{-\lambda_j l}) \\
c_{mj}(\boldsymbol{r}) &= k_\infty[n'_{m-1}(\boldsymbol{r})+(\tau_{th}+L^2)\nabla^2 n'_{m-1}(\boldsymbol{r})+L^2\tau_{th}\nabla^4 n'_{m-1}(\boldsymbol{r})]\beta_j \\
&\quad +c_{(m-1)j}(\boldsymbol{r})\mathrm{e}^{-\lambda_j l}
\end{aligned} \tag{8.3.36}
$$

式（8.3.36）为热堆内的中子倍增公式，它与单能假设所得到的时空中子倍增公式在形式上具有相似性，并且式中各项的物理意义清晰。

本节通过中子倍增理论对热中子反应堆的中子慢化行为进行研究，采用概率的概念建立了中子慢化模型，并对其在热堆内的应用进行了初步探讨，得到与时空中子倍增公式具有相似形式的中子倍增公式。该公式具有清晰的物理意义，可以用来研究热堆内中子密度（功率）的变化，具有一定的理论意义。

8.4　三维时空中子倍增方程的数值求解

为了使热堆内的三维时空中子倍增模型可以应用于船用堆安全分析，本节介绍粗网格有限差分方法应用于热堆内的三维时空中子倍增公式的数值解法，并将所得结果与三维时空中子动力学节块法所得结果进行比较。

8.4.1　基本方程组

热堆中的中子倍增公式

$$
n_m(\boldsymbol{r}) = \frac{\Sigma_{s12}}{\Sigma_r}\frac{1}{1-\dfrac{(\nu\Sigma_f)_1}{\Sigma_r}}[n'_{m-1}(\boldsymbol{r})+\tau_{th}\nabla^2 n'_{m-1}(\boldsymbol{r})] \tag{8.4.1}
$$

缓发中子先驱核方程

$$
c_{mj}(\boldsymbol{r}) = [n_m(\boldsymbol{r})+L^2\nabla^2 n_m(\boldsymbol{r})]\frac{\nu\Sigma_{f2}}{\Sigma_{a2}}\beta_j + c_{(m-1)j}(\boldsymbol{r})\mathrm{e}^{-\lambda_j l} \tag{8.4.2}
$$

衰变热方程

$$
Q_{di,m} = Q_{di,m-1}(1-\lambda_{di}l)+\beta_{di}Q_{p,m}\lambda_{di}l \tag{8.4.3}
$$

式中，左边项为第 m 代一代时间内的衰变热，右边第一项为第 $m-1$ 代一代时间内的衰变热，右边第二项为第 m 代缓发中子先驱核一代时间产生的裂变能。

裂变毒物浓度方程

$$N_{\mathrm{I},m}(\boldsymbol{r})=N_{\mathrm{I},m-1}(\boldsymbol{r})+\int_0^{t_s}\gamma_{\mathrm{I}}\Sigma_{f1}(\boldsymbol{r},t)n_{m-1}(\boldsymbol{r})v_1\mathrm{d}t+\int_{t_s}^{l}\gamma_{\mathrm{I}}\Sigma_{f2}(\boldsymbol{r},t)n'_{m-1}(\boldsymbol{r})v_2\mathrm{d}t-\lambda_{\mathrm{I}}N_{\mathrm{I},m-1}(\boldsymbol{r})l$$
$$\approx\frac{\lambda_s}{\xi}\ln\frac{E_0}{E_{th}}\gamma_{\mathrm{I}}\Sigma_{\mathrm{f}}n_{m-1}(\boldsymbol{r})+\frac{\gamma_{\mathrm{I}}\Sigma_{f2}n'_{m-1}(\boldsymbol{r})}{\Sigma_{a2}}+(1-\lambda_{\mathrm{I}}l)N_{\mathrm{I},m-1}(\boldsymbol{r}) \tag{8.4.4}$$

$$N_{\mathrm{Xe},m}(\boldsymbol{r})=N_{\mathrm{Xe},m-1}(\boldsymbol{r})+\int_0^{t_s}[\gamma_{\mathrm{I}}\Sigma_{f1}(\boldsymbol{r},t)-\sigma_{a1,\mathrm{Xe}}N_{\mathrm{Xe},m-1}]n_{m-1}(\boldsymbol{r})v_1\mathrm{d}t$$
$$+\int_{t_s}^{l}[\gamma_{\mathrm{I}}\Sigma_{f2}(\boldsymbol{r},t)n'_{m-1}(\boldsymbol{r})-\sigma_{a2,\mathrm{Xe}}N_{\mathrm{Xe},m-1}]v_2\mathrm{d}t$$
$$+\lambda_{\mathrm{I}}N_{\mathrm{I},m-1}(\boldsymbol{r})l-\lambda_{\mathrm{Xe}}N_{\mathrm{Xe},m-1}(\boldsymbol{r})l \tag{8.4.5}$$
$$\approx\frac{\lambda_s}{\xi}\ln\frac{E_0}{E_{th}}n_{m-1}(\boldsymbol{r})(\gamma_{\mathrm{I}}\Sigma_f-\sigma_{a1,\mathrm{Xe}}N_{\mathrm{Xe},m-1})+\lambda_{\mathrm{I}}lN_{\mathrm{I},m-1}(\boldsymbol{r})$$
$$+\frac{(\gamma_{\mathrm{I}}\Sigma_{f2}-\sigma_{a2,\mathrm{Xe}}N_{\mathrm{Xe},m-1})n'_{m-1}(\boldsymbol{r})}{\Sigma_{a2}}+(1-\lambda_{\mathrm{Xe}}l)N_{\mathrm{Xe},m-1}(\boldsymbol{r})$$

$$N_{\mathrm{Pm},m}(\boldsymbol{r})=N_{\mathrm{Pm},m-1}(\boldsymbol{r})+\int_0^{t_s}\gamma_{\mathrm{Pm}}\Sigma_{f1}(\boldsymbol{r},t)n_{m-1}(\boldsymbol{r})v_1\mathrm{d}t$$
$$+\int_{t_s}^{l}\gamma_{\mathrm{Pm}}\Sigma_{f2}(\boldsymbol{r},t)n'_{m-1}(\boldsymbol{r})v_2\mathrm{d}t-\lambda_{\mathrm{Pm}}N_{\mathrm{I},m-1}(\boldsymbol{r})l \tag{8.4.6}$$
$$\approx\frac{\lambda_s}{\xi}\ln\frac{E_0}{E_{th}}\gamma_{\mathrm{Pm}}\Sigma_{\mathrm{f}}n_{m-1}(\boldsymbol{r})+\frac{\gamma_{\mathrm{Pm}}\Sigma_{f2}n'_{m-1}(\boldsymbol{r})}{\Sigma_{a2}}+(1-\lambda_{\mathrm{Pm}}l)N_{\mathrm{Pm},m-1}(\boldsymbol{r})$$

$$N_{\mathrm{Sm},m}(\boldsymbol{r})=N_{\mathrm{Sm},m-1}(\boldsymbol{r})+\int_0^{t_s}[\gamma_{\mathrm{Pm}}\Sigma_{f1}(\boldsymbol{r},t)-\sigma_{a1,\mathrm{Sm}}N_{\mathrm{Sm},m-1}]n_{m-1}(\boldsymbol{r})v_1\mathrm{d}t$$
$$+\int_{t_s}^{l}[\gamma_{\mathrm{Pm}}\Sigma_{f2}(\boldsymbol{r},t)n'_{m-1}(\boldsymbol{r})-\sigma_{a2,\mathrm{Sm}}N_{\mathrm{Sm},m-1}]v_2\mathrm{d}t$$
$$+\lambda_{\mathrm{Pm}}N_{\mathrm{Pm},m-1}(\boldsymbol{r})l-\lambda_{\mathrm{Sm}}N_{\mathrm{Sm},m-1}(\boldsymbol{r})l \tag{8.4.7}$$
$$\approx\frac{\lambda_s}{\xi}\ln\frac{E_0}{E_{th}}n_{m-1}(\boldsymbol{r})(\gamma_{\mathrm{Pm}}\Sigma_{f1}-\sigma_{a1,\mathrm{Sm}}N_{\mathrm{Sm},m-1})$$
$$+\frac{(\gamma_{\mathrm{Pm}}\Sigma_{f2}-\sigma_{a2,\mathrm{Sm}}N_{\mathrm{Sm},m-1})n'_{m-1}(\boldsymbol{r})}{\Sigma_{a2}}$$
$$+\lambda_{\mathrm{Pm}}lN_{\mathrm{Pm},m-1}(\boldsymbol{r})+(1-\lambda_{\mathrm{Sm}}l)N_{\mathrm{Sm},m-1}(\boldsymbol{r})$$

式中，下标 I、Xe、Pm 和 Sm 分别表示碘、氙、钷和钐。

8.4.2　三维粗网格方程组的导出

由于三维时空中子倍增公式中中子密度是按代变化的，与时间没有偏微分的关系，所以差分网格可以采用粗网格。在划分网格时，必须满足各向同性的要求，同时又要使控制棒价值在每个网格均匀化。在网格划分时，一般将一个组件作为一个计算网点。

空间变量采用三维粗网格有限差分进行离散，用 i, j, k 表示 x, y, z 来取代空间操作数 r，可得到以下方程

$$n_{i,j,k,m} = \frac{\Sigma_{s12}}{\Sigma_r}\frac{1}{1-\dfrac{(\nu\Sigma_f)_1}{\Sigma_r}}(n'_{i,j,k,m-1} + \tau_{th}\nabla^2 n'_{i,j,k,m-1}) \tag{8.4.8}$$

$$n'_{i,j,k,m} = \frac{\nu\Sigma_{f2}}{\Sigma_{a2}}(n_{i,j,k,m} + L^2\nabla^2 n_{i,j,k,m})(1-\beta) + S + \sum_{s=1}^{6} c_{i,j,k,m-1,s}(1-\mathrm{e}^{-\lambda_s l}) \tag{8.4.9}$$

$$c_{i,j,k,m,s} = (n_{i,j,k,m} + L^2\nabla^2 n_{i,j,k,m})\frac{\nu\Sigma_{f2}}{\Sigma_{a2}}\beta_s + c_{i,j,k,m-1,s}\mathrm{e}^{-\lambda_s l} \tag{8.4.10}$$

以网格(i, j, k)为例，泄漏模型如图 8.4.1 所示，泄漏的中子应分别为六个面泄漏出去的中子之和，即

$$\iiint \nabla \cdot \tau_{th}\nabla\phi \mathrm{d}V = \sum_{k=1}^{6}\tau_k \frac{\partial n'_{m-1}(\boldsymbol{r})}{\partial \boldsymbol{n}}\Delta S \tag{8.4.11}$$

我们先以其中一面为例：设网格(i, j, k)和网格$(i, j, k+1)$之间的接触面为 S_1，网格(i, j, k)内的中子通过 S_1 向网格$(i, j, k+1)$泄漏，S_1 的面积为$\Delta x\Delta y$。设 S_1 的中子密度为 C_1，则快中子慢化过程由网格(i,j,k)通过 S_1 向网格$(i, j, k+1)$泄漏的中子数 $L(z_{k+1})$为

$$\begin{aligned} L(z_{k+1}) &= \tau_{i,j,k}\frac{C_1 - n'_{i,j,k}}{(z_k - z_{k-1})/2}\Delta y\Delta x \\ &= \tau_{i,j,k}(C_1 - n'_{i,j,k})\frac{\Delta x\Delta y}{\Delta z/2} \end{aligned} \tag{8.4.12}$$

根据连续性原理，由网格$(i, j, k+1)$通过 S_1 向网格(i, j, k)泄漏的中子数应为

$$-L(z_{k+1}) = \tau_{i,j,k+1}(C_1 - n'_{i,j,k+1})\frac{\Delta x\Delta y}{\Delta z/2} \tag{8.4.13}$$

联立可求得接触面 S_1 的中子密度 C_1 为

$$C_1 = \frac{\tau_{i,j,k}n'_{i,j,k} + \tau_{i,j,k+1}n'_{i,j,k+1}}{\tau_{i,j,k} + \tau_{i,j,k+1}} \tag{8.4.14}$$

从而可得

$$L(z_{k+1})=\frac{2\tau_{i,j,k}\tau_{i,j,k+1}}{\tau_{i,j,k}+\tau_{i,j,k+1}}\frac{\Delta y\Delta x}{\Delta z}(n'_{i,j,k+1}-n'_{i,j,k})\tag{8.4.15}$$

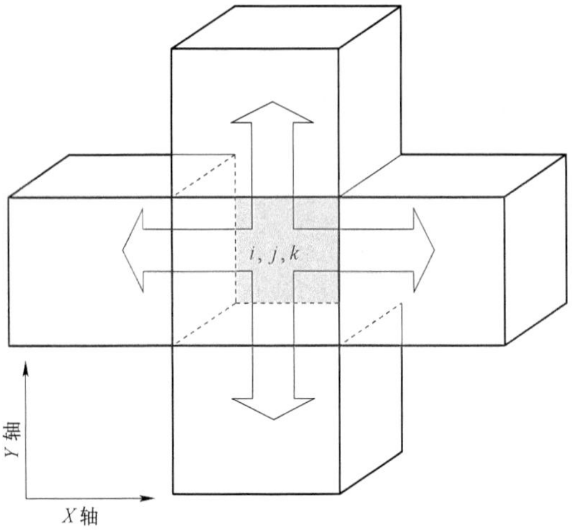

图 8.4.1　节点扩散示意图

同理可得快中子慢化过程网格(i, j, k)向网格$(i, j, k-1)$扩散的中子数为

$$L(z_{k-1})=\frac{2\tau_{i,j,k}\tau_{i,j,k-1}}{\tau_{i,j,k}+\tau_{i,j,k-1}}\frac{\Delta y\Delta x}{\Delta z}(n'_{i,j,k-1}-n'_{i,j,k})\tag{8.4.16}$$

从而可以得到快中子慢化过程，整个网格(i, j, k)向外泄漏的中子数为

$$\begin{aligned}\nabla\tau_{th}\nabla n' &= -\frac{1}{\Delta V}[L(Z_{k-1})+L(Z_{k+1})+L(X_{i-1})+L(X_{i+1})+L(Y_{j-1})+L(Y_{j+1})]\\ &= \frac{2\tau_{i,j,k}\tau_{i,j,k-1}}{(\tau_{i,j,k}+\tau_{i,j,k-1})\Delta z^2}(n'_{i,j,k-1}-n'_{i,j,k})+\frac{2\tau_{i,j,k}\tau_{i,j,k+1}}{(\tau_{i,j,k}+\tau_{i,j,k+1})\Delta z^2}(n'_{i,j,k+1}-n'_{i,j,k})\\ &+\frac{2\tau_{i,j,k}\tau_{i,j-1,k}}{(\tau_{i,j,k}+\tau_{i,j-1,k})\Delta y^2}(n'_{i,j-1,k}-n'_{i,j,k})+\frac{2\tau_{i,j,k}\tau_{i,j+1,k}}{(\tau_{i,j,k}+\tau_{i,j+1,k})\Delta y^2}(n'_{i,j+1,k}-n'_{i,j,k})\\ &+\frac{2\tau_{i,j,k}\tau_{i-1,j,k}}{(\tau_{i,j,k}+\tau_{i-1,j,k})\Delta x^2}(n'_{i-1,j,k}-n'_{i,j,k})+\frac{2\tau_{i,j,k}\tau_{i+1,j,k}}{(\tau_{i,j,k}+\tau_{i+1,j,k})\Delta x^2}(n'_{i+1,j,k}-n'_{i,j,k})\end{aligned}\tag{8.4.17}$$

令

$$a_i^+=\frac{2\tau_{i,j,k}\tau_{i+1,j,k}}{\Delta x^2(\tau_{i,j,k}+\tau_{i+1,j,k})}\tag{8.4.18}$$

$$a_i^- = \frac{2\tau_{i,j,k}\tau_{i-1,j,k}}{\Delta x^2(\tau_{i,j,k} + \tau_{i-1,j,k})} \tag{8.4.19}$$

$$a_j^+ = \frac{2\tau_{i,j,k}\tau_{i,j+1,k}}{\Delta y^2(\tau_{i,j,k} + \tau_{i,j+1,k})} \tag{8.4.20}$$

$$a_j^- = \frac{2\tau_{i,j,k}\tau_{i,j-1,k}}{\Delta y^2(\tau_{i,j,k} + \tau_{i,j-1,k})} \tag{8.4.21}$$

$$a_k^+ = \frac{2\tau_{i,j,k}\tau_{i,j,k+1}}{\Delta z^2(\tau_{i,j,k} + \tau_{i,j,k+1})} \tag{8.4.22}$$

$$a_k^- = \frac{2\tau_{i,j,k}\tau_{i,j,k-1}}{\Delta z^2(\tau_{i,j,k} + \tau_{i,j,k-1})} \tag{8.4.23}$$

则，快中子慢化过程的泄漏项可以写成

$$\begin{aligned}\nabla\tau_{th}\nabla n' = {} & a_i^+ n'_{i+1,j,k} + a_i^- n'_{i-1,j,k} + a_j^+ n'_{i,j+1,k} + a_j^- n'_{i,j-1,k} + \\ & a_k^+ n'_{i,j,k+1} + a_k^- n'_{i,j,k-1} - (a_i + a_j + a_k) n'_{i+1,j,k}\end{aligned} \tag{8.4.24}$$

同理可得，热中子扩散过程中的泄漏项为

$$\begin{aligned}\nabla L^2\nabla n = {} & b_i^+ n_{i+1,j,k} + b_i^- n_{i-1,j,k} + b_j^+ n_{i,j+1,k} + b_j^- n_{i,j-1,k} + \\ & b_k^+ n_{i,j,k+1} + b_k^- n_{i,j,k-1} - (b_i + b_j + b_k) n_{i+1,j,k}\end{aligned} \tag{8.4.25}$$

其中，

$$b_i^+ = \frac{2L^2_{i,j,k}L^2_{i+1,j,k}}{\Delta x^2(L^2_{i,j,k} + L^2_{i+1,j,k})} \tag{8.4.26}$$

$$b_i^- = \frac{2L^2_{i,j,k}L^2_{i-1,j,k}}{\Delta x^2(L^2_{i,j,k} + L^2_{i-1,j,k})} \tag{8.4.27}$$

$$b_j^+ = \frac{2L^2_{i,j,k}L^2_{i,j+1,k}}{\Delta y^2(L^2_{i,j,k} + L^2_{i,j+1,k})} \tag{8.4.28}$$

$$b_j^- = \frac{2L^2_{i,j,k}L^2_{i,j-1,k}}{\Delta y^2(L^2_{i,j,k} + L^2_{i,j-1,k})} \tag{8.4.29}$$

$$b_k^+ = \frac{2L^2_{i,j,k}L^2_{i,j,k+1}}{\Delta z^2(L^2_{i,j,k} + L^2_{i,j,k+1})} \tag{8.4.30}$$

$$b_k^- = \frac{2L^2_{i,j,k}L^2_{i,j,k-1}}{\Delta z^2(L^2_{i,j,k} + L^2_{i,j,k-1})} \tag{8.4.31}$$

因此，可得空间变量有限差分后三维时空中子倍增公式为

$$
\begin{aligned}
n_{i,j,k,m} = & \frac{\Sigma_{s12}(i,j,k)}{\Sigma_{r}(i,j,k)} \frac{1}{1-\dfrac{(\nu\Sigma_{f})_1(i,j,k)}{\Sigma_{r}(i,j,k)}} [n'_{i+1,j,k,m-1} + a_i^{+} n'_{i+1,j,k,m-1} \\
& + a_i^{-} n'_{i-1,j,k,m-1} + a_j^{+} n'_{i,j+1,k,m-1} + a_j^{-} n'_{i,j-1,k,m-1} + a_k^{+} n'_{i,j,k+1,m-1} \\
& + a_k^{-} n'_{i,j,k-1,m-1} - (a_i + a_j + a_k) n'_{i+1,j,k,m-1}]
\end{aligned}
\tag{8.4.32}
$$

$$
\begin{aligned}
n'_{i,j,k,m} = & \frac{\nu\Sigma_{f2}(i,j,k)}{\Sigma_{a2}(i,j,k)} [n_{i,j,k,m} + b_i^{+} n_{i+1,j,k,m} + b_i^{-} n_{i-1,j,k,m} + b_j^{+} n_{i,j+1,k,m} \\
& + b_j^{-} n_{i,j-1,k,m} + b_k^{+} n_{i,j,k+1,m} + b_k^{-} n_{i,j,k-1,m} - (b_i + b_j + b_k) n_{i+1,j,k,m}](1-\beta) \\
& + S + \sum_{s=1}^{6} c_{(m-1)s}(i,j,k)(1-\mathrm{e}^{-\lambda_s l})
\end{aligned}
\tag{8.4.33}
$$

8.4.3 三维粗网格方程组的计算

基于三维粗网格方程组，对二维无反射层的 IAEA 基准问题进行计算。其中，两群 PWR 基准问题堆芯共有 177 盒燃料组件，组件几何尺寸为 20 cm × 20 cm，堆芯按双区布料方案布置，堆芯外边界条件为真空边界（黑边界条件）。所有组件均采用等效均匀化的参数。此基准问题堆芯中布置了吸收棒，而且在堆芯和反射层结合面上，热中子通量梯度很大。详细的堆芯几何布置见图 8.4.2，详细的组件均匀化参数见表 8.4.1。

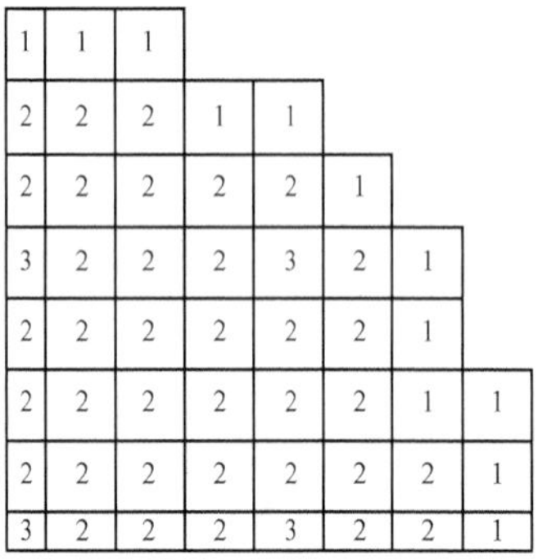

图 8.4.2　堆芯几何布置图

表 8.4.2 及表 8.4.3 给出了三维粗网格时空中子倍增模型的计算结果及节块法计算结果的比较。从粗网格时空中子倍增模型所得的功率分布与 NLSANM 节块法所得结果进行比较可以明显看出，功率分布偏差最大为 4.42%。由偏差分布可以看出边界处偏差很大，在堆内部偏差在 3%以下，边界处偏差较大，这是因为边界处的泄漏项处理具有一定的偏差。为了获得更好的精度，需要对边界泄漏项进行一定的修正。

从计算结果可以看出，粗网格时空中子倍增模型的计算结果和节块法的计算结果相近，满足工程精度要求。粗网格时空中子倍增模型在节块划分较大的情况下（节块大小与节块法相同）能取得与节块法相似的精度。由于粗网格三维时空中子倍增模型的数学模型简单，不需要把大量精力用在节块等计算方法的研究上，因此，本节所介绍的粗网格三维时空中子倍增模型在反应堆安全分析领域具有一定的应用价值。

表 8.4.1 二维基准问题组件均匀化参数

材料	能群 g	D_g	Σ_{ag}	$\nu\Sigma_{fg}$	Σ_{s12}
1	1	1.5	0.01	0.0	0.02
	2	0.4	0.08	0.135	
2	1	1.5	0.01	0.0	0.02
	2	0.4	0.085	0.135	
3	1	1.5	0.01	0.0	0.02
	2	0.4	0.13	0.135	

表 8.4.2 二维 IAEA 基准问题计算结果及比较

程序	k_{eff}	Δk_{eff}	$E_{\max}$	$E_{\min}$
NLSANM 节块法	1.024 1	0	2.032 3	0.185 4
三维时空中子倍增公式	1.025 4	0.001 3	2.027 0	0.193 6

其中，$E_{\max}$ 为最大功率分布因子，$E_{\min}$ 为最小功率分布因子

表 8.4.3 二维 IAEA 基准问题功率分布计算结果

*.**** ——参考值
*.**** ——计算值
*.**** ——相对偏差

					0.185 4 0.193 6 0.044 2		
				0.429 3 0.420 0 0.021 5	0.465 1 0.455 3 0.021 1	0.188 6 0.189 1 0.002 7	
			1.422 5 1.419 6 0.002 0	1.028 3 1.026 8 0.001 4	0.774 8 0.752 3 0.029 1	0.416 2 0.404 9 0.027 2	
		1.955 9 1.944 8 0.005 9	1.693 8 1.678 0 0.009 3	1.331 9 1.299 1 0.024 6	1.001 9 0.984 7 0.017 2	0.677 0.678 9 0.002 7	0.219 2 0.222 3 0.014 4
	2.021 6 2.059 4 0.018 7	2.032 3 2.027 0 0.002 6	1.711 6 1.730 4 0.011 0	1.245 8 1.260 7 0.012 0	1.007 6 1.025 2 0.017 5	0.740 8 0.736 3 0.006 0	0.343 9 0.332 4 0.033 3
1.063 6 1.076 3 0.011 9	1.862 9 1.897 1 0.018 3	2.019 8 1.989 0 0.015 2	1.602 5 1.628 4 0.016 2	0.715 0.720 1 0.007 2	0.915 2 0.925 5 0.011 3	0.743 6 0.732 4 0.015 0	0.355 0.357 9 0.008 1

参考文献

［1］王子义. 核反应堆中子倍增理论基础［M］. 北京：国防工业出版社，1999.

［2］王子义，朱隆新，张大发. 考虑缓发中子在内的中子倍增公式的建立、简化及应用［J］. 核动力工程，1987，8（6）：71-79.

［3］王子义，朱隆新，张大发. 考虑缓发中子在内的中子倍增公式的研究［J］. 海军工程学院学报，1986，1：21-29.

［4］王子义，朱隆新，张大发. 考虑缓发中子在内的中子倍增公式的推导和各种表达式［J］. 海军工程学院学报，1986，2：99-101.

［5］王子义. 核裂变链式反应过程中裂变中子密度计算公式建立的研究［J］. 海军工程大学学报，2008，5：1-4.

［6］郝建立，王少明，王子义，等. 大阶跃反应性下考虑燃料温度反馈时的中子倍增公式［J］. 原子能科学技术，2010，44（1）：30-33.

［7］郝建立，陈文振，王少明. 基于中子倍增理论的反应堆物理启动分析［J］. 核动力工程，2014，35（s2）：4-7.

［8］郝建立，王少明，王子义，等. 时空中子倍增公式研究［J］. 原子能科学技术，2010，44（3）：262-265.

［9］郝建立，陈文振，王少明. 时空中子倍增公式解法研究［J］. 原子核物理评论，2011，28（1）：130-134.